常见园林植物
病虫害识别与防治
（乔木篇）

王敏 魏春生 李萌茵 主编著

中国农业科学技术出版社

U0247721

图书在版编目（CIP）数据

常见园林植物病虫害识别与防治. 乔木篇／王敏，魏春生，李萌茵主编著. —北京：中国农业科学技术出版社，2020.7

ISBN 978-7-5116-4845-7

Ⅰ.①常…　Ⅱ.①王…②魏…③李…　Ⅲ.①园林植物–乔木–病虫害防治　Ⅳ.①S436.8

中国版本图书馆 CIP 数据核字（2020）第 116880 号

责任编辑	姚　欢
责任校对	马广洋

出 版 者	中国农业科学技术出版社
	北京市中关村南大街 12 号　邮编：100081
电　　话	（010）82106636（编辑室）　（010）82109702（发行部）
	（010）82109709（读者服务部）
传　　真	（010）82106650
网　　址	http://www.CASTP.cn
经 销 者	各地新华书店
印 刷 者	北京建宏印刷有限公司
开　　本	787mm×1 092mm　1/16
印　　张	15.5　彩插　16 面
字　　数	470 千字
版　　次	2020 年 7 月第 1 版　2020 年 7 月第 1 次印刷
定　　价	68.00 元

《常见园林植物病虫害识别与防治（乔木篇）》
编著委员会

总 策 划：李春枝

总 顾 问：吴淑芳

主 编 著：王　敏　魏春生　李萌茵

副主编著：牛春梁　张喜锋　张建强　王柯力　盛　闻

朱永春　陈冬丽　蔡凌云　李颖瑞　蔡　青

李艳杰　毛银亮　张　熙　赫刘振　祝　凯

郁　震　孙　东　吕鹏升　于明胜　张　哲

刘　蓬

编著成员：林　萌　宋建文　刘永胜　刘大千　刘　磊

秦海水　刘瑞娟　李伟元　张红霞　朱艳丽

常　辉　魏春莲　乔　凯

前　言

　　为进一步提高园林绿化工作者的养护管理水平，巩固和保护绿化成果，作者针对公共绿地内园林植物病虫害发生现状，通过实地观察、调查，对常见园林植物病虫害进行归纳总结，编撰了本书。

　　本书收录了11种常绿乔木和30种落叶乔木的病虫害为害情况，详细介绍了病害的症状特征及发病规律，虫害的形态特征及发生规律，附录中配有主要病虫害为害症状彩图，便于读者识别和鉴定。为了重点突出病虫害防治的实用性、无公害化和可选择性，书中详细列出了生产上切实可行的防治方法；附录中收录了常用农药类型、使用范围及注意事项，病虫害标本的制作和保存方法等内容，便于读者参考使用。本书可供从事园林生产、养护、植保的技术人员，以及从事园林相关科研、教学的科技工作者参考使用。

　　由于编者自身水平有限，书中难免有不足之处，敬请读者不吝赐教，提出宝贵意见，以便改进和完善。

目 录

上篇 常绿乔木

下篇　落叶乔木

上 篇

常绿乔木

一、香　樟

1. 香樟黄化病 （附图 1-1）

【寄主】 香樟。

【症状】 发病初期，枝梢新叶的脉间失绿黄化，但叶脉尤其主脉仍然保持绿色，黄绿相间现象十分明显；随着黄化程度的加重，新生叶片生长比正常叶片推迟 7~20 天，叶片逐渐变小，由绿变黄、变薄，叶面有乳白色斑点，叶脉也逐渐失绿，呈极淡的绿色，全叶相继发白，叶片局部坏死，叶缘焦枯，叶片凋落；严重时，则枝梢枯顶，以致整株死亡。黄化病开始多发生在香樟树顶端，新叶比老叶严重，冬季、春季比夏季严重。

【病因】 土壤和水质呈碱性，土壤有效态铁含量低，土壤中含大量重金属，土壤碳酸钙和磷的含量高，土壤透气性差，根系受到损害，香樟都易发生黄化病。

【发病规律】 香樟喜酸性土壤，若长期生长在偏碱性土壤就会影响根系对铁元素及其他微量元素的吸收，使叶片变黄变白，所以黄化病也是香樟树缺铁的一个表现。同时，土壤有效态铁含量低，土壤中含大量重金属，土壤碳酸钙和磷的含量高，土壤透气性差，土壤中缺乏营养元素，根系发育不良或化肥、农药施用不当，极端的温度状况，植物的种类及遗传差异，也都能影响香樟树对铁元素的吸收，加速黄化病的发生。

【防治方法】

（1）土肥管理　发生此病时，应改变香樟周围土壤的酸碱度，改善土壤性状，增强土壤结构，注意微量元素的补给，提高叶片铁的含量。

用香樟黄化专用肥，新叶萌发前一周施用。可以采用肥水 100~200 倍液灌施。每年施肥 3~4 次，施用时间为 3 月下旬、6 月中旬、8 月下旬、9 月下旬。

（2）化学防治　①根系施药：在根系周围打孔灌注 1∶30 的硫酸亚铁溶液；②树干施药：可在树干注射硫酸亚铁 15g、尿素 50g、硫酸镁 5g、水 1 000 mL 的配比混合液；③叶面施药：可喷 0.1%~0.2% 硫酸亚铁溶液，或 500~1 000 mL 的尿素铁或黄腐酸铁、柠檬酸铁等。每隔 10 天喷一次，连续喷施 3~4 次，均有良好的复绿效果。

2. 香樟炭疽病

【寄主】 香樟。

【症状】枝条感病多在嫩梢、幼芽或伤口等处，症状为枯梢；初发生时，病部出现圆形或椭圆形褐色斑点，病斑黑褐色，略凹陷，以后逐渐扩大，病斑融合，若绕枝条一圈，枝条上部变黑干枯，植株生长势衰弱；重病株病斑沿主干向下蔓延，最后整株死亡；叶片、果实上的病斑呈圆形，融合后呈不规则形，暗褐色至黑色，嫩叶皱缩变形。

【病原】胶孢炭疽菌 *Collletotrichum gloeosporioides*（Penz）Sacc。

【发病规律】病菌以菌丝、分生孢子盘或子囊壳在病株枝梢或脱落的病枝、叶果上越冬。翌春，当气温上升到18℃左右时，病菌产生分生孢子，借风雨传播。遇阴雨天气，空气湿度大时，飘落在枝、叶上的孢子萌发，通过伤口、自然孔口或直接侵入植株组织细胞内，10天左右就会出现病害症状，该病以夏季和秋季常见。气候干旱，土壤瘦瘠的地方发病较重；凡幼林林地裸露，地被物少的易发病；林地郁闭或间种其他作物的发病少。

【防治方法】

（1）**人工防治**　加强水肥管理，增施有机肥，增强植株抗病力。减少菌源，及时剪除树上病叶，清扫地面病枯落叶，集中深埋，减少侵染来源。

（2）**药剂防治**　在发病前或发病初期，可喷洒25%咪鲜胺乳油500~600倍液，或80%炭疽福美可湿性粉剂800~1 000倍液，或70%百菌清可湿性粉剂800~1 000倍液，或50%腐霉·福美双可湿性粉剂600~800倍液，或50%多·锰锌可湿性粉剂400~600倍液进行叶面喷雾，连用2~3次，间隔7~10天。病害较重时要适当加大用药量效果会更好。

3. 香樟溃疡病

【寄主】香樟。

【症状】

（1）**溃疡型**　发病初期，根颈部向上至树干1.3~1.5m的皮层，呈鱼鳞状灰黑色斑纹；黑色斑纹上方的皮层有锈红色疱疹状凸起，即病原菌分生孢子；疱疹中央纵向裂开、干缩，随着病情发展，疱疹扩展成灰白色纵向长梭状干枯病斑，灰白色病斑的周围皮层呈锈红色翘起，脱离木质部，腐烂。病斑连成片，包围树干一周，并迅速向树干上部发展，直到树干顶部或侧枝；最后，植株树皮大部分腐烂或脱落，木质部裸露、腐烂、整株枯死。

（2）**灰斑型**　发病初期，根颈部向上至树干1.3~1.5m范围内的皮层，呈鱼鳞状灰黑色病斑。病斑上方的皮层有锈红色疱疹，疱疹内充满淡褐色液体，疱疹中央纵向裂开，液体流出、裂口干缩，疱疹成灰白色病斑，并不断扩展成灰白色纵向长梭状病斑，很多病斑连成片，包围树干一周，并迅速向树干上部发展，直到树干顶部或顶部杈枝的树皮呈湿腐状。最后，树皮失水，一块一块的脱离木质部，木质部裸露、腐烂、整株枯死，有的呈半边枯为害症状，易被风吹折。在干旱状况下，全株枯死。

（3）**黑干型**　发病初期，根颈部皮层呈鱼鳞状黑色斑纹，绕树干一周发黑、干枯，并不断向树干上方发展、蔓延、直到树干顶部，在向上部蔓延的过程中，斑纹交界处裂开、干缩、发硬，最后整株枯死。有的黑色干枯皮层，只以树干半周或1/3周向树干上部发展，直到树干顶部，病健交界处裂开，树干表皮呈两条纵向直线状裂口，裂口处树皮翘起，脱离木质部，直线间的树皮发黑、枯死、脱离木质部、整个植株呈半边枯状态，植株停止生长或生长慢，暴露的木质部慢慢枯死、腐烂，最后树干折断。

【病原】 *Botryosphae riadothidea*（Moug. ex. Fr.）Ces. et Not.，属子囊菌亚门腔菌纲格孢腔目葡萄座腔菌属。

【发病规律】

（1）**病菌越冬** 以菌丝和子囊孢子在病组织和病残体上越冬；越冬后病残体上的菌丝能继续生长，子囊孢子能继续萌发。

（2）**病菌释放、传播** 子囊孢子3—4月释放，4—5月为高峰期；子囊孢子释放与温度、降水量相关显著，在适宜孢子释放的温度范围内，雨天捕捉的孢子多而晴天少，中雨多而小雨少，降水量与孢子释放量成正相关；孢子是借助气流进行传播。

（3）**侵入途径** 致病性测定和病害为害程度定点调查结果表明，病菌能从伤口、病苗、病残体、昆虫、林事操作、风雨、气流等方式侵入，生活力弱未长粗皮的香樟幼苗，易被病菌侵入，尤其是新植香樟幼苗。

（4）**与发病有关的条件** 该病是中温高湿病害，病害的发生与温度、湿度和降水量关系显著，病害发生的温度为17~28℃，室温为20~26℃。

【防治方法】

（1）**人工防治** 及时清除病死株、重病株，集中烧毁，以减少侵染源。

（2）**药剂防治** 可用50%多菌灵可湿性粉剂300倍液，或40%春雷·噻唑锌（5%春雷霉素，35%噻唑锌含量）悬浮剂50倍液，或50%甲基硫菌灵可湿性粉剂500~600倍液，或1.8%辛菌胺醋酸盐可湿性粉剂300倍液，或3%甲霜·噁霉灵（2.5%噁霉灵+0.5%甲霜灵）100~200倍液对发病部位进行涂抹。

具体方法：首先用消毒后的刀片切除病斑或刮疤，再将以上药品根据要求的倍数进行稀释，对已发病部位进行涂抹，涂抹后用塑料薄膜进行包裹，10天后进行第二次涂抹；如气温升高，及时去除塑料薄膜。也可对发病树体进行全面喷雾，使树干充分着药，以不滴药为宜，10天后再重复一次。

4. 二斑叶螨

【学名】 *Tetranychus urticae* Koch

【寄主】 梨树、桃树、杏树、李树、樱桃、葡萄、香樟等。

【为害症状】 主要为害叶片。二斑叶螨主要寄生在叶片的背面取食，刺穿细胞，吸取汁液，受害叶先从近叶柄的主脉两侧出现苍白色斑点，随着为害的加重，可使叶片变成灰白色甚至暗褐色；叶螨虫口密度大时，被害叶片布满丝网，可使叶片焦枯以至提早脱落。

【形态特征】

雌成螨 体长0.42~0.59mm，椭圆形，体背有刚毛26根，排成6横排。生长季节为白色、黄白色，体背两侧各具1块黑色长斑，取食后呈浓绿、褐绿色；当密度大，或种群迁移前，体色变为橙黄色。在生长季节无红色个体出现。滞育型体呈淡红色，体侧无斑。与朱砂叶螨的最大区别为在生长季节无红色个体，其他均相同。

雄成螨 体长约 0.26mm，近卵圆形，前端近圆形，腹末较尖，多呈绿色。与朱砂叶螨难以区分。

卵 球形，长约 0.13mm，光滑，初产为乳白色，渐变橙黄色，将孵化时现出红色眼点。

幼螨 初孵时近圆形，体长约 0.15mm，白色，取食后变暗绿色，眼红色，足 3 对。

若螨 前若螨体长约 0.21mm，近卵圆形，足 4 对，色变深，体背出现色斑。后若螨体长约 0.36mm，与成螨相似。

【发生规律】 在南方发生 20 代以上，在北方一年发生 15～20 代。受精的雌成虫在土缝、枯枝落叶下，也可在树皮的缝隙中越冬；当 3 月平均温度达 10℃ 左右时，越冬雌虫开始出蛰活动并产卵；越冬雌虫出蛰后多集中在早春绿色植物上为害，第 1 代卵也多产在这些植物上，卵期 10 余天。成虫开始产卵至第 1 代幼虫孵化盛期需 20～30 天，以后世代重叠。随着气温的升高，其繁殖也加快，在 6 月上中旬进入全年的猖獗为害，于 7 月上中旬进入年中高峰期。可持续到 8 月中旬前后。10 月后陆续出现滞育个体，但如果此时温度超出 25℃，滞育个体仍然可以恢复取食，体色由滞育型的红色再变回到黄绿色，进入 11 月后均滞育越冬。

【防治方法】

（1）**人工防治** 改善园林植物的生态环境，日常管理要做好清园工作，挖除濒死老树及病虫残株烧毁，冬季深翻冻土，可以杀死越冬雌卵。早春越冬螨出蛰前，刮除树干上的翘皮、老皮、清除枯枝落叶和杂草，集中深埋或烧毁，消灭越冬雌成螨。

（2）**肥水管理** 增施有机肥和磷钾肥，适时浇灌。冬干春旱，更要经常浇灌，增加植株的土壤湿度，促进植株生长健壮，提高抗病虫能力。

（3）**药剂防治** 使用 10% 苯丁·哒螨灵乳油 1 500～2 000 倍液，或 22% 阿维·螺螨酯悬浮剂 1 000～1 500 倍液，或洗衣粉柴油乳剂 200 倍液，或 6.8% 阿维·哒螨灵 2 000 倍液，或 40% 三氯杀螨醇乳油 800～1 000 倍液，或 73% 炔螨特乳油 1 000～2 000 倍液，喷雾防治。

5. 樟脊冠网蝽

【学名】 *Stephanitis macaona* Drake

【寄主】 香樟、含笑、蜡梅、月季、梅、山茶花、樱桃、桃树、梨等。

【为害症状】 以成虫、若虫在叶片背面刺吸汁液为害。幼虫群集叶背刺吸为害，成虫则聚集在叶背为害，造成叶面出现黄白色细小斑点，受害严重的斑点成片可致全叶失绿，使植物长势衰弱，提早落叶，影响景观。

【形态特征】

成虫 体长约 3mm，体小而扁平。前胸背板发达。翅膜质透明，翅脉黑褐色，前翅面上布满网状花纹。

卵 白色，稍弯曲，上有卵形盖。

若虫 体似成虫，只有翅芽。

【发生规律】一年发生4代，以卵在樟叶背面主脉两侧的叶肉组织内越冬，世代重叠现象明显。翌年4月卵孵化。

【防治方法】

（1）**人工防治** 注意检查虫情，抓紧早期预防。

（2）**药剂防治** 虫口密度大时，可喷施80%烯啶·吡蚜酮水分散粒剂2 500~3 000倍液，或5%啶虫脒乳油500~600倍液，或22%噻虫·高氯氟悬浮剂稀释4 000倍液，或4.5%高效氯氰菊酯乳油1 500~2 000倍液，或50%杀螟硫磷乳油800~1 000倍液，或20%氰戊菊酯乳油800~1 200倍液，均匀喷雾。

（3）**物理机械防治** 黄色粘蚜板。

（4）**保护和利用天敌** 注意保护螳螂、草蛉、小花蝽、瓢虫类捕食性天敌昆虫。

6. 矢尖盾蚧

【学名】*Unaspis yanonensis*（Kuwana）

【寄主】香樟、桂花、梅、樱花、丁香、木槿、冬青、常春藤等花木。

【为害症状】以若虫和成虫聚集在枝、叶、果实上，吮吸汁液，受害叶片卷缩发黄、凋萎，严重时全株布满虫体，导致死亡，还能诱发严重煤污病。

【形态特征】

成虫 雌介壳虫长形，黄褐色或棕黄色，前胸与中胸间，中胸与后胸间，分界明显；头雄部长，前端圆形，中央微凹；边缘灰白色，长2.8~3.5mm，前狭后宽，末端稍狭，背面中央有一条明显的纵脊，整个盾壳形似箭头而得名；蜕皮壳偏在前端，橙黄色。雄介壳虫狭长，粉白色，长1~1.5mm，壳背有3条纵脊。蜕皮壳位于前端，淡黄褐色。

卵 椭圆形，橙黄色，表面光滑，长约0.2mm。

若虫 初龄橙黄色，草鞋底形，触角及足发达；眼紫褐色。2龄若虫淡黄色，椭圆形，后端黄褐色，触角及足已消失，体长约0.2mm；1龄蜕皮壳位于前端，淡黄色，长1.3~1.6mm。

蛹 前蛹橙黄色，椭圆形，腹部末端黄褐色，长约0.8mm；蛹橙黄色，椭圆形，长约1mm，腹部末端有生殖刺芽；触角分节明显，3对足渐伸展，尾片凸出。

【发生规律】一年发生2~3代。以受精雌成虫在枝和叶上越冬。翌年4—5月产卵在雌介壳下。第1代若虫5月下旬开始孵化，多在枝和叶上为害；7月上旬雄虫羽化，下旬第2代若虫发生；9月中旬雄虫羽化，下旬第3代若虫出现；11月上旬雄虫羽化，交尾后，以雌成虫越冬，少数的若虫或蛹越冬。

【防治方法】

（1）**人工防治** ①加强植物检疫：介壳虫极易随苗木、果品、花卉的调运传播。

②栽培管理措施：通过园林技术措施来改变和创造不利于蚧虫发生的环境条件。冬季或早春，结合修剪，剪去部分有虫枝，集中烧毁，以减少越冬虫口基数；介壳虫少量发生时，可用软刷、毛笔轻轻清除，或用布团蘸煤油抹杀。

（2）**药物防治** ①当介壳虫发生量大，为害严重时，药剂防治仍是主要的防治手段。冬季和早春植物发芽前，可喷施1次3~5波美度石硫合剂，或3%~5%柴油乳剂，或22.4%螺虫乙酯悬浮剂800~1 000倍液，消灭越冬代若虫和雌虫。②在初孵若虫期进行喷药防治。常用药剂：22.4%螺虫乙酯悬浮剂800~1 000倍液，5%吡丙醚水乳剂+22%噻虫·高氯氟悬浮剂二者混合800~1 000倍液喷雾。亦可喷洒40%杀扑磷乳油1 000倍液，或40%啶虫·毒死蜱1 000~2 000倍液，或40%吡虫·杀虫单水分散粒剂1 500倍液。间隔7~10天喷1次，共喷2~3次，喷药时要求均匀周到。

（3）**保护和利用天敌** 瓢虫、跳小蜂等捕食性天敌。

7. 樟木虱

【学名】*Trioza camphorae* Sasaki
【寄主】香樟。
【为害症状】以若虫刺吸叶片汁液，受害后叶片出现黄绿色椭圆形小凸起，随着虫龄增长，凸起逐渐形成紫红色虫瘿，影响植株的正常光合作用，导致提早落叶。

【形态特征】
成虫 体长约2mm，翅展约4.5mm，体黄色或橙黄色。触角丝状，复眼大而凸出，半球形，黑色。
卵 纺锤形，乳白色，透明，孵前为黑褐色。
若虫 椭圆形，初孵为黄绿色，老熟时为灰黑色；体周有白色蜡质分泌物，随着虫体增长，蜡质物越来越多，羽化前蜡质物脱落。

【发生规律】一般一年发生3代，少数2代，以2龄若虫在香樟叶背处越冬。翌年4月成虫羽化，羽化后的成虫多群集在嫩梢或嫩叶上产卵。3代若虫孵化期分别发生在4月中下旬、6月上旬、8月下旬。

【防治方法】
（1）**人工防治** 发现虫株应及时处理，避免扩大为害。
（2）**药剂防治** 喷施药液的重点部位应在树木叶片背面，时间选择在虫瘿形成以前和若虫孵化期。使用40%杀扑磷乳油800~1 000倍液，或10%吡虫啉可湿性粉剂1 000~1 500倍液，或20%甲氰菊酯乳油2 000~3 000倍液，或25%噻虫嗪水分散粒剂1 500倍液，或50%啶虫脒可分散粒剂2 000~2 500倍液，喷雾防治。几种药物交替使用，以免对某一种药剂产生抗药性。
（3）**保护和利用天敌** 蚜虫跳小蜂、黄斑盘瓢虫。

8. 樟木蜂（附图1-2）

【学名】 *Mesonura rufonota* Rohwer

【寄主】 香樟。

【为害症状】 初孵幼虫取食樟树叶片，造成缺刻和孔洞，虫龄稍大后分散取食，受害枝上部嫩叶被吃光，形成秃枝，严重影响树木生长，使香樟分杈低，分杈多，枝条丛生。

【形态特征】

成虫 雌虫体长7~10mm，翅展18~20mm；雄虫体长6~8mm，翅展14~16mm。头黑色，触角丝状，共9节，基部二节极短，中胸发达，棕黄色，后缘呈三角形，上有"X"形凹纹。翅膜质透明，脉明晰可见。足浅黄色，腿节（大部分）、后胫和跗节黑褐色。腹部蓝黑色，有光泽。

卵 长圆形，微弯曲，长约1mm，乳白色，有光泽，产于叶肉内。

幼虫 老熟幼虫体长15~18mm，头黑色，体淡绿色，全身多皱纹，胸部及第1~2腹节背面密生黑色小点，胸足黑色间有淡绿色斑纹。

蛹 长7.5~10mm，淡黄色，复眼黑色，外被长卵圆形黑褐茧。

【发生规律】 一年发生3代。以老熟幼虫在土内结茧越冬。第1代于3月中下旬发生，4月上中旬入土化蛹，4月中下旬可见成虫；第2代幼虫于4月下旬发生，5月中下旬可见成虫；第3代幼虫于5月上旬发生，5月下旬以老熟幼虫入土越夏、越冬。由于各代发生期不同，第1、第2代幼虫均有拖延现象，幼虫的为害可延续到6月底，并以第2代、第3代为害最严重。

【防治方法】

（1）**人工防治** 加强植株的日常管理，结合中耕除草，冬季翻耕，消灭土中茧。

（2）**药剂防治** 可喷施5%甲维·高氯悬浮剂1 500倍液，或22%噻虫·高氯氟悬浮剂2 500~3 000倍液，或100g/L联苯菊酯乳油2 000~3 000倍液，或0.5%苦参碱水剂1 000倍液，或20%甲维·茚虫威悬浮剂1 500倍液，亦可用45%丙溴·辛硫磷乳油1 000~1 500倍液，或5%吡虫啉乳油2 000~3 000倍液，或45%马拉硫磷乳油1 500倍液喷杀幼虫。上述药物可轮换使用，以延缓抗性的产生。

（3）**天敌防治** 保护和利用天敌，如蜘蛛、蚂蚁、捕食性蜻等。

9. 樟巢螟

【学名】 *Orthaga achatina* Butler

【寄主】 香樟。

【为害症状】 樟巢螟主要以幼虫吐丝缀叶结巢，在巢内取食叶与嫩梢，严重时将樟叶食尽，树冠上挂有多个鸟巢状虫苞，影响樟树生长及观赏。

【形态特征】

成虫 翅展约 28mm，头胸体部呈灰褐色，翅内横线斑纹状，外横线曲折波浪状，内外横线间有淡色圆形斑纹。

卵 乳白色至浅红色，椭圆形，略扁平，长约 0.8mm。

幼虫 黑灰至棕黑色，亚背线宽而深，老熟幼虫体长约 23mm。

蛹 棕色，腹末有臀棘 8 根。茧扁椭圆形，似西瓜籽大小，长约 15mm，白色薄丝状，茧上常黏附泥土。

【发生规律】樟巢螟一年发生 2 代，在气候适宜的条件下，1 年可发生 3 代。越冬代是以老熟幼虫结薄茧后在浅土层中越冬。翌年春季化蛹，5 月出现成虫并在香樟叶背边缘，呈鱼鳞状重叠排列产卵，6 月初出现第 1 代幼虫，幼虫具有群集性。低龄幼虫先将两片香樟叶缀起，躲在其中为害，以后随着虫龄的增大，缀叶逐渐增多，形成虫巢。8 月出现第 2 代幼虫。樟巢螟有世代重叠现象，6—10 月虫巢内有不同龄期幼虫的为害，一般在 10 月老熟幼虫下树结薄茧后在浅土层中越冬。

【防治方法】

（1）**人工防治** 利用老熟幼虫在浅土层中越冬习性结合冬耕松土，能减少越冬虫口基数。初孵幼虫有群集习性，人工摘除虫叶，摘下虫苞集中烧毁，也可有效降低虫口数量。可结合抚育修枝、冬季清园消灭越冬虫茧。

（2）**物理防治** 利用黑光灯诱杀成虫。

（3）**生物防治** 在 6 月第 1 代幼虫期喷施 50 000 IU/mg 苏云金杆菌原药 1 000~1 500 倍液，喷施时间应在晴天傍晚或阴天进行。

（4）**药剂防治** 中龄、低龄幼虫时期，可喷施 5%甲维·高氯悬浮剂 1 500 倍液，或 22%噻虫·高氯氟悬浮剂 2 500~3 000 倍液，或 100g/L 联苯菊酯乳油 2 000~3 000 倍液，或 0.5%苦参碱水剂 1 000 倍液，20%甲维·茚虫威悬浮剂 1 500 倍液。亦可用 50%杀螟硫磷乳油 1 000 倍液，或 45%丙溴·辛硫磷乳油 1 000~1 500 倍液，或 40%氯吡硫磷乳油（毒死蜱）1 000~2 000 倍液喷杀幼虫。喷雾防治时，针对卷叶为害特点，需重点喷淋害虫为害部位，才能保证药效。

（5）**保护天敌** 如上海青蜂、姬蜂等。

二、雪 松

1. 叶枯病

【寄主】雪松。

【症状】此病为害梢部新、老针叶，也可侵染嫩梢，以三年生至八年生雪松受害最重。病针叶因发病部位不同有尖枯型、段斑型、基枯型，即叶尖、叶中部或叶基部成段变褐枯死，病健交界处有 1 个红褐色环带，有的整叶变褐枯死，后期在枯死处可长出小黑点状分生孢子盘，雨后排出黑色卷丝状的分生孢子角。新梢受害后，在 6～8cm 处变褐色或黑褐色，并缢缩，使上部针叶变黄，秋季病叶大量脱落，梢顶部头弯至枯死。

【病原】柳杉拟盘多毛孢菌 *Pestalotiopsis cryptomeriae*（Cooke）Sun。

【发病规律】病菌以菌丝体（或子囊盘）在病落针上越冬后，翌年 3—4 月形成子囊盘，4—5 月子囊孢子陆续成熟；在雨天或潮湿的条件下，因子囊盘吸水膨胀而张开，露出乳白色的子囊群，子囊孢子从子囊内挤出后进一步传播。病菌由雪松针叶气孔侵入，经 2 个月左右的时间，才出现明显的为害症状。由于分生孢子器中产生的分生孢子萌发力很差而无侵染力，故无再侵染发生。但因子囊孢子放射时间很长，达 3 个月左右，自春至夏都可能有新的侵染发生。在子囊孢子飞散期间，如果降水量大，有利于孢子侵入。林地干旱、土壤瘠薄、雪松遭受病虫害和管理不良等，都可能促使病害的发生。

【防治方法】

（1）人工防治　增施腐殖质肥料和钾肥，以提高抗病力。病株要及时摘除病叶，冬季还应清除病叶，以减少侵染来源。

（2）药剂防治　发病期间，初期可喷 1∶2∶100 倍石灰倍量式波尔多液，以后喷 70%甲基硫菌灵可湿性粉剂 1 000～1 200 倍液，或 50%多菌灵可湿性粉剂或 90%百菌清可湿性粉剂 800～1 000 倍液，或 25%咪鲜胺乳油 6 000～8 000 倍液，喷雾防治 2～3 次，每次间隔 10～15 天。

2. 枯梢病

【寄主】雪松。

【症状】发生于 3 月中旬的新萌发的松芽、针叶上。4—5 月萌发的枝梢上针叶发病更多。先在针叶近基部产生淡黄色小圆点，后扩大成段斑，迅速向针叶束座处蔓延，并传至同束其他针叶。致使整束基部变黄褐色萎缩，而叶尖端尚呈淡绿色。病健叶交界处不明显，后针叶变黄褐色，全部枯死，且容易脱落。在连续阴雨天气，病叶束基部呈现灰白色菌丝体和分生孢子。

病害由针叶束蔓延到嫩梢后，导致嫩梢枯死。病菌也可直接为害嫩梢，产生淡褐色小斑。以后扩大成凹陷，水渍状，略缢缩的段斑，引起梢头变褐，弯曲死亡。雨天可见病斑上有灰色霉状物。如病害停止发展，则病斑周围产生隆起愈伤组织，在小枝上留下溃疡斑。

【病原】蝶形葡萄孢菌 *Botrytis latebricola* Jaap.。

【发病规律】病原菌在小枝溃疡斑和病落叶痕上越冬，翌年 3 月气温达 10℃ 以上时，则开始活动。4—5 月雪松新梢和针叶萌发期，也是发病高峰期。此时若低温多雨，阴雨期长，就加速病害发生与发展。6 月上旬以后，随着气温升高，病害就停止发展。

【防治方法】

（1）人工防治　冬季结合修剪，清除病枝病梢，及时清除病死株、重病株，集中烧毁。

（2）药剂防治　4—5 月，间隔 10~15 天，用 70% 甲基硫菌灵可湿性粉剂 1 000~1 200 倍液，或 75% 百菌清可湿性粉剂 800~1 000 倍液，或 50% 多菌灵可湿性粉剂 800~1 000 倍液喷雾防治，也可在发病初期用 30% 戊唑·吡唑醚菌酯悬浮剂 1 000~1 200 倍液，喷雾防治，减轻发病症状。

3. 灰霉病

【寄主】雪松。

【症状】灰霉病主要为害雪松的当年生嫩梢及两年生小枝。可分为以下 3 种类型。

（1）溃疡型　主要为害雪松的嫩梢。初期在嫩梢基部产生淡褐色圆形、近圆形不规则小斑，后逐渐扩大成中部下凹的大病斑，在下凹初期呈深褐色水渍状腐烂；病愈后，原来腐烂的表皮干裂。

（2）嫩梢枯梢型　主要发生在嫩梢上，初期为害症状同溃疡型，但当病部出现水渍状腐烂后难以形成愈合组织，当病部达到嫩梢周长的 2/3 以上时，嫩梢即自病部向下弯曲、萎蔫、枯死。病情发展迅速，从为害症状出现到嫩梢枯死，只需 4~5 天。雨天病部会长出一层灰霉。

（3）小枝枝枯型　主要发生 2 年生小枝上。病斑主要从病死的嫩梢扩展而来。初期在枯梢和小枝交界处形成一圈赤褐色凹陷，后逐渐形成明显的病斑，病斑不开裂，有少量的树脂溢出，皮层和木质部表层呈深褐色。病斑扩展至小枝一周后，小枝上部枯死。

【病原】灰葡萄孢 *Botrytis cinerea* Pers. ex Fr.。

【发病规律】该病的发生与流行与气候条件关系密切。高温不利于发病，高湿有利于发病，病原菌腐生能力强。病菌在 20~22℃ 时孢子萌发率最高，高温不利于该病菌的生长发育，35℃时孢子的萌发率降低为0。该病于4月上中旬开始侵害，5月上旬至中旬达到高峰期，以后逐渐减少，到6月上中旬停止发病，秋季不再发病。由于病害的潜育期短，孢子形成快，因此遇上适合病菌生长的环境条件，很容易造成病害流行。春季到初夏，雪松植株组织幼嫩，如果低温多雨天气多，很容易发病，但在气候干燥少雨的地区则发病轻微；秋季温度也适合病原菌生长，但雪松嫩梢已经木质化，不利于病菌侵入，一般发病轻微，但在秋季多雨的地区，也常有发病。

【防治方法】

（1）**人工防治**　雪松宜种植在排水良好、通风透光的地方，种植时不宜过密。对病死枯梢应及时剪除并销毁。

（2）**药剂防治**　用50%多菌灵可湿性粉剂800~1 000倍液，或70%甲基硫菌灵可湿性粉剂1 000~1 200倍液，或1.8%辛菌胺醋酸盐可湿性粉剂800倍液，或50%氟吗啉·锰锌可湿性粉剂400~600倍液，或50%腐霉利可湿性粉剂1 000~1 500倍液，或50%异菌脲可湿性粉剂1 000~1 500倍液，或50%多菌灵可湿性粉剂1 000倍液，喷雾防治，间隔7~10天喷1次，连续2~3次。要注意药剂交替使用，以防产生药害和抗药性。

4. 根腐病

【寄主】雪松、五针松、杜仲、白玉兰、喜树、紫丁香、红花檵木、木香、珊瑚树、淡竹、金森女贞等。

【症状】发生在雪松的根部，进而发展到树干及全株。根部染病后在根尖、分叉处或根端部分产生病斑，以新根发生为多，病斑沿根扩展，初期病斑浅褐色，后深褐至黑褐色，皮层组织水渍状坏死。大树染病后在干基部以上流溢树脂，病部不凹陷。幼树染病后病部内皮层组织水渍状软化腐烂，无恶臭；幼苗有时出现立枯，地上部分褪绿枯黄，皮层干缩。严重时针叶脱落，整株死亡。

【病原】卵菌樟疫霉 *Phytophthora cinnamomi* Rands、掘氏疫霉 *P. Drechsleri* Tucker 和寄生疫霉 *P. parasitica* Dast。

【发病规律】该菌习居土中，多从根尖、剪口和伤口等处侵入，沿内皮层蔓延。也可直接侵入寄主表皮，破坏输导组织。地下水位较高或积水地段，特别是栽植过密，或在花坛、草坪低洼处栽植的植株发病较多，传播迅速，死亡率高。土壤黏重、透气不良、含水率高或土壤贫瘠处均易发病。

【防治方法】

（1）**人工防治**　在根部增施肥料（1%~2%尿素），促使根部发育。发病初期若土壤湿度大，黏重，通透差，要及时改良并露根晾晒。

（2）**药剂防治**　用30%噁霉灵水剂800~1 000倍液，或70%敌磺钠可溶粉剂800~1 000倍液，或70%甲基硫菌灵可湿性粉剂500~600倍液，用药时尽量采用浇灌法，让药液渗透到受损的根颈部位，根据病情，可连用2~3次，间隔7~10天防治1次。对于根系受损严重的，配合使用促根调节剂使用，能促进根系对药剂的吸收。

5. 针叶小爪螨

【学名】*Oligonychus ununguis*（Jaacobi）

【寄主】杉木、云杉、雪松、黑松、落叶松、侧柏、龙柏等多种针叶树，以及栗、栎等多种阔叶树。

【为害症状】以成螨、若螨刺吸叶片汁液，杉木被害后针叶初现褪绿斑点，后变黄褐色或紫褐色。

【形态特征】

成螨 雌成螨体长约0.49mm，宽约0.32mm，椭圆形。背部隆起，背毛26根，具绒毛，末端尖细。各足爪间突呈爪状。腹基侧具5对针状毛。夏型成螨前足体浅绿褐色，后半体深绿褐色，产冬卵的雌成螨红褐色。雄成螨体长约0.33mm，宽约0.18mm，体瘦小，绿褐色。后足体及体末端逐渐尖瘦，第1、第4对足超过体长。

幼螨 足3对。冬卵初孵幼螨红色；夏卵初孵幼螨乳白色，取食后渐变为褐色至绿褐色。

若螨 足4对。体绿褐色，形似成螨。

卵 扁圆形。冬卵暗红色，夏卵乳黄色。卵顶有一根白色丝毛，并以毛基部为中心向四周形成放射刻纹。

【发生规律】一年发生15~22代，越冬卵紫红色，主要在寄主的针叶、叶柄、叶痕、小枝条及粗皮缝隙等处越冬，极少数以雌螨在树缝或土块内越冬。翌年气温达10℃以上或新芽萌发时，越冬卵开始孵化，爬上嫩叶嫩梢取食为害直至成螨产卵繁殖。越冬雌螨出蛰后聚集到新叶取食产卵。针叶小爪螨多在叶面取食、繁殖，螨量大时也在叶背为害和产卵。以两性生殖为主，其次为孤雌生殖。雌螨羽化后即交尾，1~2天后产卵，每只成螨产卵平均45粒。若螨和成螨均具吐丝习性。温暖、干燥对该螨发育和繁殖有利，其适宜温度为25~30℃；久雨、暴雨或温度骤降能使螨量下降。

【防治方法】

（1）**人工防治** 加强植株的日常养护管理，增强树势，减少发病；及时剪除有虫枝，春季剥除树木老皮，集中烧毁，减少虫源。

（2）**药剂防治** 喷施2%阿维菌素乳油2 000~2 500倍液，或10%苯丁·哒螨灵乳油1 500~2 000倍液，或20%甲氰菊酯乳油（甲氰菊酯）2 000~3 000倍液。亦可喷施80%烯啶·吡蚜酮水分散粒剂2 500~3 000倍液，或5%啶虫脒乳油500~600倍液，或22%噻虫·高氯氟悬浮剂稀释4 000倍液，喷雾防治。注意轮换用药。

（3）**物理防治** 黄色粘蚜板。

（4）**保护与利用天敌** 天敌种类较多，应注意保护和利用。

6. 思茅松毛虫

【学名】*Dendrolimus kikuchii* Matsumura

【寄主】华山松、马尾松、雪松、红松、油松、樟子松、云杉、冷杉等。

【为害症状】以幼虫食害针叶，暴发时吃光针叶，使枝干形同火烧，严重时使松林成片枯死，常与马尾松毛虫混合发生。

【形态特征】

成虫 雄蛾体长22~41mm，翅展53~78mm，棕褐色至深褐色，前翅基于外缘平行排列4条黑褐色波状纹，亚外缘线由8个近圆形的黄色斑块组成，中室白斑明显，白斑至基角之间有一肾形大而明显的黄斑。雌蛾体长25~46mm，翅展68~121mm，体色较雄蛾浅，黄褐色，近翅基处无黄斑，中室白斑明显，4条波状纹也较明显。

卵 近圆形，咖啡色，卵壳上具有3条黄色环状花纹，中间纹两侧各有1个咖啡色小圆点，圆点外为白色环。

幼虫 低龄幼虫与马尾松毛虫极相似。1龄幼虫体长5~6mm，前胸两侧具有两束长毛，两束长毛长度超过体长的一半，头、前胸背呈橘黄色，中胸、后胸背面为黑色，中间为黄白色，背线黄白色，亚背线由黄白色及黑色斑纹组成，气门线及气门上线黄白色。2~5龄斑纹及体色更为清晰。6龄以前除体长逐龄增长以外，体色无多大变化。从6龄起，各节背面两侧开始出现黄白毛丝，7龄时背两侧毒毛丛增长，并在黑色斑纹处出现长的黑色长毛丛，背中线由黑色和深橘黄色的倒三角形斑纹组成，全体黑色增多，至老熟时全身呈黑红色，中后胸背的毒毛显著增长。

蛹 长椭圆形，初为淡绿色，后变栗褐色，体长32~36mm，雌蛹比雄蛹长且粗，外被灰白色茧壳。

【发生规律】1年可发生2代。以幼虫形态越冬，越冬幼虫在翌年4月下旬至5月上旬化蛹，5月下旬羽化，6月上中旬出现第1代卵，6月下旬出现第1代幼虫。8月下旬结茧，9月中下旬羽化，9月下旬开始产卵，10月中旬出现第2代幼虫，至11月下旬开始越冬；老熟幼虫多在叶丛中结茧化蛹，结茧前1日停食不动。成虫多在傍晚至上半夜羽化，羽化后当天即可交尾产卵，成虫白天静伏于隐蔽场所，夜晚活动，以傍晚最盛，有一定的趋光性，卵成堆产于寄主针叶上，初孵幼虫群集，受惊即吐丝下垂成弹跳落地，老熟幼虫受惊后立即将头卷曲，竖起胸部毒毛。

【防治方法】

（1）**人工防治** 通过修剪有虫枝，减少虫害发生。在6月下旬的蛹期，人工摘茧；幼虫盛发期人工捕捉毛虫，捕捉时注意毒毛。

（2）**物理防治** 在成虫羽化盛期，设置黑光灯或频振式杀虫灯，诱杀成虫。

（3）**药剂防治** 尽量选择在低龄幼虫期防治。此时虫口密度小，为害小，且低龄虫的抗药性相对较弱。防治效果显著。防治时，可选用90%晶体敌百虫1 000~1 200倍液，或25%灭幼脲3号悬浮剂2 000~2 500倍液，或45%丙溴·辛硫磷乳油1 000~1 500倍液，或4.5%高效氯氰菊酯乳油4 000~6 000倍液，或40%毒·辛硫磷乳油8 000~1 000倍液，喷杀幼虫，可轮换用药，以延缓抗药性的产生。

（4）**保护与利用天敌** 释放赤眼蜂。

三、桂 花

1. 叶枯病 (附图 1-3)

【寄主】 桂花、梅、银杏、杜英等。

【症状】 在叶片的叶缘、叶尖发生。开始为淡褐色小点，后渐扩大为不规则的大型斑块。若几个病斑连接，病斑呈红褐色，边缘深褐色，有时脆裂，稍隆起。病情蔓延发展后，病部散生很多灰黑色霉点，造成叶片组织大面积坏死，叶片干枯苍白甚至坏死脱落，整株生长势减弱，开花稀疏。高温、高湿、通风不良的环境下，发病较为严重。

【病原】 *Phyllosticta osmanthicola* Trin.，属腔孢纲球壳孢目。

【发病规律】 病菌以菌丝或分生孢子器在病叶、病落叶中越冬，分生孢子借风雨传播，病菌发育最适温度为 27℃ 左右。病害发生多在 7—11 月。盆栽桂花的根系处于潮湿闷热环境、通风不良时，或植株生长衰弱时都会病重。病害在越冬后的老叶上发生较多，植株下部的叶片发生较多。

【防治方法】 参见雪松叶枯病防治方法。

2. 炭疽病

【寄主】 桂花。

【症状】 叶片染病后，初期为褪绿小点，扩大后茎叶上出现圆形、椭圆形或长形病斑，病斑直径大小 3~10mm。病斑中央浅褐色至灰白色，边缘红褐色，后期病斑上着生黑色小粒点。

【病原】 胶孢炭疽菌 *Colletotrichum gloeosporioides* Peilz.，属半知菌亚门真菌。

【发病规律】 病菌以菌丝和分生孢子盘在病叶和残体上越冬，分生孢子借风雨传播，从伤口侵入。幼苗和幼树发病比大树重；病菌在病叶和病落叶中越冬，翌年 6—7 月，借风雨传播。温室和露地栽植都发病，盆栽浇水过多、湿度过大时容易发病；7—9 月为发病盛期。温室内放置过密、通风不良病重。

【防治方法】 参见香樟炭疽病防治方法。

3. 朱砂叶螨

【学名】*Tetranychus cinnabarinus*（Boisduval）

【寄主】桂花、一串红、香石竹、樱花、白玉兰、月季、文竹等。

【为害症状】主要以成螨和幼螨在寄主叶背吸汁液，使叶面产生白色点状。盛发期在茎、叶上形成一层薄丝网，使植株生长不良，严重时导致整株死亡。

【形态特征】

成螨　体色变化较大，一般呈红色，也有褐绿色等；足 4 对；雌螨体长 0.38 ~ 0.50mm，卵圆形；体背两侧有块状或条形深褐色斑纹；斑纹从头胸部开始，一直延伸到腹末后端；有时斑纹分隔成 2 块，其中前一块大些。雄虫略呈菱形，稍小，体长 0.3 ~ 0.4mm；腹部瘦小，末端较尖；成螨春季、夏季体色多为淡黄色至黄绿色，秋季、冬季多为锈红色。

卵　圆形，直径约 0.13mm；初产时无色透明，后渐变为橙红色。

幼螨　初孵幼螨体呈近圆形，淡红色，长 0.1 ~ 0.2mm，初孵化时较透明，取食后体色变绿，足 3 对。

若螨　幼螨蜕 1 次皮后为第 1 若螨，比幼螨稍大，略呈椭圆形，体色较深，体侧开始出现较深的斑块；足 4 对，此后雄若螨即老熟，蜕皮变为雄成螨。雌性第 1 若螨蜕皮后成第 2 若螨，体比第 1 若螨大，再次蜕皮才成雌成螨。

【发生规律】该螨发生代数从北向南 10 ~ 20 代。以受精雌成螨在土块缝隙、树皮裂缝及枯枝落叶等处越冬，越冬螨少数散居。翌年春季，气温 10℃ 以上时开始活动，温室内无越冬现象，喜高温。雌成螨寿命 30 天，越冬期为 5 ~ 7 个月。该螨世代重叠，在高温干燥季节易暴发成灾。主要靠爬行和风进行传播。当虫口密度较大时，螨成群集，吐丝串联下垂，借风吹扩散。主要是以两性生殖，也能孤雌生殖。

【防治方法】

（1）**人工防治**　清除病虫枝叶、集中烧毁，冬季深翻土地，减少虫源。

（2）**药剂防治**　使用 10% 苯丁·哒螨灵乳油 1 000 ~ 1 500 倍液，或 73% 炔螨特乳油 2 000 倍液，喷雾防治。也可喷施 80% 烯啶·吡蚜酮水分散粒剂 3 000 倍液，或 5% 啶虫脒乳油 600 倍液，或 22% 噻虫·高氯氟悬浮剂 4 000 倍液。或 4.5% 高效氯氰菊酯乳油 2 000 倍液，或 50% 杀螟硫磷乳油 1 000 ~ 1 200 倍液，或 22% 阿维·螺螨酯 700 ~ 800 倍液，喷雾防治。上述药物交替使用，延缓抗性的产生。

（3）**保护和利用天敌**　主要有小黑瓢虫、小花蝽、六点蓟马、中华草蛉、拟长毛钝绥螨、智利小植绥螨等。

4. 黑刺粉虱

【学名】*Aleurocanthus spiniferus* Quaintanca

【寄主】桂花、枇杷、月季、柿树、梨树、茶、樟、柳树、葡萄、重阳木、丁香、榕树等近 40 种植物。

【为害症状】 若虫群居在叶片背面，以成虫、若虫用针状口器刺入吸食寄主的汁液为害。叶片被害处呈现黄白斑，严重时分泌大量蜜汁，呈露珠状滴落下部叶面，诱发煤污病，致使叶片、枝条污黑，叶片脱落，以至于整株枯死。

【形态特征】

成虫 体长 1.0~1.3mm，头、胸部褐色，翅覆盖有白色粉状物，前翅灰褐色，有7 个不规则白色斑纹，后翅淡褐紫色，较小，无斑纹。腹部橙黄色，复眼肾形橘红色；雄虫体较小。

卵 长约 0.22mm，卵圆形，基部有一小柄，卵壳表面密布六角形的网纹；初产时乳白色，渐变淡黄，近孵化时变为紫褐色。

幼虫 初孵化体扁平，椭圆形，淡黄色，长约 0.3mm，体周缘呈锯齿状，尾端有4 根尾毛；固着后体渐变为褐色至黑褐色，触角与足渐消失，体缘分泌白色蜡质，体背生有 6 对刺毛。2 龄幼虫暗黑色，周缘白色蜡边明显，腹节可见，背刺毛 10 对。3 龄时体长约 0.7mm，黑色，有光泽，背部刺毛 14 对。

蛹 壳漆黑色，有光泽，广椭圆形，体长 0.7~1.2mm；具白色棉状蜡质边缘，背中央有一隆起纵脊；成虫胸部背面有刺 4 对，腹部有刺 10 对；亚缘区刺雌性有 11 对，雄性有 10 对，向上竖立；管状孔处显著隆起，心脏形。

【发生规律】 一年发生 4 代，均以老熟幼虫在叶背越冬。翌年 3 月即见化蛹。3 月下旬至 4 月上旬成虫羽化产卵。第 1 代幼虫 4 月下旬发生，其他各代幼虫发生盛期分别在 5 月下旬、7 月中旬、8 月下旬以及 9 月下旬至 10 月上旬。但发生期不够整齐，有世代重叠现象。成虫多在上午羽化，白天活动交尾产卵。单雌产卵 10~100 余粒，卵多产在叶背，一叶上产卵数粒至数百粒。成虫也营孤雌生殖，但后代均为雄虫。初孵幼虫仅作短距离爬行，随即固着为害（幼虫共有 3 龄，2 龄后触角与足消失，不再移动）。黑刺粉虱初化蛹时无色透明，以后逐渐发黑，羽化前体变肥厚。成虫喜较阴暗的环境，多在树冠内膛枝叶上活动。

【防治方法】

（1）**人工防治** 加强中耕除草等日常养护管理，剪除虫害枝、衰弱枝、徒长枝，以改善植株的通风透光条件，增施有机肥，增强树势。

（2）**药剂防治** 使用 40%氧化乐果乳油 800~1 000 倍液，或 50%啶虫脒水分散粒剂 2 000~3 000 倍液，或 10%吡虫啉可湿性粉剂 1 000 倍液，或 40%啶虫·毒死蜱乳油 1 000~2 000 倍液，喷雾防治。虫口密度大时，可喷施 80%烯啶·吡蚜酮水分散粒剂 3 000 倍液，或 12%噻虫·高氯氟悬浮剂 800~1 000 倍液，或 4.5%高效氯氰菊酯乳油 2 000 倍液，或 50%杀螟硫磷乳油 1 000 倍液，或 20%氰戊菊酯乳油 800~1 200 倍液，均匀喷雾。

5. 褐圆盾蚧

【学名】 *Chrysomphalus aonidum* Linnaeus

【寄主】桂花、山茶、剑兰、玫瑰、悬铃木、罗汉松、夹竹桃、金橘、苏铁等多种植物。

【为害症状】以若虫和成虫在植物的叶片上刺吸为害，叶面叶背均受为害，受害叶片呈黄褐色斑点。严重时介壳虫布满叶片，叶卷缩，叶片黄萎，造成早期落叶，并能诱发煤污病，整个植株发黄，长势衰弱甚至枯死。

【形态特征】

成虫　雌虫体黄褐色，圆形，略凸；老熟时前体膜质部稍硬化，倒卵形，在胸部两侧各有1个刺状凸起。雌虫介壳色泽似有变化，但趋于极暗色或黑色，圆形，蜡质坚厚，中央隆起，周围向边缘略倾斜，壳面环纹密，略似锥形草帽。覆灰褐色边缘，壳点两个，位于介壳中央顶端，第1、第2壳点均圆形，色较淡；雄虫体黄色，长约0.8mm，翅展约2mm，透明。雄虫介壳色泽与质地同雌介壳，椭圆或卵形，壳点偏于一端，长约1mm。

卵　浅橙黄色，椭圆形，长约0.2mm，产于介壳下，母体的后方。

若虫　初龄若虫体长0.24~0.26mm，长椭圆形，浅黄色；有足和触角，腹部末端有1对长尾毛。经过第1次蜕皮后，除口针外，触角、足和尾毛均消失；2龄以后，雌若虫介壳圆形；雄若虫介壳椭圆形，壳点远离中心。

蛹　褐黄色，椭圆形，长约0.8mm。

【发生规律】一年可发生3~6代，后期世代重叠，多数以第2龄若虫越冬。雌若虫蜕皮2次，雄虫蜕皮3次；成虫产卵期长，可达14~56天，卵不规则地堆积于雌介壳下面。随着产卵，雌虫体向前端收缩，让出的空隙被先后产出的卵充满。第1代至第4代若虫的盛发期分别为5月上中旬、7月中旬、8月中旬至9月中旬、10月上中旬至11月上中旬。初孵若虫活动能力强，可到处爬行，爬出母壳，转移到新梢、嫩叶、果实上取食。雌虫多固定在叶背及果实表面，在叶背边缘者较多。雄虫多固定在叶面为害。

【防治方法】

（1）**人工防治**　提高栽培管理水平，通过园林技术措施来改变和创造不利于蚧发生的环境条件。冬季或早春，结合修剪，剪去部分有虫枝，集中烧毁，以减少越冬虫口基数。介壳虫少量发生时，可用软刷、毛笔轻轻刷除，或用布团蘸煤油或者洗衣粉抹杀。

（2）**药剂防治**　在若虫孵化期，可喷洒40%杀扑磷乳油1 000倍液，或22.4%螺虫乙酯悬浮剂1 000~1 500倍液，或40%啶虫·毒死蜱乳油1 000~2 000倍液，亦可喷洒40%吡虫·杀虫单水分散粒剂1 500倍液。喷雾进行防治。间隔7~10天喷1次，共喷2~3次，喷药时要求均匀周到。在喷洒上述药剂时可加入0.2%~0.5%的洗衣粉能提高防治效果。也可用40%氧化乐果乳油800倍液进行灌根防治。

（3）**保护和利用天敌**　瓢虫、跳小蜂等捕食性天敌。

6. 红蜡蚧

【学名】*Ceroplastes rubens* Maskell

【寄主】桂花、构骨、杜英、山茶、石榴树、火棘、栀子、蔷薇、茶树、月季、玫瑰、八角金盘、樱花、白玉兰等多种植物。

【为害症状】红蜡蚧又称红蜡虫、红粉蜡，成虫和若虫密集寄生在植物枝条上和叶片上，吮吸汁液为害。雌虫多在植物枝条上和叶柄上为害，雄虫多在叶柄和叶片上为害，并能诱发煤污病，致使植株长势衰退，树冠萎缩，全株发黑，严重为害则造成植物整株枯死。

【形态特征】

成虫 雌虫介壳近椭圆形，蜡壳较厚，为不完整的半球形，长 3~4mm，高约 2.5mm；初为深玫红色，随着虫体老熟，蜡壳变为红褐色；顶部凹陷形似脐状，边缘向上翻起呈瓣状，自顶端至底边有 4 条白色蜡带。雌成虫体椭圆形，长约 2.5mm，紫红色；雄虫蜡被呈星芒状，紫红色，至化蛹时蜡壳长椭圆形，暗紫红色；雄成虫体长约 1mm，暗红色，翅展 2.4mm；前翅 1 对，白色半透明。触角 10 节。单眼及口器黑色，触角、足及交尾器均淡黄色。

卵 椭圆形，淡红色，长约 0.3mm。

若虫 初孵时扁椭圆形，长 0.4mm，暗红色，腹端部有 2 根长毛；2 龄时呈广椭圆形，稍凸起，暗红色，体表被白色蜡质；3 龄时蜡质增厚。

蛹 雄蛹长约 1.2mm，淡黄色。

茧 长约 1.5mm，椭圆形，暗红色。

【发生规律】一年发生 1 代，以受精卵雌成虫在枝干上越冬。虫卵孵化盛期在 6 月中旬，初孵若虫多在晴天中午爬离母体，如遇阴雨天会在母体介壳爬行半小时左右，后陆续固着在枝叶上为害。初孵若虫爬行后固定于寄主上取食，一般固定 6 小时开始泌蜡，经 15 天能形成星芒蜡被。蜡质层形成后，再进行防治效果较差，须选择渗透性强的药剂进行防治，增加了防治成本和难度。

（1）**人工防治** 合理修剪，及时剪除带虫枝叶，集中销毁。

（2）**药剂防治** 在若虫孵化期，可喷洒 40%杀扑磷乳油 1 000 倍液，或 22.4%螺虫乙酯悬浮剂 1 000~1 500 倍液，或 40%啶虫·毒死蜱乳油 1 000~2 000 倍液，亦可喷洒 40%吡虫·杀虫单水分散粒剂 1 500 倍液，或 40%氧化乐果乳油 800~1 000 倍液，或 80%烯啶·吡蚜酮（20%烯啶虫胺+60%吡蚜酮）水分散粒剂 1 500 倍液，喷雾进行防治。间隔 7~10 天喷 1 次，共喷 2~3 次，喷药时要求均匀细致，轮换用药。

（3）**保护和利用天敌** 蜡蚧扁角短尾跳小蜂、单带巨角跳小蜂、赖食软蚧蚜小蜂等。

四、广玉兰

1. 玉兰炭疽病

【寄主】白玉兰、广玉兰、紫玉兰。

【症状】主要为害嫩叶和老叶，常沿叶片边缘或叶尖产生水渍状半圆形至不规则形灰白色枯边缘暗褐色，直径大小 15～30mm，病斑正面有很多黑色小粒点，即病原菌分生孢子盘。严重时病斑蔓延至叶片 1/4 以上，可造成叶枯或早期落叶。

【病原】玉兰炭疽菌 *Colletotrchum magnoliae* Camara，属半知菌亚门。

【发病规律】病菌以菌丝体和分生孢子盘在病部或病落叶上越冬，翌春产生分生孢子风雨传播，从伤口侵入进行初侵染，植株缺少肥水，叶片黄化易染病；7—9 月发生较多，病斑上出现黑色分生孢子盘后，盘上又产生分生孢子进行多次再侵染，连续阴雨空气湿度大时发病重。

【防治方法】参见香樟炭疽病的防治方法。

2. 叶斑病

【寄主】广玉兰。

【症状】为害广玉兰的嫩叶及老叶，初期病斑为褐色圆斑，扩展后圆形，内灰白色，外缘红褐色，周边褪绿色斑块。后期病斑干枯，着生黑色粒状物（病原菌子实体）。常造成叶片斑斑点点，甚至早期干枯脱落。

【病原】大茎点菌 *Macrophoma* sp.，属半知菌类。

【发病规律】病菌在寄主植株上或病残体上越冬。借风雨传播，春季产生分生孢子进行初侵染，以后在整个生长季节产生大量分生孢子进行多次再侵染。可常年在温室条件下发病。雨季、潮湿、春季遭受冻害或植株过密、通风不良、高温干燥等条件下往往发病严重。

【防治方法】

（1）人工防治　清除枯枝落叶，集中烧毁，减少侵染源。

（2）药剂防治　发病初期，喷洒 70%甲基硫菌灵可湿性粉剂 800～1 000 倍液，或 50%多菌灵可湿性粉剂 1 000 倍液，或 50%多·锰锌可湿性粉剂 400～600 倍液，或 50%腐霉·福美双（40%福美双+10%腐霉利）可湿性粉剂 600～800 倍液，或 30%戊唑·吡唑醚菌酯悬浮剂 800～1 000 倍液。连用 2～3 次，间隔 7～10 天。

3. 六星黑点蠹蛾

【学名】*Zeuzera leuconolum* Butler

【寄主】月季、紫荆、日本晚樱、梅、石榴树、碧桃、白玉兰、广玉兰、黄杨、栀子花、香樟、法桐等多种植物。

【为害症状】主要以幼虫蛀食枝梢，先绕枝条环食，然后进入木质部蛀成孔道，于虫道内吐丝连缀木屑堵塞两端，使被害枝梢枯萎，易折或死亡。幼虫较活跃，有转移为害习性，被害枝梢枯萎后，会再转移甚至多次转移到新梢为害。

【形态特征】

成虫 雌蛾体长 20~30mm，翅展 33~45mm，体被灰白色鳞片，触角丝状。雄蛾体长 17~23mm，前胸背面有 6 个近圆形蓝黑色斑点；前翅散生 10 个大小不等的椭圆形青蓝色斑点，后翅前半部也有黑斑，较小；腹部赤褐色腹部各节背面有 3 条蓝黑色纵带，两侧各有 1 个圆斑。

卵 椭圆形，初为浅黄色，后变棕褐色。

幼虫 体长约 35mm，深红色；前胸背板骨化为黑斑，中央有条黄线，体上各节具数十个小黑点，上有短毛 1 根；前胸背板和腹末臀板黑褐色。

蛹 体长约 30mm，赤褐色，腹部第 2 节至第 7 节背面各有短刺 2 排，第 8 腹节有 1 排；尾端有短刺。

【发生规律】一年发生 1 代，以老熟幼虫或蛹在寄主蛀道内越冬。翌年春季枝梢萌发后，再转移到新梢为害；被害枝梢枯萎后，会再转移甚至多次转移为害；5 月上旬幼虫开始成熟，于虫道内吐丝连缀木屑堵塞两端，并向外咬一羽化孔，即开始化蛹。5 月中旬成虫开始羽化，羽化后蛹壳的一半露在羽化孔外，长时间不掉。成虫昼伏夜出，有趋光性；于伤口、粗皮裂缝处，嫩梢上部叶片或芽腋处产卵，卵期约 20 天，散产或数粒在一起。7 月幼虫孵化，多从新梢上部腋芽蛀入，并在不远处开一排粪孔，被害新梢 3~5 天内即枯萎，此时幼虫从枯梢中爬出，再向下移不远处重新蛀入为害。一头幼虫可为害枝梢 2~3 个。由于地区不同气温变化不同，幼虫至 10 月中下旬至 11 月以老熟幼虫或蛹在蛀道内越冬。

【防治方法】

（1）**人工防治** 人工捕捉成虫是一种有效消灭虫源的方法。结合修剪，及时剪除被害枝梢，集中烧毁。

（2）**药剂防治** 成虫期喷施，喷施 90%晶体敌百虫或 50%杀螟硫磷乳油 1 000 倍液，或 5%甲维·高氯 1 500 倍液，或 45%丙溴·辛硫磷乳油 1 000~1 500 倍液等杀灭成虫，兼杀卵和初孵幼虫。幼虫为害期可向蛀道内注入 50%马拉硫磷乳油 50 倍液，或 40%氧化乐果乳油 50 倍液。或 70%吡虫啉+助剂 300 倍液，打孔注入上述药液后，封住虫口。也可用 3.2%甲维·啶虫脒（0.2%甲氨基阿维菌素苯甲酸盐+3%啶虫脒）水分散剂，对树木进行打孔注射，打孔位置距离地面 30cm 以下，根据树木的胸径多少来确定用药量，一般用药为 20cm 以下 1 支、20~30cm 2 支，30~50cm 3~5 支。

（3）**生物防治** 如招引啄木鸟、释放天敌。

4. 考氏白盾蚧

【学名】 *Pseudaula caspis cockerelli* Cooley

【寄主】 含笑、君子兰、白兰花、广玉兰、苏铁、枸骨、雪松等。

【为害症状】 以若虫、雌成虫固定在叶片及小枝上，刺吸汁液，致使叶片出现褪绿的斑点，轻者生长衰弱，严重造成落叶，甚至死亡。因其分泌蜜露，而导致煤污病的发生，使叶片、枝干呈黑色煤烟状。

【形态特征】

雌成虫 体长 1.1~1.2mm，近椭圆形，黄色，中胸常膨大，触角基部间距离为触角长度的 1~4 倍，足退化，口器发达。蜡介壳长 2~3mm，宽 1~2mm，壳点 2 个，黄褐色。

雄成虫 体长约 0.7mm，复眼棕黑色，翅展约 1.7mm，橙黄色，触角丝状，翅一对，灰白色半透明，上有纵脉 2 根，后翅为平衡棍。腹末交尾器针状。雄虫介壳长 1~1.5mm，宽约 0.5mm，长条形，壳点 1 个，白色。

卵 长约 0.22mm，宽约 0.1mm，淡橙黄色。

幼虫 第 1 龄扁椭圆形，黄色，触角 6 节，腹足 3 对，尾毛 1 对；体色较淡、触角和足发达，固定取食后身体隆起，触角与足退化。背上介壳长筒形，侧边平行，背面有 2 条纵沟。蜕皮壳在蜡介壳前端，蜕皮壳长约 0.3mm，黄色，蜡介壳长约 1mm，白色。

雄蛹 长约 0.9mm，长椭圆形，黄色，裸蛹，交尾器明显。

【发生规律】 一年发生 2~6 代，各代发生整齐，很少重叠。以受精雌成虫在寄主枝条、叶上越冬。3 月下旬雌成虫在介壳下产卵，每雌约产卵百余粒。第 1 龄幼虫可在叶面爬行，经 6~10 小时即固定在叶上不动，吸食汁液。雄幼虫多 20~50 个群集固定在叶背母体附近，分泌蜡丝，不规则盘卷于体背，蜕皮后成为 2 龄雄虫，体后渐长出 4 对蜡丝束，并愈合为筒状雄介壳，经第 2 龄若虫、前蛹、蛹而发育为雄成虫；雌幼虫多固定在叶正面中脉附近，较分散，分泌蜡丝薄膜盖住虫体，蜕皮 2 次，经 3 龄变为成虫，并生出蜡介壳，当蜡介壳长 0.3~0.5mm 时，正值雄虫羽化飞来交尾。第 3 代成虫在 10 月下旬出现，以后逐渐进入越冬。

【防治方法】

（1）**人工防治** 结合修剪，剪去虫枝、虫叶，集中烧毁。

（2）**药剂防治** 冬季和早春植物发芽前，在初孵若虫期进行喷药防治。可喷施 1 次 3~5 波美度石硫合剂、3%~5% 柴油乳剂、22.4% 螺虫乙酯悬浮剂 1 000~1 500 倍液，消灭越冬代若虫和雌虫。

（3）当介壳虫发生量大为害严重时，药剂防治仍是主要的防治手段。常用药剂：22.4% 螺虫乙酯悬浮剂 800~1 000 倍液，或 5% 吡丙醚水乳剂+22% 噻虫·高氯氟悬浮剂二者混合 800~1 000 倍液喷雾。亦可喷洒 40% 杀扑磷乳油 1 000 倍液，或 40% 啶虫·毒死蜱乳油 1 000~2 000 倍液，或 40% 吡虫·杀虫单水分散粒剂 1 200~1 500 倍液。间隔 7~10 天喷 1 次，共喷 2~3 次，喷药时要求均匀周到。

（4）**保护和利用天敌** 瓢虫、跳小蜂等捕食性天敌。

五、大叶女贞

1. 白蜡蚧（附图1-4）

【学名】*Ericerus pela* Chavannes

【寄主】大叶女贞。

【为害症状】以成虫、若虫在大叶女贞枝条上刺吸为害，造成树势衰弱，生长缓慢，甚至枝条枯死。

【形态特征】

雌成虫 受精前背部隆起，蚌壳状，受精后扩大成半球状，长约10mm，高约7mm，黄褐色、浅红至红褐色，触角6节，其中第3节最长，散生浅黑色斑点，腹部黄绿色。

雄成虫 体长约2mm，黄褐色，翅透明，有光泽，尾部有2根白色蜡丝。

卵 雌卵红褐色；雄卵浅黄色。

若虫 黄褐色，卵圆形。

【发生规律】一年发生1代，以受精雌成虫在枝条上越冬。翌年3月雌成虫虫体孕卵膨大，4月上旬开始产卵，卵期7天左右。初孵若虫在母体附近叶片上寄生，2龄后转移至枝条上为害，雄若虫固定后分泌大量白色蜡质物，覆盖虫体和枝条，严重时整个枝条呈白色棒状。10月上旬雄成虫羽化，交配后死亡。受精雌成虫体逐渐长大，随着气温下降陆续越冬。

【防治方法】

（1）**人工防治** 及时剪除被害虫枝、虫叶，集中烧毁。

（2）**药剂防治** 在若虫卵孵化期，可用22.4%螺虫乙酯悬浮剂1 000~1 500倍液，或5%吡丙醚水乳剂+22%噻虫·高氯氟悬浮剂二者混合800~1 000倍液，或40%杀扑磷乳油1 000~1 200倍液，或25%蚧死净乳油1 000倍液，或40%螺虫·毒死蜱乳油1 000~2 000倍液进行喷雾防治。

（3）**保护和利用天敌** 花翅跳小蜂、瓢虫和捕食螨等。

2. 女贞尺蠖（附图1-5）

【学名】*Naxa seriaria* Motschulsky

【寄主】小叶女贞、大叶女贞、桂花、紫丁香、山茶、花曲柳等。

【为害症状】幼虫是一种暴食性食叶害虫，群集取食叶片，特别当虫口密度大时，可在短时期内把整株或片林上的树叶都蚕食一光，幼虫有吐丝结网习性，严重时网罩树冠，造成树木死亡，影响绿化美化效果。

【形态特征】

成虫 体长约 14mm，翅展约 38mm。体翅白色，略有灰色和金属光泽。翅外缘有两列黑点，前翅、后翅面上有黑色大斑。

卵 浅黄色，卵圆形。

幼虫 老熟时，体长约 20mm，头壳黑色，体土黄色，体上有不规则黑斑。

蛹 浅黄色，有黑点。

【发生规律】一年发生 2 代，以幼虫在土中越冬。6 月成虫开始羽化，成虫有趋光性。幼虫共 8 龄，幼虫在树冠上吐丝结网，当网内叶片食光后，即转移为害，先结网后取食。9 月以大龄幼虫下树入土越冬。

【防治方法】

（1）**人工防治** 结合日常养护管理，于晚秋或早春季节人工挖除虫蛹，以消灭虫源。

（2）**物理防治** 成虫发生期长，使用黑光灯诱杀效果较好。

（3）**药剂防治** 幼虫期喷施杀虫剂，可喷施 5%甲维·高氯悬浮剂 1 500 倍液、100g/L 联苯菊酯乳油稀释 2 000~3 000 倍液，或 20%甲维·茚虫威 1 500 倍液等，发生期可喷洒 45%丙溴·辛硫磷乳油 1 000~1 500 倍液，或 20%氰戊菊酯乳油（阿维·高氯）800~1 200 倍液，或 40%毒·辛乳油 800~1 000 倍液，或 90%晶体敌百虫 1 000 倍液进行防治。

3. 云斑天牛

【学名】*Batocera horsfieldi*（Hope）

【寄主】大叶女贞、乌桕、栗（栎）类、泡桐、杨树、柳树、榆树、桑、梨等树种。

【为害症状】成虫取食嫩枝皮层及叶片，初孵幼虫蛀食韧皮部，使受害处变黑、树皮胀裂、流出树液。幼虫再由皮层逐渐深入到木质部，蛀成斜向或纵向隧道，蛀道长约 25cm，蛀道内充满并向外排木屑与粪便。轻者可造成树势衰弱，重者整株干枯死亡。

【形态特征】

成虫 体长 35~65mm，宽 9~15mm，体底色为灰褐色或黑褐色，密被灰褐色或灰白色绒毛；前胸背面有 1 对肾形白斑，侧刺突大而尖锐，小盾片近半圆形；每个鞘翅上有白色或浅黄色绒毛组成的云状白色斑纹；翅基有颗粒状瘤突，头至腹末两侧有 1 条白色绒毛组成的宽带。

卵 长约 8mm，宽约 4mm，长卵圆形，稍弯，初产乳白色，以后逐渐变淡黄色。

幼虫 体长 70~80mm，乳白至淡黄色。体肥胖多皱，前胸腹板主腹片近梯形，前中部生褐色短刚毛，其余密生黄褐色小刺突；头部除上颚、中缝及额中一部分黑色外，其余皆浅棕色，上唇和下唇着生许多棕色毛。

蛹 长 40~70mm，乳白色至淡黄色。头部及胸部背面生有稀疏的棕色刚毛，腹部第 1 节至第 6 节背面中央两侧密生棕色刚毛。末端锥状。

【发生规律】2~3 年 1 代，以幼虫、蛹及成虫在蛀道中越冬。越冬成虫于 5—6 月咬破羽化孔钻出树干，经 10 多天取食，开始交配产卵，卵多产在树干或斜枝下面，尤以距地面 2m 内的枝干着卵多，以晴天出现为多。产卵时先在枝干上咬出椭圆形蚕豆粒大小的产卵刻槽，产 1 粒卵后，（每头雌成虫一生产卵 20~40 粒）再把刻槽四周的树皮咬成细木屑堵住产卵口，卵经过 12 天孵化成幼虫。初孵幼虫在树干韧皮部蛀食，被害部位树皮外胀、纵裂、变黑，流出树液。约 25 天后幼虫侵入木质部，并排出虫粪木屑，木屑外露。8—9 月老熟幼虫在肾状蛹室里化蛹。蛹期 20~30 天，羽化后越冬于蛹室内。

【防治方法】

（1）**人工防治** ①利用成虫羽化后在树冠活动（补充营养、交尾和产卵）的一段时间，人工捕杀成虫。寻找产卵刻槽，可用锤击、手剥等方法消灭其中的卵。②用铁丝钩杀幼虫，特别是当年新孵化后不久的小幼虫，此法更易操作。③树干刮皮，冬季和早春刮除粗老翘皮并烧毁，可减少成虫产卵的场所及消灭其他越冬病虫。

（2）**物理与生物防治** ①灯光诱杀：利用成虫对灯光的趋光性，人为设置灯光来诱杀害虫的方法称为灯光诱杀。目前生产上所用的光源主要是黑光灯，此外，还有高压电网灭虫灯等。②饵木诱杀：对药物防治不方便植株上的天牛，可采用饵木诱杀，以减少虫口密度，保证其观赏价值。③释放花绒寄甲：释放花绒寄甲，可有效减轻云斑天牛的为害。

（3）**药剂防治** ①防治成虫：成虫期，特别是羽化高峰期补充营养时进行防治，主要用 40%氧化乐果乳油 1 000~1 200 倍液，或 48%毒死蜱乳油 1 000 倍液，或 22%噻虫·高氯氟悬浮剂 3 000 倍液，或 45%丙溴·辛硫磷 1 000~1 500 倍液喷干或补充营养时喷树冠和树干。②防治幼虫：可虫孔注药。用 80%敌敌畏 10 倍液，或 3.2%甲维·啶虫脒（0.2%甲氨基阿维菌素苯甲酸盐+3%啶虫脒）50 倍液，用高压注射器从蛀孔注入药液，泥巴封口。也可药棉堵孔。先清除蛀道内的虫粪和木屑后，用棉球或布条浸沾 80%敌敌畏乳油 10 倍液塞入蛀道，用泥土封口熏杀。③枝干涂白：秋季、冬季至成虫产卵前，从树干 1.2m 处以下的部位进行涂白。刮去粗糙皮，保证树皮干燥清洁，将树干涂白粉剂（生石灰 5 份+硫黄 1.5 份+盐 2.5 份+水 40 份+适量动物油配制）和水按照 1:1 的比例进行稀释，搅拌均匀后，用刷子或专用喷雾设备进行树干涂白。为防止产卵，可加入多菌灵、甲基硫菌灵等药剂防腐烂，做到有虫治虫、无虫防病。这样不但可以阻止成虫产卵及防止其他害虫越冬，同时还可以起到防寒、防日灼的效果。

六、黑 松

1. 松赤枯病

【寄主】黑松、马尾松、湿地松、火炬松。

【症状】主要为害幼树新叶，少数老叶也有受害，被害严重时似火烧，呈枯死状。可造成提早落叶，严重影响生长。受害叶初现褐黄色或淡黄棕色段斑，后变淡棕红色，最后呈浅灰色或暗灰色，病斑边缘褐色。病部散生圆形或广椭圆形。根据病斑上、下部叶组织是否枯死，可分为叶尖枯死型、叶基枯死型、段斑枯死型和全株枯死型4种为害症状。本病常与赤落叶病或落针病同时混生。

【病原】枯斑盘多毛孢 *Pestalotiopsis funereal* Desm.。

【发病规律】病菌以分生孢子和菌丝体在树体病叶中越冬。在落地病叶上越冬者极少，且全部以分生孢子越冬。病害一般于5月开始发生，6—9月为发病盛期，7月出现发病高峰期。11月以后，病害基本停止发生。

【防治方法】

（1）**人工防治**　冬季应清除病死枝条、枝叶和枯树，将其集中烧毁，控制侵染源。

（2）**药剂防治**　可用75%百菌清可湿性粉剂800倍液，或50%多菌灵可湿性粉剂1 000倍液，或50%扑海因可湿性粉剂1 000~1 500倍液，或50%腐霉·福美双（40%福美双+10%腐霉利）可湿性粉剂600~800倍液，或25%咪鲜胺乳油500~600倍液进行叶面喷洒，隔7~10天喷1次，连续2~3次。病害较重时要适当加大用药量，为防止产生抗药性，可交替使用。

2. 松针褐斑病

【寄主】黑松、湿地松、火炬松、马尾松等。

【症状】感病寄主的针叶上，最初产生圆形褪色小斑点，后变褐色；有时2~3个病斑相连成褐色段斑。重病针叶常有数十个病斑，致针叶枯死。嫩叶感病时，针叶先端迅速枯死。病害从树冠基部开始，逐渐向上发展，最后使整株枯死。

【病原】松针座盘孢菌 *Lecunosticta acicola*（THiim）Sydow。

【发病规律】该病病菌以菌丝、子实体及分生孢子在病叶中越冬，在病叶上或落叶上的病菌子实体和病组织中的菌丝体是初侵染源，病原菌通过雨水和风力而传播。几乎全年均可在林间搜集到有生命力的分生孢子。病害几乎全年均可发生，在 4 月下旬至 7 月上旬发展最为迅速，1—3 月次之。湿地松、黑松感病重，马尾松感病轻。

【防治方法】

（1）**人工防治**　清除病叶、病枝和病株，并集中烧毁，减少侵染源。

（2）**药剂防治**　发病期喷洒 25%咪鲜胺乳油 500~600 倍液，或 50%多·锰锌可湿性粉剂 400~600 倍液或 50%多菌灵可湿性粉剂 1 000 倍液，或 50%腐霉·福美双（40%福美双+10%腐霉利）可湿性粉剂 600~800 倍液，或 50%扑海因悬浮剂 1 000~1 500 倍液，进行叶面喷洒。连用 2~3 次，间隔 7~10 天喷 1 次。病害较重时要适当加大用药量。

3. 松枯梢病

【寄主】黑松、马尾松、火炬松、湿地松等。

【症状】主要表现为枯针、枯芽、枯梢、溃疡并伴随流脂等。发病初期，嫩梢上出现暗灰蓝色溃疡病斑，皮层开裂，从裂缝处流出淡蓝色松脂，邻近受害的针叶短小、枯死。以后部分嫩梢会继续伸长，溃疡病部也会愈合；但有些病斑继续扩展，嫩梢弯曲，进而发展为枯梢。病梢枯死后，有的侧边萌发侧梢，再感病枯死，因此病树枝梢死亡后有"簇顶"现象。重病株，新老针叶全部枯死，直至整株死亡。

【病原】松色二胞菌 *Diplodia pinea*（Desm.）Kickx。

【发病规律】病菌以菌丝或分生孢子器在病针叶、枝条和球果上越冬。当分生孢子萌发侵入组织后，8~14 天就出现症状，24~28 天产生新的分生孢子进行再侵染。当嫩梢未老化前，病菌可直接侵入，而寄主枝梢充分木质化后，病菌只能从伤口侵入。病害的发病程度因树龄而异，一年生至五年生较轻，五年生以上的树龄则明显加重。病菌靠风雨传播。夏季的多雨高温有利于病菌的侵染、传播。

【防治方法】参见雪松枯梢病防治方法。

4. 松大蚜

【学名】*Cinara pinitabulaeformis* Zhang et Zhang

【寄主】白皮松、黑松、五针松。

【为害症状】以成虫、若虫刺吸干、枝汁液。严重发生时，松针尖端发红发干，针叶上也有黄红色斑，枯针、落针明显。在松大蚜的为害下，松针上蜜露明显，远处可见明显亮点，当蜜露较多时，可诱发煤污病，影响松树的正常生长。

【形态特征】

无翅蚜　雌无翅蚜是繁殖的主体。头小，腹大，黑褐色，体长 3~4mm，宽约 3mm，近球形，触角刚毛状，6 节，第 3 节较长。复眼黑色，凸出于头侧。

有翅蚜　分雌雄两种，雄蚜腹部窄，雌蚜腹部宽，但窄于无翅蚜。有翅蚜翅透明，在两翅端部有 1 翅痣，头方圆形，大于无翅蚜，前胸背板有明显圆环和水"X"形花纹。触角长约 1.5mm，可伸达腹部第 5 节。

卵 长 1.3~1.5mm，黑绿色，长圆柱形。卵上常被有白色蜡粉粒。

若虫 有卵生若虫和胎生若虫两种，它们的形态多相似于无翅雌蚜，只是体型较小，新孵化若虫淡棕褐色，腹全为软腹，喙细长，相当于体长的 1.3 倍。

【发生规律】 一年发生 10 多代，以卵在松针上越冬。1 头干母（无翅雌成虫进行孤雌胎生繁殖）能胎生 30 多头雌性若虫。若虫长成后继续胎生繁殖，在气温合适条件下，3~4 天后即可进行繁殖后代，所以繁殖力很强。出现有翅侨蚜后可以进行扩散，春夏季可观察到成虫和各龄期的若虫；在 10 月中旬，出现性蚜（有翅雄、雌成虫），交配后，雌虫产卵越冬。

【防治方法】

（1）**物理防治** 采用黄色粘虫板诱杀有翅蚜。

（2）**药剂防治** 发生期，可喷施 40%氧化乐果乳油 1 000 倍液，或 10%吡虫啉可湿性粉剂 1 000~1 500 倍液，或 50%啶虫脒水分散粒剂 2 000~3 000 倍液，或 22.4%螺虫乙酯悬浮剂 2 000~3 000 倍液，或 80%烯啶·吡蚜酮（20%烯啶虫胺+60%吡蚜酮）水分散粒剂 3 000~4 000 倍液。

（3）**保护和利用天敌** 异色瓢虫、龟纹瓢虫、七星瓢虫、二星瓢虫、大灰食蚜蝇及蚜小蜂等。

5. 松梢螟

【学名】*Dioryctria splendidella* Herrich-Schaeffer

【寄主】 松树、云杉等。

【为害症状】 幼虫为害主梢和侧梢。主梢被害后引起侧梢的丛生，使树冠形成畸形，不能成材。有时侧梢虽能代替主梢向上生长，但树形弯曲，降低木材利用价值。除为害松梢外，幼虫也可蛀球果影响种子产量；也可蛀食幼树枝干，造成幼树死亡。

【形态特征】

成虫 体长 10~16mm，翅展 22~23mm；全体灰褐色，触角丝；前翅灰褐色，有 3 条灰白色波状横纹，中室有 1 个灰白色肾形斑，后缘近内横线内侧有 1 个黄斑，外缘黑色。后翅灰白色。足黑褐色。

卵 长 0.8~1.0mm，椭圆形，有光泽，初产乳白色，近孵化时变为樱红色。

幼虫 体长 15~30mm，淡褐色，少数淡绿色。头部及胸背板褐色，体表生有多数褐色毛片，腹部各节有毛片 4 对，胸足 3 对，腹足 4 对，臀足 1 对，背面 2 对较小，呈梯形排列，侧面的 2 对较大，趾钩单序环状。

蛹 长 11~15mm，宽约 3mm，长椭圆形，红褐色；腹部末具臀棘 6 根，中央 2 根较长。

【发生规律】 一年发生 1 代，以幼虫在被害梢内越冬。4 月初越冬幼虫开始活动，5 月中旬开始化蛹，6 月上中旬羽化成虫；成虫羽化时，穿破堵塞在蛹室上端的薄网而出，蛹壳仍留在蛹室内，不外露；成虫白天静伏于梢头的针叶基部，夜晚活动交尾，有趋光性。雌蛾孕卵量平均 50 粒左右。卵散产，产在叶鞘基部或枯黄针叶基部，或球果或树皮伤口处，每梢一般产 1~2 粒卵。卵期平均 6 天（5~8 天）。成虫寿命 3~5 天。初龄幼虫在嫩梢表面和韧皮部之间取食，3 龄以后蛀入木质部髓心，蛀道长 15~30cm，大多蛀害 0.8~1cm 的嫩梢，从梢的中部蛀入，蛀口圆形，蛀口外堆有大量蛀屑及粪便，蛀道内壁光滑，其中亦充满粪便和碎屑。被害梢逐渐枯黄和枯死，此虫不仅为害新梢，有时也为害球果，并有转移为害的习性。该虫一般对六年生至十年生幼龄植株为害最重，尤其是对郁闭度较小、立地条件差、生长不良的植株为害更重。

【防治方法】

（1）人工防治　消灭越冬虫茧。在冬季可剪除被害梢，集中烧毁，消灭越冬幼虫。

（2）物理防治　在成虫出现期采用黑光灯诱杀。

（3）药剂防治　①在初龄幼虫或幼虫转移为害期间，喷施 50%辛硫磷乳油 1 000~1 200 倍液，或 50%杀螟硫磷乳油 1 000~1 500 倍液，或 5%吡虫啉乳油 2 000~3 000 倍液。还可喷施 5%甲维·高氯悬浮剂 1 500 倍液，或 70%吡虫啉+助剂 300 倍液，或 22%噻虫·高氯氟悬浮剂稀释 3 000 倍液。②成虫出现期，喷洒 40%氧化乐果乳油 800~1 000 倍液，喷杀成虫。

6. 马尾松毛虫

【学名】*Dendrolimus punctatus* Walker

【寄主】火炬松、马尾松、湿地松、黑松等植物。

【为害症状】以幼虫群集取食松树针叶，为害后松树针叶呈团状卷曲枯黄；4 龄以上食量大增，将叶食尽，轻者常将松针食光，呈火烧状，重者致使松树生长衰弱，甚至枯死。

【形态特征】

成虫　体色有灰白、灰褐、茶褐、黄褐等色，体长 20~32mm；雌蛾触角短栉齿状，雄蛾触角羽毛状，雌蛾展翅 60~70mm，雄蛾展翅 49~53mm；前翅表面有 3 条或者 4 条不很明显而向外弓起的横条纹，雄蛾前翅中室末端具 1 个白点。

卵　椭圆形，长约 1.5mm；初产时淡红色，近孵化时紫褐色；在针叶上呈串状排列。

幼虫　体长 60~80mm，体色有黑白与红黄两型；胸部背面有 2 丛深蓝色毒毛，腹部各节背面有蓝黑色片状毛，体侧有白色长毛。

蛹　长 20~35mm，暗褐色；老熟幼虫在树枝针叶间吐丝结茧，茧灰白色，后期灰褐色，外被一层棕色短毒毛。

茧　内蛹纺锤形，长 20~35mm，暗褐色，节间有黄绒毛。

【发生规律】每年发生 3~4 代。于每年 11—12 月以 3~4 龄幼虫在针叶丛越冬。越冬幼虫于翌年 3 月开始取食；4—5 月开始有第 1 代虫卵，5—7 月为第 1 代为害期；7—8 月为第 2 代为害期；9—11 月为第 3 代为害期。成虫有趋光性，往往飞向健康的植株或受害轻的植株上产卵，卵多产于生长良好的松树针叶上，排列成行或成堆，幼虫一般 6 龄。

【防治方法】

（1）**人工防治** 剪除受害枝，摘除虫茧，集中烧毁。

（2）**物理防治** 设置黑光灯诱杀成虫。

（3）**药剂防治** 喷施 25%灭幼脲 3 号悬浮剂 2 000~2 500 倍液，或 40%毒·辛乳油 800~1 000 倍液，或 45%丙溴·辛硫磷乳油 1 000~1 500 倍液，或 20%氰戊菊酯乳油（阿维·高氯）800~1 200 倍液。

（4）**保护和利用天敌** 卵期释放赤眼蜂。

七、枇 杷

1. 枇杷斑点病

【寄主】枇杷。

【症状】枇杷斑点病为害叶片，病斑开始为赤褐色小点，病斑中央灰黄色，外缘灰棕色或赤褐色。后期长出许多小黑点，轮生或散生，即病菌的分生孢子器。逐步扩大成圆形，沿叶缘发生的呈半圆形，几个病斑点可连成不规则形病斑，病叶的局部或整片枯死。与灰斑病比较，斑点病的病斑较小，其上着生的小黑点较细、较密。

【病原】枇杷叶点霉菌 *Phyllosticta eriobatryae*，属半知菌亚门真菌。

【发病规律】病菌以分生孢子器和菌丝体在病叶上越冬。翌年3—4月，分生孢子器吸水后，分生孢子自孔口溢出，借风雨传播，侵入寄主为害。1年内可多次侵染，在梅雨季节发病最重。

【防治方法】

（1）人工防治　冬季要将落地的病叶和病果全部清除干净，集中烧毁。

（2）药剂防治　发生期喷洒50%多菌灵可湿性粉剂800~1 000倍液，或70%甲基硫菌灵可湿性粉剂1 000倍液，或25%咪鲜胺乳油500~600倍液，或50%多·锰锌可湿性粉剂400~600倍液，或50%腐霉·福美双（40%福美双+10%腐霉利）可湿性粉剂600~800倍液，或65%代森锌可湿性粉剂600倍液，以上药物交替使用效果更好。

2. 枇杷腐烂病（附图1-6）

【寄主】枇杷。

【症状】主干和主枝受害时，初期以皮孔为中心形成椭圆形瘤突，直径0.25~0.5cm，中央呈扁圆形开裂。病健部交界处产生裂纹，病皮易脱落而留下凹陷，未脱落的病皮则连接成片，呈鳞片状翘起，病皮粗糙，红褐色，临近地面处的主干韧皮部变褐色。随后皮层坏死腐烂，严重时可达木质部并引起树干枯死。花轴、花梗受害时形成黄褐色的圆形斑或不规则形病斑，严重时落花、落果或不开花。

【病原】病原菌为 *Sphaeropsis maiorum* Peck。

【发病规律】以菌丝体和分生孢子器在枇杷病树干和其他病残体中越冬。越冬后的菌丝体在3月下旬至6月产生新的分生孢子器，但以8—9月产生为多；生长健壮、抗病能力强的树，病菌可潜伏相当长的时间不发病；树势弱，抗病力差的树，发病迅速，很快引起树皮腐烂。该病菌属于弱寄生菌，主要通过伤口侵入，也可从枝干的皮孔和芽眼等处侵入。分生孢子由雨水传播，有些昆虫，特别是蛀茎害虫如天牛类为害也能传播病菌。该病的发生程度取决于2—3月的温度、湿度。早春气温持续偏高，雨量多，湿度大，枇杷腐烂病的病菌提早产生新的分生孢子器，造成枇杷枝干腐烂病流行。

【防治方法】

（1）**人工防治** 科学施肥，增强树势。枇杷果实中钾含量最多，以有机肥为主，配施适量的硫酸钾，能抑制和降低枇杷腐烂病的发生。

（2）**药剂防治** ①对发病树及时刮除已烂透的病疤，须用刮刀将病皮及木质部表皮层的坏死组织一起刮净，刀口要光滑、平整，有利于伤口愈合。再将以下药品根据要求的倍数进行稀释，对已发病部位进行涂抹，10天后进行第2次涂抹。其次在4月初或9月初，在腐烂病未发生时，用以下药品使用毛刷均匀涂抹树干，或对树体进行全面喷雾，使树干充分着药，以不滴药为宜。②药品可选用50%多菌灵可湿性粉剂50倍液，或70%甲基硫菌灵可湿性粉剂100倍液，或2.12%腐殖酸·铜水剂（2%腐殖酸+0.12%硫酸铜）50倍液，或1.8%辛菌胺醋酸盐可湿性粉剂2 000倍液，或3%甲霜·噁霉灵悬浮剂（2.5%噁霉灵+0.5%甲霜灵）100倍液。

3. 梨星毛虫

【学名】 *Illiberis prunii*

【寄主】 梨树、海棠、李树、杏树、桃树、樱桃、枇杷等多种植物。

【为害症状】 以幼虫蛀食花芽、花蕾和嫩叶。花芽被蛀食，芽内花蕾、芽基组织被蛀空，花不能开放，被害处常有黄褐色黏液，并有褐色伤口或孔洞以及褐色幼虫。展叶期幼虫吐丝将叶片纵卷呈饺子状，幼虫居叶内为害，啃食叶肉，留下表皮和叶脉成网状。

【形态特征】

成虫 全体黑色，翅黑色，半透明，前翅和后翅中室有一主干通过；雌成虫翅展24～34mm，触角锯齿状；雄成虫翅展18～25mm，触角短，羽状。

卵 扁平，圆形，成块产于叶背面。初龄幼虫紫褐色。

幼虫 体长18～20mm，淡黄色，每节背侧有6个星状毛瘤和2个黑色圆斑点。

蛹 长约2mm，淡黄色，腹部第3～9节背面前缘有1列短齿，腹部末端有5对白色钩状刚毛。

【发生规律】 一年发生1～2代，以2龄、3龄幼虫在树干裂缝和粗皮间结白色薄茧越冬。翌年早春萌芽时开始出蛰活动，幼虫于4月中旬进入盛期，为害芽、花蕾和嫩叶。展叶后，幼虫吐丝缀叶呈饺子状；5月上中旬是为害盛期，潜伏叶苞为害。幼虫一生为害7～8张叶片；5月中下旬老熟后于苞叶内结茧化蛹，蛹期约10天；6月上旬羽化，中下旬进入盛期。成虫白天静伏，晚上交配产卵于叶背面，呈不规则块状，6月下旬，卵经7～8天后孵化为幼虫，长至2～3龄时开始越冬。

【防治方法】

（1）**人工防治**　越冬前，在树干上绑草把诱集杀灭越冬幼虫；越冬期，剥除老树皮，尤其是根茎处的粗皮，集中烧毁，消灭越冬幼虫，减少虫源；成虫期，摘除虫苞和蛹，也可在清晨摇动树枝，振落成虫。

（2）**药剂防治**　可使用90%晶体敌百虫1 000~1 200倍液，或50%辛硫磷乳油800~1 000倍液，或50%杀螟硫磷乳油1 000倍液，或20%杀灭菊酯乳油3 000倍液进行喷洒。也可喷施25%灭幼脲3号悬浮剂2 000~2 500倍液，或45%丙溴·辛硫磷乳油1 000~1 500倍液，或20%氰戊菊酯乳油（阿维·高氯）800~1 200倍液，喷雾防治。

八、棕 榈

1. 棕榈枯萎病

【寄主】棕榈树。

【症状】病害多从叶柄基部开始发生，首先产生黄褐色病斑，并沿叶柄向上扩展到叶片，病叶逐渐凋萎枯死。病斑延及树干产生紫褐色病斑，导致维管束变色坏死，树干腐烂；叶片枯萎，植株趋于死亡；若在棕榈干梢部位，其幼嫩组织腐烂，则更为严重；在枯死的叶柄基部和烂叶上，常见到许多白色菌丝体；当地上部分枯死后，地下根系也很快随之腐烂，全株枯死。

【病原】宛氏拟青霉菌 *Paecilomyces varioti* Baim。

【发病规律】病菌在病株上过冬。每年5月中旬开始发病，6月逐渐增多，7—8月为发病盛期，至10月底，病害逐渐停止蔓延。该病对小树和大树均有为害。棕榈遭受冻伤或剥棕太多，树势衰弱易发此病。

【防治方法】

（1）**人工防治** 及时清除腐死株和重病株，以减少侵染源。

（2）**药剂防治** 可用50%多菌灵可湿性粉剂800~1 000倍液，或50%甲基硫菌灵可湿性粉剂600~1 000倍液，或50%腐霉利可湿性粉剂1 000~1 500倍液，或20%二氯异氰尿酸钠可溶性粉剂800~1 000倍液，进行叶面喷施。7~10天重喷1次，连续喷药2~3次。也可刮除病斑后涂药。

2. 棕榈炭疽病

【寄主】棕榈树。

【症状】病害多发生在叶片上，发病初期为水渍状小斑，叶尖变黑褐色，病斑呈椭圆形至不规则形，褐色至黄褐色，病斑上长出分散的黑色小粒点，即病原菌的分生孢子盘；有时显现出轮纹状；后期病部融合形成不规则形大块干斑。

【病原】炭疽菌 *Colletotrichum* sp.，属半知菌亚门真菌。

【发病规律】病菌以菌丝体或分生孢子盘在病部越冬，翌年产生分生孢子借风雨和昆虫传播，通过伤口、气孔侵入引起发病。且一年中可重复侵染，多雨年份、高温高湿条件利于该病发生。

【防治方法】参见香樟炭疽病防治方法。

九、杜 英

1. 春尺蠖 (附图 1-7)

【学名】 *Apocheima cinerarius* Ershoff

【寄主】 核桃、垂榆、小叶朴、杜英、钻天杨、榆树、杏树、枣、苹果树、梨等多种植物。

【为害症状】 春尺蠖以幼虫为害树木幼芽、幼叶、花蕾，该虫发生期早，为害期短，幼虫发育快，取食量大，常暴食成灾。在短时间内可将大量嫩芽、叶吃光，轻则影响寄主生长，严重时则枝梢干枯，树势衰弱，导致蛀干害虫猖獗发生，引起植株的大面积死亡。

【形态特征】

成虫 体灰褐色，雌成虫体长 9~16mm，无翅，触角丝状，腹部背面有黑刺排列成排，刺尖端圆钝，臀板上有凸起和黑刺列。雄成虫体长 10~14mm，翅展 28~37mm，触角羽状。前翅淡灰褐至黑褐色，有 3 条褐色波状横纹，中间 1 条不明显。

幼虫 体长 22~40mm，灰褐色。腹部第 2 节两侧各有 1 瘤状突，腹线白色，气门线淡黄色。

卵 长 0.8~1.0mm，长圆形，灰绿色至黄褐色，孵化前变为黑紫色，有光泽，卵壳上有整齐刻纹。

蛹 长 8~18mm，棕褐色，臀棘刺状，末端有分叉。

【发生规律】 该虫一年发生 1 代，以蛹在干基周围土壤中越夏、越冬。翌年当地表温度达到 0℃ 左右时，羽化成虫，成虫雄虫有趋光性，白天潜伏于树干缝隙及枝杈处，夜间交尾，多在下午和夜间羽化出土，将卵成块产于树皮缝隙、枯枝、枝杈断裂等处；4 月幼虫孵化，初孵幼虫活动能力弱，取食嫩叶为害；4~5 龄幼虫耐饥能力强，可吐丝借风飘移传播到附近林木为害，受惊扰后吐丝下坠，随后又收丝攀附上树。5—6 月老熟幼虫入土化蛹越夏。

【防治方法】

（1）人工防治 结合肥水管理，人工挖除虫蛹。利用黑光灯诱杀成虫。春季成虫未羽化前，在干基周围挖蛹，集中处理，减少虫源。

（2）生物药剂 25% 灭幼脲 3 号悬浮剂 2 000~2 500 倍液，或 1% 烟碱·苦参碱乳油 1 000~2 000 倍液，均匀喷雾。

（3）**药剂防治** 幼虫期喷施杀虫剂。可选用 20% 氰戊菊酯乳油（阿维·高氯）800~1 000 倍液，或 90% 敌百虫晶体 800~1 000 倍液，或 2.5% 溴氰菊酯乳油 2 000~3 000 倍液，均匀喷雾。大发生时，可喷施 5% 甲维·高氯悬浮剂 1 500 倍液，或 22% 噻虫·高氯氟悬浮剂 3 000 倍液，或 100g/L 联苯菊酯乳油 2 000~3 000 倍液，或 20% 甲维·茚虫威悬浮剂 1 500 倍液等药剂，均匀喷雾。注意轮换用药。

2. 铜绿丽金龟

【学名】*Anomala corpulenta* Motschulsky

【寄主】杜英、桤木、海棠、梨树、杏树、桃树、李树、梅、榉树等多种植物。

【为害症状】成虫群集为害植物叶片，常造成大片幼龄果树叶片残缺不全，甚至全树叶片被吃光；幼虫（蛴螬）则为害植物的根系，使寄主植物叶子萎蔫甚至整株枯死。

【形态特征】

成虫 体长 19~21mm，宽 9~10mm；体背铜绿色，有光泽；前胸背板两侧为黄绿色，鞘翅铜绿色，有 3 条隆起的纵纹。

卵 长约 40mm；椭圆形，初时乳白色，后为淡黄色。

幼虫 长约 40mm，头黄褐色，体乳白色，身体弯曲呈"C"形。

蛹 裸蛹，椭圆形，深褐色。

【发生规律】一年发生 1 代，以 3 龄幼虫越冬；4 月迁至树根部土层活动为害，5 月老熟化蛹，5 月下旬至 6 月中旬为化蛹盛期，预蛹期 12 天，蛹期约 9 天；5 月底成虫出现；6—7 月为发生最盛期，是全年为害最严重期，8 月下旬渐退，9 月上旬成虫绝迹；成虫高峰期开始产卵，6 月中旬至 7 月上旬末为产卵盛期；卵期约 10 天；7 月卵孵盛期；幼虫为害至秋末即下迁至土层内越冬。成虫羽化后 3 天出土，昼伏夜出，飞翔力强，黄昏上树取食交尾，成虫寿命 25~30 天。成虫羽化出土迟早与 5—6 月气温、湿度的变化有密切关系；此间雨量充沛，出土则早，盛发期提前。每雌虫可产卵 40 粒左右，卵多次散产在 3~10cm 土层中；秋后 10cm 内土温降至 10℃ 时，幼虫下迁，春季 10cm 内土温升到 8℃ 以上时，向表层上迁，幼虫共 3 龄，以 3 龄幼虫食量最大，为害最重，亦即春秋两季为害严重；老熟后多在 5~10cm 土层内做蛹室化蛹。

【防治方法】

（1）**人工防治** 成虫一般都有假死性，可利用工具振落捕杀大量成虫。

（2）**物理防治** 成虫趋光性很强，可用黑光灯诱杀，每天 20:00—22:00 开灯即可。

（3）**药剂防治** ①成虫期防治：可用 40% 氧化乐果乳油 800~1 000 倍液，或 90% 晶体敌百虫 1 000~1 200 倍液，或 40.7% 毒死蜱乳油 1 000 倍液，或 100g/L 联苯菊酯乳油 2 000~3 000 倍液，20% 甲维·茚虫威悬浮剂 1 500 倍液等药剂，喷雾防治成虫。

②幼虫期防治：药剂处理土壤，可用 1.5% 辛硫磷颗粒剂 5~7kg/亩*，或 0.2% 杀单·噻虫嗪颗粒剂（0.1% 杀单 +0.1% 噻虫嗪）40kg/亩均匀撒施于地面，撒施完后浇水。发现蛴螬为害根部时，可用 22% 噻虫·高氯氟悬浮剂 5 000 倍液对根部周围的地面喷雾防治。

3. 茶蓑蛾

【学名】*Clania minuscula* Butler

【寄主】杜英、樱花、木瓜、红叶李、悬铃木、山茶、海棠、樱桃、李树、杏树、桃树、梅、葡萄、桑等百余种植物。

【为害症状】幼虫在护囊中咬食叶片、嫩梢或剥食枝干、果实皮层，造成局部光秃，该虫喜集中为害。

【形态特征】

成虫　雌蛾体长 12~16mm，足退化，无翅，蛆状，体乳白色，头小，褐色；腹部肥大，体壁薄，能看见腹内卵粒；后胸、第 4~7 腹节具浅黄色茸毛。雄蛾体长 11~15mm，翅展 22~30mm，体翅暗褐色；触角呈双栉状。胸部、腹部具鳞毛；前翅翅脉两侧色略深，外缘中前方具近正方形透明斑 2 个。

卵　长约 0.8mm，宽约 0.6mm，椭圆形，浅黄色。

幼虫　体长 16~28mm，体肥大，头黄褐色，两侧有暗褐色斑纹；胸部背板灰黄白色，背侧具褐色纵纹 2 条，胸节背面两侧各具浅褐色斑 1 个；腹部棕黄色，各节背面均具黑色小凸起 4 个，呈"八"字形。

蛹　雌蛹纺锤形，长 14~18mm，深褐色，无翅芽和触角。雄蛹深褐色，长约 13mm，护囊纺锤形，深褐色，丝质，外缀叶屑或碎皮，稍大后形成纵向排列的小枝梗，长短不一。护囊中的雌老熟幼虫长约 30mm，雄虫长约 25mm。

【发生规律】一年发生 1~2 代；多以 3~4 龄幼虫或老熟幼虫在枝叶上的护囊内越冬；2—3 月气温 10℃ 左右，越冬幼虫开始活动和取食，5 月中下旬后幼虫陆续化蛹，6 月上旬至 7 月中旬成虫羽化并产卵，当年 1 代幼虫于 6—8 月发生，7—8 月为害最重；第 2 代的越冬幼虫在 9 月出现，冬前为害较轻。雌蛾寿命 12~15 天，雄蛾 2~5 天，卵期 12~17 天，幼虫期 50~60 天，越冬代幼虫 240 多天，雌蛹期 10~22 天，雄蛹期 8~14 天。成虫在下午羽化，雄蛾喜在傍晚或清晨活动，靠性引诱物质寻找雌蛾，雌蛾羽化翌日即可交配，交尾后 1~2 天产卵，每雌平均产 600 多粒，个别高达 3 000 粒，雌虫产卵后干缩死亡。幼虫多在下午孵化后先取食卵壳，后爬上枝叶或飘到附近枝叶上，吐丝黏缀碎叶营造护囊并开始取食。幼虫老熟后在护囊里倒转虫体化蛹在其中。

【防治方法】

（1）人工防治　消灭越冬虫茧。可结合抚育修枝、冬季清园等日常养护管理进行，

---

*　1 亩 ≈ 667m^2，15 亩 = 1hm^2，全书同。

人工剪除幼虫网幕，发现虫囊及时摘除，集中销毁。或在树干绑稻草，引诱幼虫化蛹，再集中销毁稻草。

（2）**药剂防治** 在幼虫低龄盛期，可喷洒90%晶体敌百虫800～1 000倍液，或50%杀螟硫磷乳油1 000倍液，或50%辛硫磷乳油1 000倍液，或90%巴丹可湿性粉剂1 200倍液。还可以喷洒5%甲维·高氯悬浮剂1 500倍液，或22%噻虫·高氯氟悬浮剂3 000倍液，或100g/L联苯菊酯乳油2 000～3 000倍液，或20%甲维·茚虫威悬浮剂1 500倍液等。

（3）**保护和利用天敌** 蓑蛾疣姬蜂、黄瘤姬蜂、桑蟥疣姬蜂、大腿蜂。

十、含 笑

1. 含笑炭疽病

【寄主】含笑。

【症状】叶片发病初期出现针头状大小的斑点，周围有黄色晕圈带。病菌多从叶尖或叶缘侵入，病斑扩大后可形成圆形、椭圆形或不规则形的斑块；病斑呈深褐色至灰白色，有轮状斑纹，边缘黑褐色，稍隆起，病部中央散生或轮生褐黑色小点，潮湿的天气，病斑出现粉红色胶状物，此为病菌的分生孢子盘和分生孢子；发病严重时导致病叶黄化脱落。

【病原】刺盘孢菌 *Colletotrichum indigoferae* Sawada ex H. Y. Yang, S. S. Tzean Y. Y. Wang，属半知菌亚门真菌。

【发病规律】病菌以菌丝或分生孢子盘在病组织或落叶上越冬。每年 3 月上旬分生孢子成熟，随风雨传播。病菌大多为害植株下部叶片。缺肥、缺水、叶片失绿时，最易感病。病菌多从机械损伤、虫伤或日灼伤口侵入。5—6 月为发病盛期，盛夏高温病情缓解。10—11 月又有病害出现。

【防治方法】参见香樟炭疽病防治方法。

2. 含笑叶枯病

【寄主】含笑。

【症状】发生在叶片上，多从叶尖、叶缘处开始发病。病斑初期为黄褐色圆斑，周边有褪绿色晕圈；扩展后病斑呈椭圆形至不规则状，边缘稍隆起，暗褐色，内黄褐色；后期病斑上出现稀疏的黑色粒状物；病情严重时，叶片枯死下落。

【病原】小孢木兰叶点霉 *Phyllosticta yugokwa* Saw.，属半知菌类真菌。

【发病规律】病菌存活在病株残体上，借助风雨、浇水、气流等传播，多从伤口、叶尖和叶缘处侵染为害；高温高湿环境易发生病害；7—10 月发病较重，严重时常会导致早期落叶。

【防治方法】参见雪松叶枯病防治方法。

3. 山茶藻斑病

【寄主】山茶花、广玉兰、桂花、含笑等植物。

【症状】该病发生在植株叶片及嫩枝上，以叶片为主。发病初期，感病叶片上产生细小圆点，灰绿色或灰白色，上覆疏松污白色丝状物，放射状向四周扩展。以后逐渐扩展，形成圆形或不规则形病斑，病斑中部灰褐色或深褐色，边缘仍为绿色，病斑稍隆起，表面呈毛毡状，直径 0.5~1.2cm，病斑背面凹陷。

【病原】寄生性锈藻 *Cephaleuros virescens* Kunze。

【发病规律】病原以菌丝体在病植株残体上越冬。翌年春季，在炎热潮湿的环境条件下，产生孢子囊；成熟孢子囊脱落后，借风雨传播，遇水后散出游动孢子，游动孢子自植株叶片的气孔侵入寄主组织，开始侵染活动；温暖潮湿的条件，利于孢子囊的产生和传播；庇荫过度、植株密集、通风透光不良，使植株长势衰弱时，该病易发生及蔓延；土壤贫瘠、积水及干燥地，发病严重。

【防治方法】

（1）**人工防治** 发现病枝、叶及时剪除销毁，减少侵染源；养护时应合理修剪，增施肥料，加强通风，排除积水并给予充足的光照。

（2）**药剂防治** 发病期可用30%碱式硫酸铜悬浮剂400~500倍液，或12%绿乳铜乳油500~600倍液，或30%氧氯化铜悬浮剂400~600倍液，间隔10~15天喷1次，连续喷施2~3次。

4. 黑刺粉虱

【学名】*Aleurocanthus spiniferus*（Quaintanca）

【寄主】含笑、月季、蔷薇、米兰、玫瑰、茶花、桂花、柿树、梨树、丁香等多种植物。

【为害症状】以若虫群集在植株叶背吸食汁液，叶片受害后形成黄斑；其排泄物易诱发由真菌侵染而发生煤污病，使枝叶变黑枯死。

【形态特征】

成虫 体橙黄色，长 1.0~1.3mm，覆有白色蜡质状物；前翅紫褐色，具7个不规则的白色斑块，后翅淡紫色，较小，无斑；复眼红色，足黄色。

卵 香蕉形，基部有一小柄粘于叶背面；初产时淡黄色，孵化前呈紫黑色。

若虫 初孵若虫淡黄色，椭圆形，体周缘呈锯齿状，尾端有4根毛；老熟若虫体变黑色，体周围有明显的白色蜡圈，体背有14对刺毛。

蛹 黑色椭圆形，有光泽，长约1mm；蛹壳边缘锯齿状并覆白色蜡质；蛹背中央具一纵脊，蛹两侧边缘有刺毛，雌蛹11对，雄蛹10对。

【发生规律】一年发生4代左右，以2~3龄老熟若虫在叶片背面越冬。翌年3月在原处化蛹，4月左右成虫羽化。成虫白天活动，群集于枝叶上交尾产卵；卵多产于叶背，老叶上为多；若虫孵化后不久，便吸汁为害；各代若虫盛发期在5月下旬、7月中旬、8月下旬、9月下旬至10月上旬，除1、2代较整齐外，其余各代发生均不整齐，有世代重叠现象；2~3龄幼虫固定为害，严重时排泄物增多，导致煤烟病严重。

【防治方法】参见桂花黑刺粉虱防治方法。

5. 考氏白盾蚧

【学名】*Pseudaulacaspis caspiscockerelli*（Cooley）

【寄主】含笑、铁树、杜鹃、桂花、枫香、十大功劳、夹竹桃、南天竹、白玉兰、广玉兰、枸骨等。

【为害症状】以若虫、雌成虫固定在叶片及小枝上，刺吸汁液，致使叶片出现褪绿的黄色斑点，枝干受害后，呈现枯萎状；轻者生长衰弱，严重造成落叶，甚至死亡。因其分泌蜜露，而导致煤污病的发生，使叶片、枝干呈黑色煤烟状。

【形态特征】

雌成虫 体长1.1~1.2mm，近椭圆形，黄色，中胸常膨大，触角基部间距离为触角长度1~4倍，足退化，口器发达；臀板背腺亚缘群4列，亚中群5列；臀板腹面阴门周围有葡萄状圆形阴腺群5群；臀板中叶呈拱桥形，其间有毛1对。雌介壳近梨形，分3层，第1蜕皮壳长约0.34mm，淡黄色，第2蜕皮壳长约0.64mm，杏黄色，蜡介壳长约2.3mm，白色。

雄成虫 体长约0.7mm，翅展约1.7mm，橙黄色，触角丝状，翅一对，灰白色半透明，上有纵脉2根，后翅为平衡棍；腹末交尾器针状。

卵 长约0.22mm，淡橙黄色。

幼虫 第1龄扁椭圆形，黄色，触角6节，腹足3对，尾毛1对；第2、第3龄雌幼虫外形、体色与雌成虫相似，但体型较小，无阴门及阴腺；第2龄雄幼虫与第1龄雄幼虫相似而肥大，体色较淡，触角与足退化，背上介壳长筒形，侧边平行，背面有2条纵沟。蜕皮壳在蜡介壳前端，蜕皮壳长约0.3mm，黄色，蜡介壳长约1mm，白色。

雄蛹 长约0.9mm，长椭圆形，黄色，裸蛹，交尾器明显。

【发生规律】1年可发生2~6代，各代发生整齐，很少重叠；以受精雌成虫在老叶上越冬；3月下旬雌成虫在介壳下产卵，每雌产卵50~100粒；4月中旬若虫开始孵化，4月下旬、5月上旬为若虫孵化盛期；5月中下旬雄虫化蛹，6月上旬成虫羽化；第2代6月下旬始见产卵，7月上中旬为若虫孵化盛期；7月下旬雄虫化蛹，8月上旬出现成虫；第3代8月下旬至9月上旬始见产卵，9月下旬至10月上旬为若虫孵化盛期，10月中旬雄成虫化蛹，10月下旬出现成虫进入越冬期；雌成虫寿命长达1.5个月，越冬成虫长达6个月。若虫分群居型和分散型两类，群居型多分布在叶背，一般几十头至上百头群集在一起，经第2龄若虫、前蛹、蛹，发育为雄成虫；散居型主要分布在叶片中脉和侧脉附近，发育为雌成虫。

【防治方法】

（1）**人工防治** 结合修剪，剪去虫枝、虫叶，集中烧毁。消灭在枯枝落叶杂草与表土中越冬的虫源。

（2）**药剂防治** 在若虫孵化期，可喷洒40%杀扑磷乳油1 000倍液，或22.4%螺虫乙酯悬浮剂1 000~1 500倍液，或40%啶虫·毒死蜱乳油2 000~3 000倍液等。

（3）**保护和利用天敌** 如瓢虫、跳小蜂、寄生蝇、捕食螨等。

十一、石 楠

1. 石楠炭疽病

【寄主】石楠、红叶石楠、米兰等。

【症状】病害主要出现在叶片上，在发病较重的时候也可以在叶柄、嫩枝及茎秆上发生。病菌一般从叶尖、叶缘侵入，形成圆形、半圆形或不规则形的病斑。病斑边缘环绕一圈稍凸起的红褐色环；后期病斑中部产生稀疏的小黑点。叶柄受害时变褐，并沿主脉、支脉向叶片发展，沿叶柄、小枝向茎秆发展，病部变褐坏死。植株在发病过程中，叶片和小叶柄不断脱落，最后叶片全部落光，全株干枯死亡。

【病原】胶胞炭疽菌 *Colletotrichum gloeosporioides*。

【发病规律】病菌在病株的叶、叶柄和地面病残体上越冬，成为翌年的侵染源。分生孢子借风雨及昆虫传播；从伤口、气孔或直接由表皮侵入叶片、叶柄；叶片、叶柄受害后产生病斑，病斑上产生大量的分生孢子，经传播后进行再侵染，造成病害扩展蔓延。高温高湿、通风不良的环境条件下常导致此病害的发生。

【防治方法】参见香樟炭疽病防治方法。

2. 石楠白粉病（附图1-8）

【寄主】石楠、红叶石楠、海棠等。

【症状】主要侵害植物叶片，通常嫩叶会比老叶更容易受到侵染。植株在受到侵染时，首先遭到侵染的是石楠下部叶片，之后蔓延至中上部；在发病初期，受石楠白粉病为害的叶片表层会出现白色小点；随着病情加重，白色斑点会不断增多；严重时，叶片的正反两面均会布满白色粉层；嫩叶受害时，会皱缩、扭曲、变形，并且不能萌发，有时甚至会出现灼烧状；发病后期，受害叶片会枯黄、变黑，并提前脱落。

【病原】白叉丝单囊壳 *Podosphaera leucotricha*（Ell. et Ev.）Salm.，属子囊菌亚门核菌纲白粉菌目。无性阶段为 *Oidium* sp.，属半知菌类。

【发病规律】病原菌会在植物病组织体内以及病株的残体上进行越冬；通常在3月中下旬，被侵染的石楠就开始出现为害症状。病菌孢子在进行初侵染时，会在树体的表面以吸器伸入到寄主的组织里面吸取养分和水分，并且还会在寄主的体内进行扩展。4—5月气温在20~28℃是该病菌适宜的温度，此时枝梢组织幼嫩，为白粉病发生盛期；

6—8月发病缓慢或停滞，待秋梢出现产生幼嫩组织时，又开始第2次发病高峰。春季温暖干旱，有利于病害流行。

【防治方法】

（1）**人工防治** 及时清除枯枝落叶（病叶病株），集中烧毁，减少侵染源。

（2）**药剂防治** 发病期喷洒20%三唑酮乳油1 500~2 000倍液，或50%多菌灵可湿性粉剂800~1 000倍液，或70%甲基硫菌灵可湿性粉剂1 000倍液，或50%腐霉·福美双（10%腐霉利+40%福美双）600~800倍液进行叶面喷雾，连用2次，间隔12~15天。

3. 石楠红斑病（附图1-9）

【寄主】 石楠、红叶石楠、枇杷、山茶花等。

【症状】 又称褐斑病，主要为害叶片。叶上病斑圆形至不规则形，病斑直径大小2~15mm，暗红色，叶背病斑也较明显，中央有的灰色，边缘暗红色晕圈；后期在叶片正面生许多黑色小点，即病原菌子实体。

【病原】 枇杷尾孢 *Cercospora eriobotryae*（Enjojii）Saw.，属半知菌亚门真菌。

【发病规律】 病菌多在枯叶上越冬，翌春分生孢子借气流传播进行初侵染和再侵染。每年7—9月进入发病盛期。一般多雨季节或高温潮湿时易发病。

【防治方法】

（1）**人工防治** 秋末冬初剪除病枝，清扫落叶，集中烧毁，减少侵染源。

（2）**药剂防治** ①发病前，对树冠喷洒1∶2∶200波尔多液，或0.3~0.5波美度石硫合剂。②发病期，喷洒80%代森锌可湿性粉剂600~800倍液，或75%多菌灵可湿性粉剂1 000~1 200倍液，或70%甲基硫菌灵可湿性粉剂800~1 000倍液，或30%苯醚甲环唑·嘧菌酯（18.5%苯醚甲环唑+11.5%嘧菌酯）1 500倍液，或25%咪鲜胺乳油500~600倍液等药剂进行均匀喷雾，间隔10~15天喷1次，连续喷施2~3次。轮换用药，以免产生抗药性。

4. 石楠木虱

【学名】 *Psylla chinensis* Yang et Li

【寄主】 石楠、梨。

【为害症状】 以成虫和若虫刺吸为害，若虫能分泌出大量蜡絮，遍布枝干和叶片，影响树木的光合作用，每年8—9月蜡絮纷纷飘落犹如"雪雨"，严重污染环境，同时若虫分泌的蜜露还会诱发煤污病，使石楠遭受双重为害，影响观赏效果。

【形态特征】

成虫 雌虫体长4~5mm，黄绿色翅膜质透明；翅脉茶褐色，像横写的"介"字形，雄虫略小，腹部尖削。

卵 长约0.7mm，呈纺锤形，一端稍大，初产时淡黄色，孵化前变红褐色。

若虫 共3龄，体色由淡黄色至淡绿色，若虫无翅或仅有翅芽。

【发生规律】一年发生3代，以卵在枝干上越冬，翌年4月下旬至5月下旬为第1代若虫孵化期，5月中旬为孵化高峰，第1代成虫羽化高峰为6月中旬，第2代成虫羽化高峰在7月下旬，第3代成虫羽化期为8月下旬。初孵若虫由枝条、叶柄爬至嫩叶背面、中部叶脉两侧刺吸为害。一般5~20只群集在一起，互相借助蜡质覆盖虫体。石楠木虱的发生与风力大小有关，风可以帮助若虫、成虫扩散迁移为害，把成虫或蜡絮中的初龄若虫送到200~300m远的地方。

【防治方法】

（1）**人工防治** 冬春季节，剪除带卵枝并清除枯枝落叶，减少虫源。

（2）**药剂防治** 发生期，可用20%甲氰菊酯乳油2 500~3 000倍液，或10%吡虫啉可湿性粉剂1 500~1 500倍液，或40%杀扑磷乳油1 000倍液，或22.4%螺虫乙酯悬浮剂4 000~6 000倍液等药剂，喷雾防治。

5. 绣线菊蚜（附图1-10）

【寄主】石楠、木槿等多种植物。

【为害症状】以成蚜或若蚜群集于红叶石楠幼芽、嫩茎或嫩叶上，用针状刺吸口器吸食植株的汁液，常造成嫩叶皱缩卷曲，新梢枯死；蚜虫排泄的蜜露，易诱发煤污病。

【形态特征】

干母 体长1.6mm，茶褐色，触角5节，无翅。

无翅胎生雌蚜 体长1.5~1.9mm，体色有黄、青、深绿、暗绿等色，触角长约为体长之半。

有翅胎生雌蚜 大小与无翅胎生雌蚜相近，体黄色、浅绿至深绿色。

无翅若蚜 共4龄，夏季黄色至黄绿色，春秋季蓝灰色，复眼红色。

有翅若蚜 也是4龄，夏季黄色，秋季灰黄色，2龄后现翅芽。

【发生规律】一年发生10~25代，以卵在寄主上越冬。翌年春季越冬；寄主发芽后，越冬卵孵化为干母，孤雌生殖2~3代后，产生有翅胎生雌蚜，4—5月迁入棉田，为害刚出土的棉苗，随之在棉田繁殖，5—6月进入为害高峰期，6月下旬后蚜量减少，但干旱年份为害期多延长。10月中下旬产生有翅的性母，迁回原寄主处越冬，产生无翅有性雌蚜和有翅雄蚜。雌雄蚜交配后，在越冬寄主枝条缝隙或芽腋处产卵越冬。

【防治方法】

（1）**物理防治** 采用黄色粘虫板诱杀有翅蚜。

（2）**药剂防治** 可喷洒50%啶虫脒水分散粒剂2 000~3 000倍液，或20%甲氰菊酯乳油2 500~3 000倍液，或10%吡虫啉可湿性粉剂1 000~1 500倍液。掌握在蚜虫高峰期前选择晴天均匀喷洒。

（3）**保护和利用天敌** 蚜茧蜂、草蛉、食蚜蝇、瓢虫等。

6. 长尾粉蚧

【寄主】报春花、扶桑、海桐、樱花、变叶木、夹竹桃、仙人掌、杜鹃、石楠等。

【为害症状】成虫、若虫刺吸茎叶汁液,使枝叶萎缩、畸形;雌蚧从腺孔分泌黏液,布满叶面和枝条,如油渍状,雌成虫产卵前先形成絮状蜡质;长尾粉蚧大量发生时,可致石楠发芽晚,叶片小,引起落叶、枝条干枯,甚至整株枯死。

【形态特征】

雌虫 椭圆形,体长约2.5mm,宽约1.5mm,白色稍带黄色,背中央具1褐色带;足与触角有少许褐色,背面覆白蜡粉;体缘生白色蜡质凸出物,近尾端有4根白色细长蜡丝;触角8节,第八节最长,各节均具毛。足甚长,胫节比跗节长2倍,爪长。腹部各节有许多小孔及散生毛,腹侧具圆孔及尖刻,分泌白色蜡质。肛门轮生6根长毛。

卵 略呈椭圆形,淡黄色,产于白絮状卵囊内。

若虫 似成虫,但较扁平,触角6节。

【发生规律】一年发生2~3代。以卵囊越冬。翌年5月中下旬若虫大量孵化,群集幼芽、茎叶上吸汁为害,使枝叶萎缩、畸形。雄若虫后期成白色茧,在茧内化蛹。雌成虫产卵前先形成絮状蜡质卵囊,卵产于囊中。每雌虫可产卵200~300粒。

【防治方法】

(1) **人工防治** 冬季剪除有虫枝条和清扫落叶,或刮除枝条上越冬的虫体,并集中销毁。

(2) **药剂防治** ①冬季或早春,在树木发芽前,可用5波美度石硫合剂液喷雾防治。②若虫孵化初期,可选用12%噻嗪·高氯氟悬浮剂800~1 000倍液,或40%啶虫·毒死蜱乳油1 000~2 000倍液,或22.4%螺虫乙酯悬浮剂1 000~1 500倍液,或40%氧化乐果乳油800~1 200倍液,或40%杀扑磷乳油1 000倍液等内吸性、渗透性强的药剂进行喷雾。

(3) **保护利用天敌** 瓢虫、草蛉、寄生蜂等。

下　篇

落叶乔木

一、悬铃木

1. 悬铃木白粉病

【寄主】悬铃木。

【症状】悬铃木白粉病为害叶片、新梢，嫩芽。受害部位有一层白粉，染病新梢节间短，病梢上的叶片大多逐渐干枯脱落；受害叶片，背面产生白粉状斑块，正面叶色发黄、深浅不均，严重的叶片两面均布满白色粉层，皱缩卷曲，以致叶片枯黄，提前脱落；白粉病菌为害悬铃木嫩芽，使芽的外形瘦长，顶端尖细，芽鳞松散，严重时导致芽当年枯死，染病轻的芽在翌年萌发后形成白粉病梢。

【病原】外寄性真菌 *Erysiphe platani*。

【发病规律】病菌侵入悬铃木树体后，以菌丝的形式潜伏在芽鳞片中越冬，翌年悬铃木萌芽时，休眠菌丝侵入新梢，闭囊壳放射出子囊孢子进行初侵染，在树体的表面以吸器伸入寄主组织内吸取水分和养分，并不断在寄主表面扩展。白粉病菌侵染后，潜伏在树体内，一般在每年4—5月和8—9月出现两次发病盛期，发病初期，在叶片正面或背面产生白粉小圆斑，后逐渐扩大，导致嫩叶皱缩、纵卷，新梢扭曲、萎缩，影响该树的正常生长，发病严重时，在白色的粉层中形成黄白色小点，后逐渐变成黄褐色或黑褐色，导致悬铃木叶片枯萎提前脱落。

【防治方法】

（1）**人工防治** 剪去枯死枝、病残枝，及时清理落叶，然后集中处理。

（2）**药剂防治** 发病期，可用25%三唑酮可湿性粉剂800~1 000倍液，或70%甲基硫菌灵可湿性粉剂1 000~1 200倍液，或20%三唑酮乳油1 500~2 000倍液喷雾，或50%腐霉·福美双（10%腐霉利+40%福美双）600~800倍液进行叶面喷雾，间隔10~15天防治1次，连续喷2~3次，病害较重时要适当加大用药量。

2. 悬铃木叶枯病

【寄主】悬铃木。

【症状】慢性伤害：叶片受害初脉间褪绿变白，继而变黄，或出现众多褐色斑点，后叶缘或脉间出现红褐色坏死斑，但叶脉及其两侧仍保持绿色，终至叶片大部分枯焦、卷缩，枯而不落。全株先是由绿变为绿黄色，最后呈黄色，仅新叶为绿色。急性伤害：

病斑不规则，初时呈水渍状，后渐变为红褐或褐斑，全叶枯焦脱落，尤以大风大雨时落叶多。全株叶片可陆续落光，重发新叶。生理性病害：悬铃木叶片对二氧化硫（SO_2）甚敏感，SO_2 对其可产生伤害，导致叶枯。

【病原】叶点霉菌 *Pnyllosticta cercidicola*。

【发病规律】病原菌以菌丝体或分生孢子在病残组织内越冬。在寒流过后遇到高温高湿时发病最为严重，有明显的发病中心，借风雨及水滴从叶片伤口或自然孔口侵入，向四周传播，并具有传染性；4—5 月发病为害老叶，7—8 月发病主要为害新叶。靠近烟囱和煤炉的悬铃木，叶片被害程度严重。悬铃木虽与污染源相距远，但处于顺风方向，受害仍重；相距越近，受害越重；叶龄小，积累 SO_2 量少，受害轻，反之则重，故一般幼树较大树受害轻。

【防治方法】

（1）**人工防治** 秋季扫除病落叶，集中销毁，以减少侵染源。控制和治理尤其是环境污染 SO_2 的污染。在 SO_2 污染区及其下风口处避免悬铃木的栽植。

（2）**药剂防治** 参见雪松叶枯病防治方法。

3. 悬铃木方翅网蝽（附图 2-1）

【学名】*Corythucha ciliate*（Say）

【寄主】三球悬铃木、二球悬铃木、白蜡、构树等。

【为害症状】成虫和若虫以刺吸寄主树木叶片汁液为害为主，受害叶片正面形成许多密集的斑点，叶背面出现锈色斑，抑制树木的光合作用，影响树木的正常生长，导致树势衰弱，受害严重的树木叶片枯黄、脱落，影响园林景观效果。

【形态特征】

成虫 体乳白色，在两翅基部隆起处的后方有褐色斑，体长 3.2~3.7mm，头兜发达，盔状，头兜的高度较中纵脊稍高；头兜、侧背板、中纵脊和前翅表面的网肋上密生小刺，侧背板和前翅外缘的刺列十分明显；前翅近长方形，其缘基部强烈上卷并突然外突；足细长腿节不加粗；后胸臭腺孔缘小且远离侧板外缘。

卵 乳白色，长椭圆形，顶部有褐色椭圆形卵盖。

若虫 体形似成虫，无翅，共 5 龄；1 龄若虫体无明显刺突，2 龄若虫中胸小盾片有不明显刺突，3 龄若虫前翅翅芽初现，中胸小盾片 2 刺突明显；4 龄若虫前翅翅芽伸至第 1 腹节前缘，前胸背板有 2 个明显刺突，末龄若虫前翅翅芽伸至第 4 腹节前缘，前胸背板出现头兜和中纵脊，头部具刺突 5 枚。

【发生规律】一年发生 3~5 代，有世代重叠现象，以成虫在基部地面 1~4cm 深处或向阳面的皮缝内越冬；翌年 3 月下旬越冬成虫活动，4 月上旬吸食幼嫩叶片汁液，5 月上旬开始产卵；第 1 代卵历期 7~8 天，第 2、第 3 代卵历期 4~5 天；第 1 代若虫于 5 月中旬出现，6 月上旬为盛期，第 2 代若虫出现盛期在 7 月上旬，8 月中旬为第 3 代幼虫出现盛期；6 月中旬出现第 1 代成虫，6 月下旬为盛期，第 3 代成虫寿命最长，达 230 天左右；第 3 代成虫于 10 月中旬以后陆续停止取食，进入越冬期；成虫羽化 5~7

天后开始交尾，交尾 3~5 天后开始产卵，将卵产于叶背面的侧脉上，也有少量卵产在主脉梢头或散产在叶面上有孔洞边缘的叶肉内；雌成虫较雄成虫早羽化 3~4 天；成虫较敏感，受惊后立即转移，有假死性；成虫、若虫多群集在叶背靠近叶柄的叶脉处取食为害；7—8 月为为害盛期，品种间抗虫性有差异。

【防治方法】

（1）人工防治 清除病虫叶，集中烧毁。利用成虫于树皮及树皮缝隙越冬的特点，早春人工刮树皮，清除树皮及树皮缝内越冬的成虫，对树干基部进行涂白，杀死越冬成虫，减少虫源。

（2）药剂防治 成虫、若虫发生期，可喷施 40%氧化乐果乳油 800~1 000 倍液，或 50%杀螟硫磷乳油 1 000~1 500 倍液，或 50%啶虫脒水分散粒剂 2 000~3 000 倍液。虫口密度大时，可喷施 80%烯啶·吡蚜酮水分散粒剂 2 500~3 000 倍液，或 22%噻虫·高氯氟悬浮剂 4 000 倍液喷雾毒杀。7~10 天喷 1 次，连续喷药 2~3 次。注意轮换用药。

（3）保护和利用天敌 如瓢虫、草蛉、食蚜蝇等。

4. 星天牛（附图 2-2）

【学名】 *Anoplophora Chinensis* Forester

【寄主】 悬铃木、柳树、杨树等树木。

【为害症状】 幼虫蛀干后有深褐色汁液从蛀孔流出。主要以幼虫蛀食悬铃木近地面的树干基部及主根，树干下有成堆的虫粪，星天牛幼虫蛀食树干，可造成树干空洞，破坏树木正常的营养物输送管道，使树木生长正常的代谢过程受阻，严重影响树体的生长发育，使植株生长衰退，甚至死亡。成虫咬食嫩枝皮层，形成枯梢，也会造成叶缺刻状。

【形态特征】

成虫 大中型，体长 19~39mm，漆黑色，触角超过体长，第 3~11 节基部有淡蓝色的毛环。鞘翅漆黑，基部密布颗粒，表面散布许多白色斑点。

卵 长椭圆形，乳白色。

幼虫 淡黄色，老熟时 45~67mm，前胸背板前方左右各有 1 个黄褐色飞鸟形斑纹，后方具同色的"凸"字形大斑块，略隆起。胸、腹足均退化。

蛹 为裸蛹，乳白色，老熟时黑褐色，触角细长、卷曲。

【发生规律】 一年发生 1 代，跨年完成。以幼虫在树干基部或主根蛀道内越冬；翌年 4 月底或 5 月初开始出现成虫，5—6 月为成虫羽化盛期。成虫出洞后啃食寄主细枝皮层或咬食叶片作补充营养，交尾 10~15 天后开始产卵，卵多产在树干离地面 5cm 的范围内，产卵处皮层有"L"或"⊥"形伤口，表面湿润，较易识别。每雌产卵约 70 粒，卵期 9~14 天。幼虫孵出后，在树干皮下向下蛀食，一般进入地面下 17cm 左右，但亦有继续沿根而下，深度可达 30cm；常发现几头幼虫环绕树皮下蛀食成圈，幼虫在皮下蛀食 3~4 个月后才深入寄主木质部，转而向上蛀食，形成隧道，隧道一般与树干平行，长 10~17cm，上端出口为羽化孔；幼虫咬碎的木屑和粪便，部分推出堆积在树干基部周围地面，容易被发现。幼虫于 11—12 月进入越冬，如果当年已长成老熟幼虫，则翌年春天化蛹，否则仍需继续取食发育至老熟化蛹。整个幼虫期长达 300 多天。蛹期 20~30 天。

【防治方法】

（1）**幼虫孵化期**　在树干上喷洒 40% 氧化乐果乳油 800~1 000 倍液，或 90% 晶体敌百虫乳油 1 000~1 200 倍液等药剂，毒杀卵和初孵化幼虫。

（2）**幼虫为害期**　找新鲜虫孔，清理木屑，用高压注射器注入 80% 敌敌畏乳油 50 倍液，或 50% 杀螟硫磷乳油 100 倍液，或塞入磷化铝片剂，使药剂进入孔道，施药后可用胶泥封住虫孔，或 3.2% 甲维·啶虫脒乳剂插瓶，可毒杀其中幼虫。

（3）**成虫为害期**　①在成虫补充营养，啃食枝条上的树皮，可往树干、树冠上喷洒 45% 马拉硫磷乳油 1 000 倍液，或 50% 辛硫磷乳油 1 000~1 500 倍液，毒杀成虫。②人工捕捉成虫。

（4）**保护和利用天敌**　肿腿蜂、红头茧蜂、白腹茧蜂、柄腹茧蜂、跳小蜂等。

5. 大蓑蛾

【学名】*Clania variegata* Snellen

【寄主】棣棠、紫荆、迎春、悬铃木、枫杨、柳树、柏树、槐树、银杏、枇杷、梨树、茶花等多种植物。

【为害症状】幼虫体外有用植物残屑和丝织成的护囊，幼虫终生负囊生活，蚕食叶片呈孔洞和缺刻，严重时把叶食光，是灾害性害虫。

【形态特征】

成虫　雌雄异型。雌成虫体肥大，淡黄色或乳白色，无翅，足、触角、口器、复眼均有退化，头部小，淡赤褐色，胸部背中央有 1 条褐色隆脊，胸部和第 1 腹节侧面有黄色毛，第 7 腹节后缘有黄色短毛带，第 8 腹节以下急骤收缩，外生殖器发达。雄成虫为中小型蛾子，翅展 35~44mm，体褐色，有淡色纵纹；前翅红褐色，有黑色和棕色斑纹，后翅黑褐色，略带红褐色；前翅、后翅中室内中脉叉状分支明显。

卵　椭圆形，直径 0.8~1.0mm，淡黄色，有光泽。

幼虫　雄虫体长 18~25mm，黄褐色，蓑囊长 50~60mm。雌虫体长 28~38mm，棕褐色，蓑囊长 70~90mm。头部黑褐色，各缝线白色；胸部褐色有乳白色斑；腹部淡黄褐色；胸足发达，黑褐色，腹足退化呈盘状，趾钩 15~24 个。

蛹　雄蛹长 18~24mm，黑褐色，有光泽；雌蛹长 25~30mm，红褐色。

【发生规律】多以 3~4 龄幼虫，个别以老熟幼虫在枝叶上的护囊内越冬。气温 10℃左右，越冬幼虫开始活动和取食，此间虫龄高，食量大；5 月中下旬后幼虫陆续化蛹，6 月上旬至 7 月中旬成虫羽化并产卵；当年 1 代幼虫于 6—8 月发生，7—8 月为害最重；第 2 代的越冬幼虫在 9 月出现，越冬前为害较轻；雌蛾寿命 12~15 天，雄蛾 2~5 天，卵期 12~17 天，幼虫期 50~60 天，越冬代幼虫 240 多天，雌蛹期 10~22 天，雄蛹期 8~14 天；成虫在下午羽化，雄蛾喜在傍晚或清晨活动，靠性引诱物质寻找雌蛾，雌蛾羽化翌日即可交配，交尾后 1~2 天产卵，每雌平均产 650 粒，个别高达 3 000 粒，雌虫产卵后干缩死亡。幼虫多在孵化后 1~2 天下午先取食卵壳，后爬上枝叶或飘至附近枝叶上，吐丝黏缀碎叶营造护囊并开始取食；幼虫老熟后在护囊里倒转虫体并化蛹。

【防治方法】

（1）**人工防治**　发现虫囊及时摘除，集中烧毁。

（2）**药剂防治**　幼虫发生期喷洒90%晶体敌百虫1 000~1 200倍液，或50%杀螟硫磷乳油800~1 000倍液，或50%辛硫磷乳油1 500倍液，或3%高渗苯氧威乳油3 000倍液，或45%丙溴·辛硫磷乳油1 000~1 500倍液等药剂进行防治。

（3）**保护和利用天敌**　蓑蛾疣姬蜂、桑蟥疣姬蜂、大腿蜂等。

6. 褐边绿刺蛾

【学名】*Latoia consocia* Walker

【寄主】西府海棠、大叶黄杨、月季、桂花、牡丹、梨树、桃树、梅、悬铃木、杨树、柳树等多种植物。

【为害症状】低龄期有群集性，只取食叶肉，仅留表皮，大龄幼虫逐渐分散为害，从叶片边缘咬食成缺刻甚至吃光全叶；有时仅留叶柄，严重影响树势。

【形态特征】

成虫　体长15~16mm，翅展约36mm。触角棕色，雄虫栉齿状，雌虫丝状。头和胸部绿色，复眼黑色；胸部中央有1条暗褐色背线；前翅大部分绿色，基部暗褐色，外缘部灰黄色，其上散布暗紫色鳞片，内缘线和翅脉暗紫色，外缘线暗褐色；腹部和后翅灰黄色。

卵　扁椭圆形，长约1.5mm，初产时乳白色，渐变为黄绿色至淡黄色，数粒排列成块状。

幼虫　末龄体长约25mm，略呈长方形，圆柱状。初孵化时黄色，长大后变为绿色。头黄色，甚小，常缩在前胸内。前胸盾板上有2个横列黑斑，腹部背线蓝色。胴部第2至末节每节有4个毛瘤，其上生一丛刚毛，第4节背面的1对毛瘤上各有3~6根红色刺毛，腹部末端的4个毛瘤上生蓝黑色刚毛丛，呈球状；背线绿色，两侧有深蓝色点。腹面浅绿色。胸足小，无腹足，第1~7节腹面中部各有1个扁圆形吸盘。

蛹　长约15mm，椭圆形，肥大，黄褐色。包被在长约16mm的椭圆形棕色或暗褐色似羊粪状的茧内。

【发生规律】一年发生1~3代，以老熟幼虫在树干、枝叶间或表土层的土缝中结茧越冬。越冬幼虫于4月下旬至5月上中旬化蛹，成虫发生期在5月下旬至6月上中旬。第1代幼虫发生期在6月末至7月，成虫发生期在8月中下旬。第2代幼虫发生在8月下旬至10月中旬，10月上旬幼虫陆续老熟，在枝干上或树干基部周围的土中结茧。

【防治方法】

（1）**人工防治**　幼虫群集为害时，摘除虫叶，捕杀时注意幼虫毒毛。

（2）**物理防治**　在成虫发生期，利用灯光诱杀成虫。

（3）**药剂防治**　幼虫3龄前选用生物或仿生农药，可施用1.2%苦参碱乳油1 000~

2 000 倍液，或化学药剂 25% 灭幼脲 3 号悬浮剂 2 000~2 500 倍液，或 20% 氰戊菊酯乳油（阿维·高氯）800~1 000 倍液，或 90% 晶体敌百虫 800~1 000 倍液等药剂进行防治。

7. 六星黑点蠹蛾

【学名】*Zeuzera leuconolum* Butler

【寄主】望春玉兰、紫荆、迎春、樱花、香樟、悬铃木、月季、黄杨、杜鹃、栀子、海棠等多种植物。

【为害症状】幼虫蛀入枝干部为害，导致受害枝条黄化，影响树木生长。主要以幼虫蛀食枝梢，先绕枝条环食，然后进入木质部蛀成孔道，于虫道内吐丝连缀木屑堵塞两端，使被害枝梢枯萎、易折或死亡。幼虫较活跃，有转移为害习性，被害枝梢枯萎后会再转移，甚至多次转移到新梢为害。

【形态特征】

成虫 雌蛾体长 20~30mm，翅展 33~45mm；体被灰白色鳞片，触角丝状。雄蛾体长 17~23mm，前胸背面有 6 个近圆形蓝黑色斑点；前翅散生 10 个大小不等的椭圆形青蓝色斑点，后翅前半部也有黑斑，较小。腹部赤褐色腹部各节背面有 3 条蓝黑色纵带，两侧各有 1 个圆斑。

卵 椭圆形，初为浅黄色，后变棕褐色。

幼虫 体长约 35mm，深红色。前胸背板骨化为黑斑，中央有条黄线，体上各节具有 10 个小黑点，上有短毛 1 根。前胸背板和腹末臀板化强，色深。

蛹 体长约 30mm，赤褐色，腹部第 2 节至第 7 节背面各有短刺 2 排，第 8 腹节有 1 排；尾端有短刺。

【发生规律】一年发生 1 代，由于地区不同及 11 月的气温变化，该虫发育有异，则以老熟幼虫或蛹在寄主的蛀道内越冬。翌年 5 月出现成虫，有趋光性，日伏夜出，卵产在伤口、粗皮裂缝处，卵期约 20 天。幼虫较活跃，有转移为害习性，先绕枝条环食，然后进入木质部蛀成孔道。

【防治方法】参见广玉兰六星黑点蠹蛾防治方法。

8. 日本龟蜡蚧 （附图 2-3）

【学名】*Ceroplastes japonicas* Guaind

【寄主】垂丝海棠、金边黄杨、火棘、大叶黄杨、悬铃木、海桐、柿树、桂花、雪松、柳树等多种植物。

【为害症状】以若虫和雌成虫刺吸汁液进行为害，在叶及枝上排泄蜜露，是引起煤污病的重要原因，影响植株的生长发育。

【形态特征】

成虫 雌成虫椭圆形，长约 3.5mm，紫红色，体表覆一层灰白色蜡壳，背部隆起，边缘蜡层较厚，表面有龟甲状凹线，周围有 8 个突；雄成虫体棕褐色，长椭圆形，长约 1mm，有无色透明翅 1 对，有 2 条翅脉。

卵 长椭圆形，初产时乳黄色，孵化前为紫红色。

若虫 初孵若虫椭圆形，淡红褐色。随虫龄增长，雌若虫蜡壳与雌成虫相似，雄若虫蜡壳长椭圆形，体周长有 13 个蜡刺。

蛹 紫褐色，长椭圆形。

【发生规律】一年发生 1 代。以受精雌成虫在枝条上越冬。翌年 5 月雌成虫开始大量产卵，6—7 月为若虫孵化盛期；初孵若虫多寄生于叶片，老熟雄若虫于 8 月下旬至 9 月上旬化蛹羽化；雌若虫随蜕皮逐渐从叶上转移到小枝、新梢为害。该虫繁殖快，产卵量大，寄主广，大发生时为害严重。

【防治方法】

（1）**人工防治** 通过养护管理，创造不适于介壳虫生存的环境条件。实行轮栽，及时清园，将落叶、杂草、病虫枝等集中烧毁，减少越冬害虫虫口基数。合理施肥，增强植物抗性。合理修剪，使其通风透光，改变蚧类生存环境，削弱其繁殖力，减少为害。

（2）**药剂防治** 若虫孵化初期介壳尚未形成或增厚，对药物敏感，可选用 40% 杀扑磷乳油 1 000~1 200 倍液，或 22.4% 螺虫乙酯悬浮剂 1 000~1 500 倍液，或 2.5% 溴氰菊酯乳油 500~600 倍液，或 40% 啶虫·毒死蜱乳油 1 500~2 000 倍液等内吸性、渗透性强的药剂喷洒。间隔 5~7 天喷 1 次，连续喷施 2~3 次。

（3）**保护利用天敌** 寄生蜂等。

二、柳 树

1. 柳树紫纹羽病

【寄主】桂花、杨树、柳树、桑、刺槐等多种植物。

【症状】地下的幼根先受害，逐渐蔓延至粗大的侧根及主根，直至根颈，引起全株死亡。初期根皮失去光泽，后变为黄褐色，最后变成黑褐色，根皮组织腐烂，表面有裂纹，内部呈黑色粉末，易从木质部剥离；病根表面缠有紫色线状菌索和菌核，多雨季节菌索密集增厚，形成毡状菌膜包围根部，直至蔓延到地上根茎形成紫色鞘套，还可蔓延至周围土表形成紫色菌丝层。病树初期地上部位为害症状不明显，待根皮变黑腐烂后，顶端叶片开始向下变色、干枯，直至全树死亡。

【病原】紫卷担子菌 *Helicobasidium purpureum*（Tul.）Pat，属担子菌亚门木耳目。

【发病规律】病菌以菌丝、菌索和菌核在病根和土壤中越冬。早期感病的病树成为中心病树，并向四周扩展；病菌通过病树与健康树之间的根系接触和菌索延伸传播；也可随水流、病土和农具传播，远距离传播靠病苗和病树调运。土壤湿重、排水不良的地方易于发生。

【防治方法】①对发病重的树，穴施30%噁霉灵水剂1 000倍液，或70%敌磺钠可溶性粉剂800~1 000倍液，或40%五氯硝基苯可湿性粉剂4~6kg/亩进行土壤消毒。②发病轻的树，应于春季扒土晾根，将树冠下的土壤全部扒开，使根部全部露出，切除病根或削除患病部分，进行伤口消毒促生根，再结合浇灌30%噁霉灵水剂1 000~1 200倍液，或70%敌磺钠可溶性粉剂800~1 000倍液，用药时尽量采用浇灌法，让药液充分接触到受损的部位，根据病情，可间隔7~10天防治1次，连防2~3次。

2. 柳瘤大蚜

【学名】*Tuberolachnus salignus*（Gmelin）

【寄主】柳树、枇杷、垂丝海棠等。

【为害症状】若蚜和成虫多群集在幼枝分杈处和嫩枝上为害，吸食枝液，分泌蜜露，大量发生时，所分泌的蜜露如下微雨，地面上有层褐色黏液，常引起煤污病发生。盛夏较少，春季和秋季是发生盛期。

【形态特征】

无翅胎生雌蚜 体长 3.5~4.0mm，为蚜虫中最大的一种。体黑灰色，密被细毛；腹部膨大，第 5 节背中央有锥形凸起瘤；腹管扁平，圆锥状，尾片半月形。足暗红褐色，密生细毛，后足特别长。

有翅胎生雌蚜 长约 4mm，头、胸部颜色较深，腹部颜色浅，触角第 3 节有次生感觉孔 14~17 个，触角第 4 节有次生感觉孔 3 个；翅透明，翅痣细长。

【发生规律】一年发生 10 代以上，以成虫在柳树干下部树皮缝中或其他隐蔽处越冬。翌年 2 月底越冬成虫开始向树上移动，4—6 月盛发，树干上和树下地面可见大量排泄物和黏稠蜜露，能诱发严重煤污病，造成枝叶枯黄。7—8 月虫量明显减少，9—10 月再度大发生，11 月中旬以后爬入树干缝隙等处藏匿越冬。

【防治方法】

（1）**物理防治** 放置黄色胶板或黄色杀虫灯诱杀有翅蚜。

（2）**药剂防治** 可用 10%蚜虱净可湿性粉剂 1300~1 500 倍液，或 40%氧化乐果乳油 1 000~1 200 倍液，或 50%杀螟硫磷乳油 1 000 倍液，或 50%啶虫脒水分散粒剂 2 000~3 000 倍液，或 22.4%螺虫乙酯 3 500~4 000 倍液，或 10%吡虫啉可湿性粉剂 1 000~1 500 倍液，或 40%啶虫·毒死蜱乳油 1 500~2 000 倍液，喷雾防治。由于蚜虫繁殖快，世代多，用药易产生抗性。选药时，建议用复配药剂或轮换用药，在常规用药基础上缩短用药间隔期，可间隔 7~10 天，连防 2~3 次。

3. 桑天牛（附图 2-4）

【学名】*Apriona germari*（Hope）

【寄主】杨树、柳树、榆树、刺槐、桑树等。

【为害症状】幼虫于枝干的皮下和木质部内向下蛀食，蛀道内无粪屑，隔一定距离向外蛀通气排粪屑孔，排出大量粪屑，削弱树势，易使树干坏死腐朽。成虫补充营养食害嫩枝皮和叶，并在树枝上产卵，刻槽呈"U"字形，成幼虫为害期，削弱树势，重者枯死。

【形态特征】

成虫 体长 34~46mm，黑色；密被黄褐色绒毛，头顶隆中央有一条纵沟；触角 11 节，比体稍长，各节顺次细小；前胸背板两侧各具 1 个侧刺突；鞘翅基部密生粒状小黑点；足黑色，密生灰白色绒毛。

卵 长椭圆形，长 5~7mm，黄白色，稍弯曲。

幼虫 老熟幼虫长 45~60mm，乳白色，头褐色，缩入前胸内；前胸背板后半部密生赤褐色粒状小点，向前伸展成 3 对尖叶形斑纹；后胸至第 7 腹节背面各有 1 个扁圆形步泡突，其上生有赤褐色粒点；前胸至第 7 节腹节腹面也有步泡突，中央被横沟分为 2 片。

蛹 长约 50mm，黄白色；触角后披，末端卷曲；腹部第 1~6 节背面两侧各有 1 对刚毛区，尾端轮生刚毛。

【发生规律】1年1代或者2年1代，以幼虫在虫道内越冬。翌年3月开始为害，4月底5月初开始化蛹，5月中旬为盛期；6月上旬至8月为成虫期，6月中旬至7月中旬为盛期；成虫出孔后以柳树等多种植物的嫩枝皮、叶作为补充营养；取食过的嫩枝上留下不规则的伤疤，严重者常凋萎枯死；成虫白天取食，夜晚飞到寄主上产卵；产卵前在10~15mm粗细的小枝上咬出"U"形刻槽，产1粒卵在其中，用黏液堵塞槽口；每雌虫可产卵约100余粒，成虫寿命40天左右；幼虫孵化后向上蛀食长约10mm，以后转向下沿枝干木质部蛀食，逐渐深入心材，幼虫在坑道内，间隔一定距离即向外咬一圆形排粪孔，把红褐色虫粪屑排出孔外，随虫龄增大，孔径和孔间距离随之增大；幼虫一生蛀道长915~5 000 mm，排泄孔约18个。幼虫老熟后沿虫道上移至最后1~3排泄孔间，先咬羽化孔雏形（表现为树皮臃肿或开裂，常见树汁外流），此后在虫道内找适当位置做蛹室化蛹，蛹期26~29天。

【防治方法】

（1）人工防治 ①人工捕杀成虫：在5—6月成虫发生期，组织人工捕杀。对树冠上的成虫，可利用其假死性振落后捕杀。也可在晚间利用其趋光性诱集捕杀。②人工杀灭虫卵：在成虫产卵期或产卵后，检查树干基部，寻找产卵刻槽，将蛀屑掏出，用钢丝或金属针插入孔道内，钩捕或刺杀幼虫；或用刀将被害处挖开；也可用锤敲击，杀死卵和幼虫。③成虫出现期：在诱饵树上喷药杀死成虫或人工捕杀成虫。④化蛹盛期：用木棍堵住羽化孔，可把成虫闷死在虫道内。

（2）药剂防治 幼虫期，将新鲜蛀屑掏出，用80%敌敌畏乳油加柴油（1∶20），或40%氧化乐果乳油50~80倍液，或25%高效氯氰菊酯乳油50倍液，或20%杀螟硫磷乳油50~100倍液，或22.4%甲维·啶虫脒乳剂10倍液，用高压注射器注入孔内，然后用湿泥封孔，毒杀虫道内幼虫。

（3）天敌保护利用 啄木鸟。

4. 柳蓝叶甲（附图2-5）

【学名】*Plagiodera versicolora*（Laicharting）

【寄主】垂柳、旱柳、夹竹桃、泡桐、杞柳、杨树等。

【为害症状】成虫、幼虫取食叶片为害，群居将叶片食成缺刻或孔洞现象，发生严重时，叶片成网状，仅留叶脉。

【形态特征】

成虫 体长3~5mm，近椭圆形，体深蓝色，带金属光泽，背面呈凸状；触角基部5节深棕色至棕红色，其余黑色；触角1~6节较细，前胸前缘呈凹陷状；小盾片黑色，光滑；鞘翅肩瘤显突。体腹面黑色。

卵 长约0.8mm，椭圆形，橙黄色。

幼虫 长约6mm，灰黄色，体扁平，头黑褐色；前胸背板两侧各有1个大褐斑；中胸背侧缘各有1个黑褐色乳突，亚背线上方有2个黑斑；腹部1~7节气门上线各有1个黑乳突，下线各有1个黑斑，均生刚毛2根；腹面各节有黑斑6个，均生刚毛1~2根。

蛹 长约 4mm，椭圆形，腹背有 4 列黑斑。

【发生规律】该虫 1 年可发生 5~6 代，以成虫在病残落物、杂草及土壤中越冬。翌年春季柳树发芽时开始活动，第 1 代虫态整齐，以后有世代重叠现象；成虫有假死性，多将卵成块产于叶背或叶面；幼虫有群集性，初孵幼虫群集剥食叶肉，致被害处灰白半透明；幼虫共 4 龄，老熟幼虫在叶片上化蛹，蛹期 3~5 天；苗圃 2 年生苗木受害最重，换茬 1 年生苗受害最轻；植株 1~2 年萌生条受害最重，大树受害最轻。

【防治方法】

（1）**人工防治** 秋末冬初将病残物及时清除，集中销毁。利用成虫有假死性，可振落成虫杀灭。

（2）**药剂防治** 发生盛期用 40%氧化乐果乳油 800~1 000 倍液，或 50%杀螟硫磷乳油 1 000 倍液，或 45%丙溴·辛硫磷乳油 1 000~1 500 倍液，或 20%氰戊菊酯乳油 1 000~2 000 倍液，喷杀幼虫。

（3）**保护和利用天敌** 蠋蝽、猎蝽、大腿蜂、长腿绿蜘蛛、胡蜂、螳螂等。

5. 褐边绿刺蛾（附图 2-6）

【学名】*Latoia consocia* Walker

【寄主】西府海棠、大叶黄杨、月季、桂花、牡丹、梨树、桃树、梅、悬铃木、杨树、柳树等。

【为害症状】幼虫取食叶片，低龄幼虫取食叶肉，仅留表皮，老龄时将叶片吃成孔洞或缺刻，有时仅留叶柄，严重影响树势。

【形态特征】

成虫 体长 15~16mm，翅展约 36mm。触角棕色，雄栉齿状，雌丝状；头和胸部绿色，复眼黑色，雌虫触角褐色，丝状，雄虫触角基部 2/3 为短羽毛状；胸部中央有 1 条暗褐色背线；前翅大部分绿色，基部暗褐色，外缘部灰黄色，其上散布暗紫色鳞片，内缘线和翅脉暗紫色，外缘线暗褐色；腹部和后翅灰黄色。

卵 扁椭圆形，长约 1.5mm，初产时乳白色，渐变为黄绿至淡黄色，数粒排列成块状。

幼虫 末龄体长约 25mm，略呈长方形，圆柱；初孵化时黄色，长大后变为绿色；头黄色，甚小，常缩在前胸内；前胸盾上有 2 个横列黑斑，腹部背线蓝色。胴部第 2 至末节每节有 4 个毛瘤，其上生一丛刚毛，第 4 节背面的 1 对毛瘤上各有 3~6 根红色刺毛，腹部末端的 4 个毛瘤上生蓝黑色刚毛丛，呈球状；背线绿色，两侧有深蓝色点。腹面浅绿色。胸足小，无腹足，第 1~7 节腹面中部各有 1 个扁圆形吸盘。

蛹 长约 15mm，椭圆形，肥大，黄褐色。包被在椭圆形棕色或暗褐色似羊粪状的茧内。

【发生规律】一年可发生 2 代，以老熟幼虫在树干、枝叶间或表土层的土缝中结茧越冬，翌年 4—5 月化蛹和羽化为成虫。褐刺蛾的第 1 代幼虫出现于 6 月中旬至 7 月中旬，第 2 代出现于 8 月下旬至 9 月中下旬。

【防治方法】

（1）**人工防治** 幼虫群集为害时，摘除虫叶，捕杀时注意幼虫毒毛。

（2）**物理防治** 在成虫发生期，利用灯光诱杀成虫。

（3）**药剂防治** 幼虫3龄前可选用生物或仿生农药，如可选用1.2%苦参碱乳油1 000~2 000倍液；也可选用化学药剂25%灭幼脲3号悬浮剂2 000~2 500倍液，或20%甲维·茚虫威（16%茚虫威+4%甲氨基阿维菌素苯甲酸盐）悬浮剂700~800倍液，或20%氰戊菊酯乳油800~1 000倍液，或90%晶体敌百虫1 000~1 200倍液等药剂进行喷雾防治。

6. 角斑古毒蛾（附图2-7）

【学名】 *Orgyia gonostigma*（Linnaeus）

【寄主】 柳树、悬铃木、桤木、杨树、樱花、火棘、梅、李树、梨树、樱花等多种植物。

【为害症状】 初孵幼虫常群集于卵附近的叶背面取食叶肉，残留上表皮；2龄幼虫以后开始分散为害嫩芽、叶片，将被害的花芽从芽基部蛀成小洞，造成花芽不能发芽与开花，嫩叶全部被食光，仅留叶柄，受损老叶片呈缺刻和孔洞，仅留叶脉。

【形态特征】

成虫 雌雄异型。雄蛾体长约16mm，翅展25~36mm；头、胸、腹部灰褐色；触角干锈褐色、栉齿褐色；下唇须橙黄色；前翅黄褐色，内区前半有白鳞，后半赭黄色，基线白色较细，波浪形，内横线黑色，较直，前半部宽；前缘中部布白鳞，横脉纹黑色白边，中央有一条白色细线；外横线黑色，双线，细锯齿形，亚缘线前缘白色，其余部分黑褐色，微波浪形，外横线与亚缘线间前缘有一块赭黄色斑；后缘有一块新月形白斑，缘线细而黑，在翅脉处间断，缘毛暗褐色有赭黄色斑；后翅栗褐色，缘毛黄灰色。雌蛾长卵圆形，体长12~22mm；触角纤细，节上有短毛。足灰色有白毛，爪腹面有齿。体密被深灰色短毛、黄色和白色绒毛。翅十分短缩，只留下痕迹。

卵 扁圆形，长0.8~0.9mm，像倒立的馒头形，卵孔处凹陷，花瓣状，外有1条黄纹；乳白色，微带光泽。

幼虫 老熟幼虫体长33~40mm，头部灰黑色，体黑灰色，被黄色与黑色毛，亚背线上有白色短毛，体两侧有黄褐色纹，前胸背面两侧各有一束前伸的由黑色羽状毛组成的长毛，第1~4腹节背面中央各有一黄灰色短毛刷，第8腹节背面有一束向后斜的黑色长毛。

蛹 黑褐色，背面黄白色毛。

【发生规律】 1年可发生2~3代，以幼虫在花木的皮缝、落叶层下、杂草丛中越冬。翌年4月越冬在植株上为害嫩叶幼芽；5月化蛹，蛹期约15天；6月成虫羽化，雌蛾在茧内栖息，雄蛾白天飞翔，与雌蛾交尾，雌蛾在茧内外产卵，每块卵块有卵百余粒，卵期约15天；初孵幼虫先群体取食叶肉，叶片呈网状；以后借风力扩散，幼虫有转移为害习性；幼虫为害期在4—9月，9月后幼龄幼虫陆续越冬。

【防治方法】

（1）**人工防治**　6月、8月在蛹和成虫期，检查苗木上的蛹茧和卵块，进行人工捕杀蛹和卵块。秋末、初春结合整形修剪，清除园内枯枝落叶，刮除粗皮、翘皮中的越冬幼虫。

（2）**物理防治**　灯光诱杀成虫。

（3）**药剂防治**　3龄前幼虫，喷施20%除虫脲悬浮剂3 000~5 000倍液，或25%灭幼脲3号悬浮剂2 000~2 500倍液，或50%辛硫磷乳油1 000~1 200倍液，或20%氰戊菊酯乳油（阿维·高氯）800~1 200倍液进行防治。

（4）**保护和利用天敌**　追寄蝇、跳小蜂、小茧蜂、姬蜂等。

7. 黑蚱蝉

【学名】 *Cryptotympana atrata* Fabricius

【寄主】 樱花、元宝枫、槐树、榆树、桑树、白蜡、桃树、梨树、樱桃、杨树、柳树等多种植物。

【为害症状】 若虫在土壤中刺吸植物根部，为害数年；老熟若虫在雨后傍晚钻出地面，爬到树干及植物茎秆上蜕皮羽化。成虫刺吸枝干并产卵于嫩枝条内，产卵时将产卵器刺破枝条皮层，直达木质部，呈两排锯齿状，使嫩枝梢失水干枯，造成植物枝干枯死，影响树势及景观效果。

【形态特征】

成虫　体色漆黑，有光泽，体长约46mm，翅展约124mm；中胸背板宽大，中央有黄褐色"X"形隆起，体背金黄色绒毛；翅透明，翅脉浅黄或黑色，雄虫腹部第1~2节有鸣器，雌虫没有。

卵　椭圆形，乳白色。

若虫　形态略似成虫，前足为开掘足，翅芽发达。

【发生规律】 多年发生1代，以若虫在土壤中或以卵在寄主枝干内越冬。翌年5月下旬至6月初为卵孵化盛期，6月下旬终止；幼虫随着枯枝落地或卵从卵窝掉在地上，孵化出的若虫立即入土，在土中的若虫以土中的植物根及一些有机质为食料；若虫在土中一生蜕皮5次，生活数年才能完成整个若虫期；在土壤中的垂直分布，以0~20cm的土层居多，占若虫数的60%左右；有些则能达到0.3~1m，甚至更深。生长成熟的若虫于傍晚由土内爬出，多在下完雨且柔软湿润的晚上掘开泥土；凭着生存的本能爬到树干、枝条、叶片等可以固定其身体的物体上停留。以叶片背面居多，不食不动，约经半小时或者更长时间的静止阶段后，其背上面直裂一条缝蜕皮后变为成虫，初羽化的成虫体软，淡粉红色，翅皱缩，后体渐硬，色渐深直至黑色，翅展平，前后经6~7小时（黎明时间），振翅飞上或爬上树梢活动。一年当中，6月上旬老熟若虫开始出土羽化为成虫，6月中旬至7月中旬为羽化盛期，10月上旬终止。若虫出土羽化在一天中，夜间羽化占90%以上。尤以夜间8:00—10:00时最多。另外凌晨4:00—6:00时羽化一次。成虫经15~20天后才交尾产卵，6月上旬成虫即开始产卵，6月下旬末到7月下旬为产卵盛期，9月后为末期。卵主要产在1~2年生、枝条的直径在0.2~0.6 cm的枝上，一条枝条上卵穴一般为20~50穴，多者有150穴。每穴卵1~8粒，多为5~6粒。

【防治方法】

（1）**人工防治** 应以人工防治为主。①结合冬季和夏季修剪，剪除被产卵而枯死的枝条，以消灭其中大量尚未孵化入土的卵粒，剪下的枝条集中烧毁。②老熟若虫具有夜间上树羽化的习性，在树干基部包扎塑料薄膜或是透明胶，可阻止老熟若虫上树羽化，滞留在树干周围的老熟若虫可人工捕捉。③在夜间进行人工捕杀，在6月中旬至7月上旬雌虫未产卵时，振动树冠，成虫受惊飞动，会振落到地面，可人工捡拾捕杀。

（2）**药剂防治** ①5月上旬，用50%辛硫磷乳油500~600倍液，或50%杀螟硫磷乳油800倍液，浇淋树根周围，毒杀土中幼虫。②成虫高峰期，对树冠进行喷雾，可用50%啶虫脒水分散粒剂2 000~3 000倍液，或22.4%螺虫乙酯4 000倍液，或10%吡虫啉可湿性粉剂1 000~1 500倍液，或40%啶虫·毒死蜱乳油1 500~2 000倍液，或40%氧化乐果乳油1 000倍液等药剂杀灭成虫。

8. 娇膜肩网蝽（附图2-8）

【学名】 *Hegesidemus habrus* Darke

【寄主】 杨树、柳树等。

【为害症状】 以成虫和若虫于叶背刺吸树液，使叶面产生成片白色斑点，叶背面有其黑色点状的排泄物。严重时叶片翻卷脱落，抑制植株的光合作用，对植株的生长和园林景观都有一定的影响。

【形态特征】

成虫 雌虫体长约3.04mm，宽约1.16mm；雄虫体长约2.88mm，宽约1.27mm。头红褐色，光滑，短面圆鼓；3枚头刺黄白色，被短毛，第4节端部黑褐；头兜屋脊状，末端有2个深褐斑，喙端末伸达中胸腹板中部；前胸背板浅黄褐色至黑褐色，遍布细刻点；3条纵脊灰黄色，等高；前翅长过腹部末端，黄白色，具深褐色"X"形斑；后翅白色；腹部腹面黑褐色，足黄褐色。

卵 长椭圆形，略弯，长0.43~0.46mm，宽0.15~0.16mm，初产时乳白色，后变淡黄色，一端1/3处出现浅红色，数日后另一端出现血红色丝状物，至孵化前变为红色。

若虫 4龄若虫体长2.17~2.18mm，宽1.14~1.16mm，头黑色；翅芽呈椭圆形，伸到腹背中部，基部和端部黑色，腹部黑斑横向和纵向断续分别分成3小块与尾须连接。

【发生规律】 1年可发生3~4代，以成虫在树洞、树皮缝隙间或枯枝落叶下越冬。翌年4月上旬恢复活动，上树为害；5月上旬产卵于叶片组织内，每孔产卵1粒，并排泄褐色黏液覆盖卵孔；5月中旬若虫孵化后刺吸叶背面组织，叶被害后背面呈白色斑点；第2代成虫出现于7月上旬，第3代8月上旬发生，第4代8月下旬可见出现，为害至 11 月陆续越冬；成虫喜阴暗，多聚居于树冠中、下部叶背。成虫寿命 20~30 天，若虫有 4 龄。

【防治方法】

（1）**人工防治**　冬季清除枯枝落叶，及时烧毁，可减少越冬虫的数量。

（2）**药剂防治**　①若虫发生期，可向叶面喷洒 50%杀螟硫磷乳油 800~1 000 倍液，或 40%氧化乐果乳油 1 000 倍液，或 10%吡虫啉可湿性粉剂 1 000~1 200 倍液，或 20%辛马乳油 1 000~1 500 倍液，或 40%啶虫·毒死蜱乳油 1 500~2 000 倍液，或 50%啶虫脒水分散粒剂 3 000~5 000 倍液等药剂进行防治。②根部撒施 3%克百威颗粒剂。

（3）**保护和利用天敌**　异绒螨等。

9. 柳刺皮瘿螨（附图 2-9）

【学名】 *Aculops niphocladae* Keifer

【寄主】 柳树。

【为害症状】 柳刺皮瘿螨为害初期常常会导致被害叶片表面产生组织增生，形成类似珠状的叶瘿，且每个叶瘿在叶背有 1 个开口，螨体可经此口转移至他处再进行为害；受害严重的叶片会失绿并逐渐变为黄白色，可使叶片提前脱落，影响树木正常生长。

【形态特征】

雌螨　体长约 0.2mm，纺锤形，略平，前圆后细，棕黄色；足 2 对，背盾板有前叶突；背纵线虚线状，环纹不光滑，有锥状微突；尾端有短毛 2 根。

【发生规律】 该虫一年可发生数代，以成螨在芽鳞间或皮缝中越冬，借风、昆虫和人为活动等传播。4 月下旬至 5 月上旬活动为害，随着气温升高，繁殖加速，为害加重，雨季螨量下降。受害叶片表面产生组织增生，形成珠状叶瘿，每个叶瘿在叶背只有 1 个开口，螨体经此口转移为害，形成新的虫瘿，被害叶片上常有数十个虫瘿。

【防治方法】

（1）**人工防治**　冬季清除枯枝落叶，及时烧毁，可减少越冬虫的数量。柳树发芽前喷施石硫合剂 50 倍液，消灭越冬螨，兼治蚜虫。

（2）**药剂防治**　喷施 40%杀扑磷乳油 1 000~1 200 倍液，10%吡虫啉可湿性粉剂 1 300~1 500 倍液，或 10%哒螨灵乳油 1 500~2 000 倍液进行防治，或 35%阿维·螺螨酯悬浮剂 3 000~4 000 倍液，喷雾防治。

10. 柳蛎盾蚧

【学名】 *Lepidosaphes salicina* Borchs

【寄主】 杨树、柳树、榆树、核桃、楸等植物。

【为害症状】 该介壳虫是一种重要的枝干害虫。若虫和雌虫固定在寄主主干、嫩枝、嫩茎、叶柄、叶背和果实上，以刺吸式口器吸食汁液，受害枝条引起植株木栓化与韧皮部导管衰亡，皮层爆裂，致使枝干、叶畸形和枯萎。

【形态特征】

成虫 雌虫长 3.2~4.3mm，微弯曲，前端尖后端渐膨大，呈牡蛎形，暗褐色或黑褐色，边缘灰白色；表面覆有一层灰白色粉状物；雌成虫体长 1.3~2.0mm，黄白色，长纺锤形，前狭后宽，臀板黄色；触角短，有 2 根长毛，复眼、足均消失，无翅，口器为丝状口针。雄虫介壳狭长为"I"形，较雌壳稍小；雄成虫黄白色，体长约为 1mm，翅展约 1.3mm，淡紫色，触角 10 节，念珠状，淡黄色，胸部淡黄褐色；复眼膨大，口器退化；有一对膜质翅，翅脉简单，后翅退化成平衡棍；腹部末端有长形的交尾器。

卵 长约 0.25mm；椭圆形，黄白色。

若虫 1 龄若虫扁平，长 0.3~0.36mm，宽 0.15~0.18mm；触角发达，6 节，柄节较粗，末节细长并生长毛，口器发达，具 3 对胸足；背面附着一层白色丝状物。蜕皮后，触角、足均消失，体表分泌蜡质，并与蜕的皮形成深黄色介壳；2 龄若虫体纺锤形。

雄蛹 长约 1mm；黄白色，口器消失，具成虫器官的雏形。

【发生规律】 1 年可发生 1 代，以卵在雌介壳内越冬。5 月中下旬开始孵化，6 月初为孵化盛期；若虫孵化后从母介壳尾端爬出，行动非常活跃，常沿树干枝条爬行，选择适宜场所固定取食。6 月上旬初孵若虫均已固定于枝干上，逐渐形成介壳；雄若虫蜕一次皮后就进入前蛹期，经 8~10 天化蛹，蛹期为 10 天左右；雄成虫 7 月上中旬羽化，羽化后以介壳后端爬出，常在雌介壳上爬行，寻找交尾机会；雄成虫飞翔能力不强，交尾后 1~2 天死亡。雌虫要经两次蜕皮，于 7 月上旬变为成虫，雌成虫、雄成虫出现时期大体一致，雌成虫交尾后，于 8 月上旬开始产卵，产卵时边产卵边向介壳头端收缩，待产卵完毕，雌虫即死亡于介壳的头端；产卵期约 50 天，产卵量一般 90~100 粒，卵当年不孵化即越冬。

【防治方法】

（1）**人工防治** 结合树木修剪，剪除被害严重的虫枝，并集中烧毁。

（2）**药剂防治** ①在 5 月中旬至 6 月中旬若虫孵化期，可向树干、树冠喷洒 40% 啶虫·毒死蜱乳油 1 000~1 200 倍液，或 22.4% 螺虫乙酯悬浮剂 1 000~1 500 倍液，或 40% 杀扑磷乳油 1 000 倍液喷雾进行防治。间隔 7~10 天，连续喷施 2~3 次。②在若虫期和成虫产卵前期，在树干胸高处刮去表皮，形成宽 10cm 圆环，涂 50% 辛硫磷乳油 10 倍液或 40% 氧化乐果乳油 15 倍液。

（3）**保护和利用天敌** 瓢虫、跳小蜂等捕食性天敌。

三、枫 杨

1. 枫杨白粉病

【寄主】枫杨、核桃、桑、杞柳、八角枫、山楂树、绣线菊、冬青、梓树、爬山虎、檀树等植物。

【症状】叶片上呈现白色小粉斑，扩展后呈圆形或不规则形褪色斑块，上面覆盖一层白色粉状霉层，后期白色粉状霉层变为灰色，叶质变厚，凹凸不平或卷曲萎蔫，甚至枯死，严重时可蔓延至茎、枝、梢等处。受白粉病损害的植株会变得矮小，嫩叶扭曲、畸形、枯萎，叶片不开展、变小，枝条畸形等，严重时整株衰亡。

【病原】*Phyllactinia pterocaryae* sp. nov，属子囊菌亚门核菌纲白粉菌科单丝壳属。

【发病规律】病菌以闭囊壳在病残体上越冬。翌年春暖，条件适宜时，释放子囊孢子进行初侵染，以后产生分生孢子进行再侵染，借风雨传播。此病发生期较长，5—9月均可发生，以8—9月发生较为严重。

【防治方法】

（1）**人工防治** 清除病落叶，剪除病梢，集中烧毁。

（2）**药剂防治** 在病害发生期，用70%甲基硫菌灵可湿性粉剂1 000~1 200倍液，或15%三唑酮可湿性粉剂800~1 000倍液，或20%三唑酮乳油1 500~2 000倍液，或12.5%烯唑醇可湿性粉剂2 000~2 500倍液，或50%腐霉·福美双（40%福美双+10%腐霉利）600~800倍液进行叶面喷雾防治。连用2~3次，间隔10~15天。

2. 绿尾大蚕蛾（附图2-10）

【学名】*Actias selene ningpoana* Felder

【寄主】乌桕、枫杨、木槿、樱花、枫香、垂柳、樟树、海棠、旁杞木、苹果树、梨树、沙果、杏树、石榴树、喜树、赤杨、紫薇、桂花、玉兰、银杏、悬铃木、枣、杜仲等多种植物。

【为害症状】以初孵幼虫群集取食叶片，后分散为害；低龄幼虫食害叶片呈缺刻或孔洞，稍大便把全叶吃光，仅留叶柄或粗脉；严重影响树势。

【形态特征】

成虫 雌虫体长约38mm，翅展约135mm；雌虫体长约36mm，翅展约126mm；体表具浓厚白色绒毛，前胸前端与前翅前缘具一条紫色带，前翅、后翅粉绿色，中央具一透明眼状斑，后翅臀角延伸呈燕尾状。

卵　球形稍扁，直径约2mm，初产为米黄色，孵化前淡黄褐色，卵面具胶质粘连成块。

幼虫　一般为5龄，少数6龄；老熟幼虫体长约73mm，1~2龄幼虫体黑色，3龄幼虫全体橘黄色，毛瘤黑色，4龄体渐呈嫩绿色，化蛹前夕呈暗绿色；气门上线由红、黄两色组成；体各节背面具黄色瘤突，其中第2、第3胸节和第8腹节上的瘤突较大，瘤上着生深褐色刺及白色长毛；尾足特大，臀板暗紫色。

蛹　长45~50mm，红褐色，额区有一浅白色三角形斑；蛹体外有灰褐色厚茧，茧外黏附寄主的叶片。

【发生规律】此虫年生代数各地不一，河南省一年可发生1~3代，以老熟幼虫在寄主枝干上或附近杂草丛中结茧化蛹越冬。各代幼虫为害盛期：第1代5月中旬至6月上旬，第2代7月中下旬，第3代9月下旬至10月上旬。成虫具趋光性，昼伏夜出；多在中午前后和傍晚羽化，夜间交尾、产卵；卵多产于寄主叶面边缘及叶背、叶尖处，多个卵粒集合成块状，平均每雌产卵量为150粒左右，卵期7~15天不等。在3个世代中，以第2、第3代为害较重，尤其第3代为害最重；幼虫发生为害期从5月下旬至10月均可见到；初孵幼虫群集取食，3龄后幼虫分散为害，多在树枝上，头朝上，以腹足抱握树枝，用胸足将叶片抓住取食，取食量占全幼虫期食量90%以上；1龄、2龄幼虫较活泼，3龄以后食量增大，行动迟缓，取食完一片叶后再转害相邻叶片，逐叶、逐枝取食，仅残留叶柄，极易发现，幼虫共5龄，历期35~45天；幼虫为害至老熟后于枝上贴叶吐丝结茧化蛹，蛹历期：非越冬蛹为15~20天，越冬代蛹180天左右。幼虫具避光蜕皮习性，蜕皮多在傍晚和夜间，在阴雨天、白天光线微弱处也有幼虫蜕皮现象；幼虫老熟后先结茧，然后在茧中化蛹，茧外常黏附树叶或草叶包裹；结茧时间多在晚上8:00时以后。

【防治方法】

（1）**人工防治**　在各代产卵期和化蛹期，人工摘除卵叶和茧蛹，减少虫口数量。

（2）**物理防治**　在成虫发生期，设置黑光灯或高压汞灯诱杀，效果明显。

（3）**药剂防治**　抓住幼虫3龄前最佳防治期，可用90%晶体敌百虫1 000~1 200倍液，或100 g/L联苯菊酯乳油2 000~3 000倍液，或40%氧化乐果乳油800~1 000倍液，或20%氰戊菊酯乳油800~1 200倍液进行喷雾防治。

3. 梨娜刺蛾

【学名】*Narosoideus flavidorsalis*

【寄主】梨树、桃树、李树、杏树、枫杨等多种植物。

【为害症状】以幼虫取食为害，幼龄幼虫喜群集于叶背啃食叶肉，食害叶肉残留表皮呈纱网状，幼虫长大后逐渐分散，且食量随之增加，可将叶片吃成很多孔洞、缺刻或仅留叶柄、主脉，严重影响树势和果实产量。

【形态特征】

成虫 体长 14~16mm，翅展 29~36mm，黄褐色；雌虫触角丝状，雄虫触角羽毛状；胸部背面有黄褐色鳞毛，前翅黄褐色至暗褐色，外缘为深褐色宽带；前缘有近似三角形的褐斑，后翅褐色至棕褐色，缘毛黄褐色。

卵 扁圆形，白色；数十粒至百余粒排列成块状。

幼虫 老熟幼虫体长 22~25mm，暗绿色；有黑白相间的线条拼成的花纹，各体节有 4 个横列小瘤状凸起，其上生刺毛；其中前胸、中胸和第 6、第 7 腹节背面的对刺毛较大而长，形成枝刺，伸向两侧，黄褐色。

蛹 黄褐色，长约 12mm。

茧 椭圆形，土褐色，长约 10mm。

【发生规律】 一年发生 1 代，以老熟幼虫在土中结茧，以前蛹越冬，翌春化蛹，7—8 月出现成虫；成虫昼伏夜出，有趋光性，产卵于叶片上。幼虫孵化后取食叶片，发生盛期在 8—9 月，幼虫老熟后从树上爬下，入土结茧越冬。

【防治方法】

（1）**人工防治** 幼虫群集为害期，人工捕杀。

（2）**物理防治** 成虫期利用黑光灯诱杀成虫。

（3）**药剂防治** 幼虫发生期，应及时喷洒 90% 晶体敌百虫 1 000~1 200 倍液，或 50% 杀螟硫磷乳油 1 000 倍液，或 25% 灭幼脲 3 号悬浮剂 1 500~2 000 倍液，或 25% 高效氯氟氰菊酯乳油 1 000~1 500 倍液等药剂进行防治。

（4）**保护和利用天敌** 紫姬蜂、寄生蝇、螳螂、赤眼蜂、麻雀等。

4. 茶色金龟子

【学名】 *Anomala corpulenta* Motsch

【寄主】 刺槐、梧桐、银杏、枫杨、核桃等。

【为害症状】 成虫取食叶片与嫩枝，咬食叶片呈网状孔洞和缺刻，严重时仅剩主脉，群集为害时更为严重；可将叶片吃光。幼虫取食根系，咬断幼苗的根茎，断口整齐平截，常造成幼苗枯死，受害植株的生长结实都会受到严重影响。

【形态特征】

成虫 体长 10~11.5mm，长椭圆形，茶褐色；全身密被灰色绒毛；鞘翅上有 4 条纵线，并杂生灰白色小毛斑；腹面栗褐色，亦具绒毛。

卵 椭圆形，乳白色；长约 1.5mm，宽约 0.4mm。

幼虫 俗称"蛴螬"，又叫"土蚕"，乳白色，头部黄褐色，口器深褐色；触动时，全身蜷缩成马蹄状；体表多皱纹及体毛，臀片上刚毛不规则散生；老熟幼虫乳黄色，长 3~6cm。

蛹 初为乳白色，后转为淡黄色，羽化前转变为黄褐色；腹末有 1 对凸起。

【发生规律】 一年发生 1 代，以老熟幼虫在土中越冬。越冬幼虫于翌年 4 月下旬化蛹并羽化；羽化后即外出为害各种植物的叶片与嫩枝，一般白天潜伏于土中，傍晚前后成群外出取食；喜食寄主植株的枝干，一旦树木的某一处被咬烂，他们会成群结队地来吸食树汁，从而造成树颈某处溃烂和伤害；金龟子成虫有极强的飞行能力；虫口密度大的地方，可以连年将寄主的叶片、嫩梢吃光。6 月初开始产卵，卵期 10~15 天，幼虫取食植物根部；越冬前，先筑土室，幼虫在土室中越冬；成虫具假死性。

【防治方法】

（1）**人工防治**　①成虫期：利用成虫的假死性，在成虫羽化盛期，于傍晚群集为害时，振落成虫，搜集并灭除。②幼虫期：结合中耕除草，破坏越冬土室，并及时杀灭蛴螬。

（2）**药物防治**　成虫为害盛期，喷施 90% 晶体敌百虫 1 000~1 200 倍液，或 50% 杀螟硫磷乳油 800~1 000 倍液，或 5% 甲维·高氯 1 200~1 500 倍液，或 45% 丙溴·辛硫磷乳油 1 000~1 500 倍液等药剂杀灭成虫。

5. 桑天牛（附图 2-11）

【学名】 *Apriona germari*（Hope）

【寄主】 银杏、杨树、柳树、连翘、海棠、桑、榆树、枫杨、枇杷、杏树、梨等植物。

【为害症状】 幼虫蛀食木质部，间隔一定距离即向外咬一圆形排粪孔；先咬出羽化孔的雏形，向外达树皮边缘，使树皮呈现臃肿或破裂，常使树液外流；锯屑状粪便和木屑即由虫排粪孔向外排出，逐渐蛀入心材；易使树干坏死腐朽。成虫补充营养食害嫩枝皮和叶，并在树枝上产卵，刻槽呈"U"字形。

【形态特征】

成虫　体长 26~51mm，体宽 8~16mm；体和鞘翅都为黑色，密被黄褐色绒毛，一般背面呈青棕色，腹面棕黄色，深浅不一；雌虫触角较体稍长，雄虫则超出体长两三节，触角第 1、第 2 节呈黑色，从第 3 节起，每节基部约 1/3 灰白色，端部黑褐色，头部沿眼后缘有两三行隆起的刻点；前胸背面有横行皱纹，两侧中央各有一刺状凸起，鞘翅基部密布黑色光亮的瘤状颗粒，占全翅 1/5~1/4 长的区域；鞘翅中缝及侧缘、端缘通常各有 1 条青灰色狭边，翅内外端角为刺状凸出。

卵　扁平，长椭圆形，长径 5~7mm，横径 1~1.5mm，一端细长，略弯曲，乳白色，近孵化时变为淡褐色。

幼虫　体长约 60mm，圆筒形，乳白色；第 1 胸节特别发达，硬皮板后半部密生深棕色颗粒小点，其中央夹有 3 对尖叶状凹陷纹；第 3 胸节至第 7 腹节背面各有一长圆形凸起，其上密生棕色粒点，第 1 胸节至第 7 腹节的腹面也有凸起；气门大，椭圆形，褐色。

蛹　体长约 50mm，纺锤形，淡黄色，第 1~6 节背面各有 1 对刚毛，翅芽达第 3 腹节。

【发生规律】 2~3 年可发生一代，以幼虫或即将孵化的卵在枝干内越冬；在寄主枝叶萌动后开始为害，落叶时休眠越冬。初孵幼虫，先向上蛀食 10mm 左右，即掉头沿枝干木质部向下蛀食，逐渐深入心材，幼虫在蛀道内，每隔一定距离即向外咬一圆形排粪孔，粪便和木屑即由排粪孔向外排出。排泄孔径随幼虫增长而扩大，孔间距离自上而下逐渐增长，增长幅度因寄主植物而不同。幼虫老熟后，即沿蛀道上移，越过 1~3 个排泄孔，先咬出羽化孔的雏形，向外达树皮边缘，使树皮呈现臃肿或破裂，常使树液外流。此后，幼虫又回到蛀道内选择适当位置（一般距蛀道底 70~120mm）作成蛹室，化蛹其中。蛹室长 40~50mm，宽 20~25mm。蛹期 15~25 天。羽化后于蛹室内停 5~7 天后，咬羽化孔钻出，7—8 月为成虫发生期。成虫多晚间活动取食，以早晚较盛，经 10~15 天开始产卵。2~4 年生枝上产卵较多，多选在直径 10~15mm 的枝条中部或基部，先将表皮咬成"U"形伤口，然后产卵于其中，每处产 1 粒卵，偶有 4~5 粒者。每雌可产卵 100~150 粒，产卵约 40 余天。卵期 10~15 天，孵化后于韧皮部和木质部之间向枝条上方蛀食约 1cm，然后蛀入木质部内向下蛀食，稍大即蛀入髓部。开始每蛀 5~6cm 长向外排粪孔，随虫体增长而排粪孔距离加大，小幼虫粪便红褐色细绳状，大幼虫的粪便为锯屑状；幼虫一生蛀隧道长达 2m 左右，隧道内无粪便与木屑。

【防治方法】参见柳树桑天牛防治方法。

四、合 欢

1. 合欢锈病

【寄主】合欢。

【症状】该病主要为害合欢的枝干、梢部及叶柄，叶片及荚果亦可受害。感病枝梢、叶柄上产生近圆形、椭圆形或梭形病斑，直径 2~4mm；木质化枝梢上病斑累累，导致叶片早落，枝枯死；嫩梢及叶柄因发病而扭曲、畸形，发病严重者则枯死；感病幼树主干病斑梭形下陷，呈典型溃疡状；叶片上病斑很小，近圆形，直径 0.4~1.0mm，荚果上病斑多数扁圆形，直径 0.4~1.0mm；感病初期，病斑上均产生黄褐色粉状物，为病原菌夏孢子堆，后期在病斑处又产生大量、密集、漆黑色的小粒状物，为病原菌冬孢子堆。

【病原】日本伞锈菌 Ravenelia japonica Diet. et Syd.，属担子菌亚门冬孢菌纲锈菌目。

【发病规律】该病于 8 月在叶、嫩梢上出现浅黄色病斑，其上产生很多粉状物夏孢子。夏孢子借气流传播，气候条件适宜时，夏孢子萌发自寄主气孔或直接穿透表皮侵入，潜育期 7~14 天；9 月上中旬在夏孢子堆下菌丝体开始产生冬孢子堆。

【防治方法】

（1）人工防治　清除枯枝、落叶集中处理，可减少菌源。

（2）药剂防治　发病初期，可选用 15% 三唑酮可湿性粉剂 1 000~1 500 倍液，或 12.5% 烯唑醇可湿性粉剂 1 500~2 000 倍液，或 50% 腐霉·福美双（40% 福美双+10% 腐霉利）600~800 倍液，或 30% 戊唑·吡唑醚菌酯悬浮剂 1 000 倍液进行喷雾防治，每隔 10~15 天喷 1 次，喷 1~2 次。

2. 合欢流胶病（附图 2-12）

【寄主】合欢。

【症状】

非侵染性流胶　主要发生在主干和大枝上，严重时小枝也可发病。初期病部稍肿胀，后分泌出半透明、柔软的树胶，雨后流胶重，随后与空气接触变为褐色，成为晶莹柔软的胶块，后干燥变成红褐色至茶褐色的坚硬胶块，随着流胶数量增加，病部皮层及木质部逐渐变褐腐朽（但没有病原物产生）；致使树势越来越弱，严重者造成死树，雨季发病重，大龄树发病重，幼龄树发病轻。

侵染性的流胶 主要为害枝干，病菌侵入合欢当年生新梢，新梢上产生以皮孔为中心的瘤状凸起病斑，但不流胶，翌年 5 月，瘤皮开裂溢出胶状液，为无色半透明黏质物，后变为茶褐色硬块，病部凹陷成圆形或不规则斑块，其上散生小黑点。多年生枝干感病，产生水泡状隆起，病部均可渗出褐色胶液，可导致枝干溃疡甚至枯死。

【病原】侵染性的病原，由真菌引起，有性阶段属子囊菌亚门，无性阶段属半知菌亚门。

【发病规律】侵染性流胶病以菌丝体、分生孢子器在病枝里越冬，翌年 3 月下旬至 4 月中旬散发生分生孢子，随风而传播，主要经伤口侵入，也可从皮孔及侧芽侵入。特别是雨天从病部溢出大量病菌，顺枝干流下或溅附在新梢上，从皮孔、伤口侵入，成为新梢初次感病的主要菌源，枝干内潜伏病菌的活动与温度有关。当气温在 15℃ 左右时，病部即可渗出胶液，随着气温上升，树体流胶点增多，病情加重。侵染性流胶病 1 年有两个发病高峰，第 1 次在 5 月上旬至 6 月上旬，第二次在 8 月上旬至 9 月上旬，以后就不再侵染为害，病菌侵入的最有利时机是枝条皮层细胞逐渐木栓化和皮孔形成以后。因此防治此病以新梢生长期为好。

【防治方法】

（1）**人工防治** 冬季 12 月至翌年 1 月刮除流胶硬块及其下部的腐烂皮层及木质，集中烧毁，然后喷 5 波美度石硫合剂杀灭病菌，减少侵染源。

（2）**药剂防治** ①可对准发病部位及周围喷施 2.12% 腐殖酸·铜水剂 800~1 000 倍液，或 50% 多菌灵可湿性粉剂 800~1 000 倍液，或 45% 咪鲜胺·扑霉灵水乳剂 1 200~1 500 倍液，每 10 天喷 1 次，连喷 3 次。②刮除涂抹法：每年春秋季节，把流胶部位的胶状物、病斑进行刮除，或沿主干在病部纵刮数刀，深达木质部（操作时，先用刀在胶体周围切下病组织，切口菱形齐茬，不留死角）。胶体刮除干净后，涂抹 2.12% 腐殖酸·铜水剂 400~600 倍液，或 1.9% 辛菌胺醋酸盐水剂 50~100 倍液，涂抹病疤。每隔 15 天涂抹 1 次，涂抹 2~3 次。

3. 合欢枯萎病（附图 2-13）

【寄主】合欢。

【症状】该病为合欢的毁灭性病害，可流行成灾。合欢树的幼苗和大树均可受此病为害，但多发生于长势较弱和被吉丁虫为害过的植株；一般先从枝条基部的叶片变黄，往往先在一两个枝条上表现出叶片萎蔫下垂变干并萎缩，逐渐扩展到其他枝上；病菌由枝、干上伤口侵入并由伤口上下蔓延，病斑下陷，病菌分生孢子堆突破皮缝，出现成堆的粉色分生孢子堆，树皮肿胀腐烂；植株由叶片萎蔫、变黄、脱落，到枝条逐渐枯死，前后过程仅几天时间。截开主干断面，可见一整圈变色环，树根部断面呈褐色或黑褐色。

【病原】*Fusarum oxysporium f. perniciosum* Toole，属半知菌门中的尖孢镰刀菌的一个变型。

【发病规律】该病主要为系统侵染病害。病菌在病株上或随病残体在土里过冬；翌年春、夏季，湿度、温度适宜时病菌能从根部伤口或直接侵入，并顺导管向树上蔓延至干部、枝条的导管，毒害和堵塞导管，切断水分的运输，造成枝条枯萎。雨水多、低洼地成片栽植的树木受害严重。

【防治方法】

（1）**人工防治**　及时清除重病株，并消毒土壤，以减少侵染源。

（2）**药剂防治**　①土壤处理：用40%五氯硝基苯6~8g/m² 撒入播种土拌匀，对土壤进行杀菌处理。②药剂喷雾发病初期，用30%噁霉灵水剂1 000倍液，或70%敌磺钠可溶性粉剂800~1 000倍液，或30%苯醚甲环唑·嘧菌酯悬浮剂（18.5%苯醚甲环唑+11.5%嘧菌酯）1 500倍液对树干、树冠进行均匀喷雾。③灌根法：30%精甲霜灵·噁霉灵水剂1 000倍液，或20%二氯异氰尿酸钠可溶性粉剂1 500~2 000倍液浇灌感病树根，让药液充分接触到受损的根茎部位，根据病情，可连续浇灌2~3次，间隔7~10天。④刮除法：对该病诱发的干部腐烂，应该刮掉腐烂部位，用1.8%辛菌胺醋酸盐水剂100倍液，或50%甲基硫菌灵可湿性粉剂150~200倍液涂抹发病部位，可杀菌促进伤口愈合。

4. 合欢吉丁虫（附图2-14）

【学名】*Agrilus subrobustus* Saunders

【寄主】合欢。

【为害症状】合欢吉丁虫是合欢树的主要蛀干害虫之一；幼虫孵化后即潜入树皮开始为害，幼虫蛀食树皮和木质部边材部分，在被害处常流出黑褐色胶状物；主要破坏合欢的输导组织，轻者造成枝叶发黄、长势衰弱，严重时造成树木枯死。

【形态特征】

成虫　雌虫体长3.9~5.1mm，雄虫体长3.8~4.5mm，宽1.6~1.8mm，紫铜色，稍带金属光泽，鞘翅无色斑；头部铜绿色，具蓝色金属光泽，有均匀小凸起，颜面密生淡黄白色细毛。复眼肾形，深褐色，明显凸出，下缘稍尖；触角黑色，锯齿状，11节，比头胸部略短。前胸背部密布小纹突，后缘呈"^-^"状，小盾片钻石状。鞘翅密布小突点，末端略钝圆；雄虫腹部末端略尖，雌虫腹部末端稍钝圆。

卵　椭圆形，黄白色，长1.3~1.5mm，略扁。

幼虫　老熟时体长8~11mm，扁平，由乳白色渐变成黄白色，无足，头小，黑褐色；前胸膨大，背板中央有一褐色纵凹纹；腹部细长，分节明显。

蛹　裸蛹，长4.2~5.5mm，宽1.6~1.9mm，初乳白色，后变成紫铜绿色，略有金属光泽。

【发生规律】1年可发生1代，以幼虫在被害树干内过冬。翌年5月下旬幼虫老熟在隧道内化蛹；6月上旬（合欢树花蕾期）成虫开始羽化外出，常在树皮上爬动，在树冠上咬食树叶，补充营养；多在干和枝上产卵，每处产卵1粒，幼虫孵化潜入树皮为害，至9—10月被害处流出黑褐色胶，一直为害到11月幼虫开始越冬。

【防治方法】

（1）**人工防治** ①在成虫羽化前，及时清除枯枝、死树，以减少虫源和防止蔓延。②人工捕捉成虫，在早晨露水未干前振动树干，振落后将其踩死或用网捕处死。③在发现树皮翘起，一剥即落，并有虫粪时，立即掏去虫粪，捕捉幼虫，如幼虫已钻入木质部，可顺隧道钩出幼虫或用小刀戳死。

（2）**药剂防治** 于成虫羽化期往树冠上和干、枝上喷 20%菊杀乳油 1 500~2 000 倍液。对被为害树木，应刮除树木流胶，可用 40%氧化乐果乳油 30 倍液，用刷子将药剂均匀涂抹在树干上，以树干充分湿润、药剂不往下流为度。药后用 40cm 宽的塑料薄膜从下往上绕树干密封，在涂药包扎后第 15 日拆除塑料薄膜。于幼虫初在树皮内为害时，往被害处（如已流胶，应刮除）涂煤油与溴氰菊酯混合液（1∶1 混合），毒杀树皮内的吉丁虫。

5. 合欢双条天牛

【学名】 *Xystrocera globosa* Olivier

【寄主】 合欢。

【为害症状】 幼虫为害树木的韧皮部及木质部，老熟幼虫蛀入边材或心材形成孔洞，轻者抑制树木生长，材质变坏，重则造成风折或死亡。

【形态特征】

成虫 长 22~26mm，宽 5~6mm，体棕色或黄棕色；背板中央及两侧有金绿色纵纹；鞘翅色较浅，每翅中央有 1 条蓝绿色纵纹；鞘翅刻点粗密。每翅有 3 条纵脊纹。

幼虫 体长约 50mm，乳白色；前胸背板前缘有 6 个灰褐色斑纹，胸足 3 对。

【发生规律】 2 年可发生 1 代。该虫以幼虫在树干隧道内越冬，越冬虫龄不整齐，3 月中旬开始活动，3 月底越冬幼虫全部活动为害，幼虫在树皮下大量为害；5 月上旬末幼虫老熟化蛹，5 月下旬出现成虫，幼虫发育成成虫后，树皮脱落，露出木质部和幼虫蛀入时的长圆形孔。成虫盛期在 6 月底至 8 月中旬。卵的初期和盛发期与成虫羽化期基本相同；卵期 10~15 天。有趋光性，卵产在树皮缝隙处。

【防治方法】

（1）**幼虫孵化期** 在树干上喷洒 40%氧化乐果乳油 800~1 000 倍液，或 90%晶体敌百虫乳油 1 000~1 200 倍液，毒杀卵和初孵幼虫。

（2）**幼虫为害期** 找新鲜虫孔，清理木屑，用注射器注入 80%敌敌畏乳油 50 倍液，或 50%杀螟硫磷乳油 100 倍液，或塞入磷化铝片剂，使药剂进入孔道，施药后可用胶泥封住虫孔，或 3.2%甲维·啶虫脒乳剂插瓶，可毒杀其中幼虫。

（3）**成虫为害期** ①在成虫补充营养、啃食枝条上的树皮期间，可往树干、树冠上喷洒 45%马拉硫磷乳油 1 000 倍液，或 50%辛硫磷乳油 1 000~1 500 倍液，毒杀成虫。②人工捕捉成虫。

（4）**涂白** 秋季、冬季至成虫产卵前，在目标树距地面 1.2m 的涂白部位，刮去粗糙皮，保证树皮干燥清洁。树干涂白粉剂与水按 1∶（1.0~1.2）的浓度进行稀释，搅拌均匀后，可加入多菌灵、甲基硫菌灵等药剂防腐烂，用刷子或专用喷雾设备进行树干涂白。可做到有虫治虫，无虫防病。同时，还可以达到防寒、防日灼的效果。

（5）**保护和利用天敌**　肿腿蜂、红头茧蜂、白腹茧蜂、柄腹茧蜂、跳小蜂等。

6. 日本纽绵蚧（附图 2-15）

【学名】*Takahashia iaponica* Cockerell
【寄主】合欢、黄山栾、火棘、重阳木、红花檵木、枫香、朴树、榆树等。
【为害症状】以若虫和雌成虫在植株枝上吸取汁液，尤其在嫩枝为害严重，使开花程度和生长势明显下降，甚至枝梢枯死。
【形态特征】
成虫　雌体长约 8mm，宽约 5mm；卵圆形或圆形，体背有红褐色纵条，体黄白色，带有暗褐色斑点；背部隆起，呈半个豌豆形，背腹体壁柔软，膜质；老熟产卵时体背分泌蜜露，腹部慢慢产生白色卵囊，向后延伸，随着卵量增加卵囊向上弓起，逐渐形成扭曲的"U"形。
卵　椭圆形，长约 0.4mm，橙黄色，表面有蜡粉。卵囊长 45~50mm，宽约 3mm。
虫　椭圆形，长约 0.6mm，肉红色。
【发生规律】一年可发生 1 代，以受精雌成虫在枝条上越冬，越冬期虫体较小且生长缓慢；3 月初开始活动，生长迅速，3 月下旬虫体膨大，4 月上旬隆起的雌成体开始产卵，出现白色卵囊，平均每头雌成虫可产卵约 1 000 粒，多的可达 1 600 多粒；5 月上旬末若虫开始孵化，5 月中旬进入孵化盛期，卵期为 36 天左右；孵化的小若虫在植物上四处爬行，数小时后寻觅适合的叶片或枝条固定取食；5 月下旬为孵化末期，若虫主要寄生在 2~3 年生枝条和叶脉上，叶脉上的 2 龄若虫很快便转移到枝条上寄生；1 龄若虫自然死亡率很高，孵化期遇大雨可冲刷掉 80% 以上若虫；11 月下旬、12 月上旬进入越冬期。
【防治方法】
（1）**人工防治**　产卵期剪掉带虫枝，进行焚烧处理，消灭虫源，防止蔓延。
（2）**药剂防治**　于 5 月上中旬若虫孵化盛期抓紧喷洒 20% 甲氰菊酯乳油（甲氰菊酯）2 000~3 000 倍液，或 40% 啶虫·毒死蜱乳油 1 000~2 000 倍液，或 40% 杀扑磷乳油 1 000~1 500 倍液，或 22.4% 螺虫乙酯悬浮剂 2 000 倍液等药剂进行防治。
（3）**保护利用天敌**　红点唇瓢虫、草蛉、寄生蜂等。

7. 合欢木虱（附图 2-16）

【学名】*Psylla pyrisuga* Forster
【寄主】合欢。
【为害症状】若虫群集在合欢嫩梢、花蕾、叶片背面刺吸为害，造成植株长势减弱，枝叶疲软、皱缩，叶片逐渐发黄、脱落，嫩梢易折。合欢木虱为害时有白色丝状排泄物分泌，还常常会招致霉菌的滋生，诱发树木的叶片和树下灌木煤污病的发生；最终导致树木早期落叶，枝条枯死，严重的造成整株死亡。而当蜡质物和蜜露飘落到地面以后，状如油污，非常黏稠，严重污染环境。

【形态特征】

冬型 冬型成虫黑绿色，体长（达翅端）2.8～3.1mm，具黑绿色斑纹；越冬成虫早春产卵。

夏型 成虫黄绿色，体略小，翅上没有斑纹，复眼黑色，背上有4条红黄色或黄色纵条纹；夏季卵均为乳白色，长圆形，卵端稍尖具有细柄；初孵若虫呈扁椭圆形，复眼红色，翅芽淡黄色，凸出在身体两侧，夏季各代若虫体色随虫体变化由乳白色变为绿色，老若虫绿色。

【发生规律】 一年可发生4～5代，以冬型成虫在落叶、杂草、土缝及树皮裂缝内越冬；翌年早春2—3月合欢叶芽开始萌动时成虫出蛰活动，经交尾产卵，卵产于叶芽基部或顶梢上，以后各代成虫则将卵分散产于叶片上；若虫期30～40天。第1代若虫发生在4月中旬至6月上旬，若虫多群居为害合欢嫩梢、花蕾、叶片，直接为害盛期为6—7月，因各代成虫交错，全年为害期为8—9月；因为合欢木虱世代重叠，3种虫态也会同时出现；由于合欢木虱分泌的排泄物招致各种病菌，在空气相对湿度大于65%时诱发病害，致使叶片产生褐斑并坏死，造成间接为害，严重时能引起早期落叶。

【防治方法】

（1）**人工防治** 冬季清除杂草、枯枝、落叶，及时烧毁，可减少越冬虫的数量。

（2）**药剂防治** ①在若虫初孵期、成虫出蛰盛期，可选用40%氧化乐果乳油800～1 000倍液，或50%杀螟硫磷乳油1 200～1 500倍液，或10%吡虫啉可湿性粉剂1 000～1 500倍液，或者22.4%螺虫乙酯悬浮剂4 000～6 000倍液，或20%甲氰菊酯乳油（甲氰菊酯）2 000～3 000倍液，或50%啶虫脒水分散粒剂3 000倍液，或40%啶虫·毒死蜱乳油1 500～2 000倍液等药剂全面的喷洒于合欢树体枝干和周围杂草上进行防治。②在雌虫产卵盛期，可选用5%阿维菌素乳油1 200～1 500倍液，或1%甲维盐乳油1 500～2 000倍液喷洒于叶芽基部，或者顶梢上。

（3）**保护和利用天敌** 瓢虫、草蛉等。

8. 合欢巢蛾

【学名】 *Mimosa webworm*

【寄主】 合欢。

【为害症状】 幼虫初孵化后啃食叶片，稍大后，将叶片及小枝吐丝连在一起，群集在巢中咬食叶片为害，甚至将树冠叶片全部吃光导致树叶枯黄，外表看像死树一样，更有甚者将叶片全部吃光。

【形态特征】

成虫 体长约6mm，翅展约12mm，前翅银灰色，上面有许多不规则黑点。

卵 椭圆形，墨绿色。

老熟幼虫 体长 9~13mm；初孵时黄绿色，渐变黑绿色，背中央和两侧有 5 条纵行黄绿线；受惊后非常活跃，往后跳动，吐丝下垂。

蛹 体长约 6mm，红褐色，包在灰白色丝茧中。

【发生规律】合欢巢蛾一年发生 2 代，以蛹在树皮裂缝及周围建筑物的砖缝及檐下越冬；翌年 6 月下旬合欢盛花期羽化，交尾后产卵在叶片上，在叶片上产卵成片状，叶片上出现灰白色网状斑；7 月中旬幼虫孵化开始为害，吐丝把小枝和叶连缀一起，群体藏在巢内咬食叶片为害；7 月下旬开始在巢内化蛹；8 月上旬第 1 代成虫羽化为害，8 月中旬第 2 代幼虫孵化为害，8 月下旬为害最严重；树冠出现枯干现象。9 月上中旬开始作茧化蛹越冬。

【防治方法】

（1）**人工防治** 利用幼虫受惊后，向后跳动吐丝下垂的习性，可以敲打树枝，幼虫落地后集中杀死。冬季或春季即 10 月至翌年的 5 月，或在 7 月底至 8 月初刷除树皮裂缝及清除建筑物的檐下或窗台下的蛹茧。第 1 代幼虫孵化筑巢期，剪除虫巢枝。

（2）**药剂防治** 在幼虫为害初期，可用 5%阿维菌素乳油 1 200~1 500 倍液，或 90%晶体敌百虫 800~1 000 倍液，或 45%丙溴·辛硫磷乳油 1 000~1 500 倍液，或 25%灭幼脲 3 号悬浮剂 2 000~2 500 倍液等药剂。

五、国 槐

1. 国槐白粉病（附图 2-17）

【寄主】国槐、盘槐。

【症状】发生在国槐叶片的两面及嫩梢芽上；叶面多于叶背，叶两面初现白色稀疏的粉斑，后不断增多，扩展后病斑呈多边形至不规则状，常连接成片，似绒毛状；上覆灰白色霉层（病菌子实体）；严重时布满全叶，后期常现黑色小粒点，即病菌闭囊壳。

【病原】粉孢霉 *Oidium* sp.，属半知菌类。

【发病规律】病原菌以菌核、分生孢子在寄主植物病残体上越冬。翌年条件适宜时，产生子囊孢子进行初侵染，发病后病部产生分生孢子进行再侵染，使病害扩大；5—6 月和 8—10 月为发病盛期，秋季发病更为严重。

【防治方法】参见枫杨白粉病的防治方法。

2. 国槐烂皮病

【寄主】国槐、盘槐。

【症状】该病有两种为害症状类型，分别由两种病原菌引起。

镰刀菌型腐烂病 病斑多发生在剪口或坏死皮孔处，病斑初期呈浅黄褐色，近圆形，后扩展为梭形或环茎一周，长 1~5cm，黄褐色湿腐状，凹陷，有酒糟味；以后病斑上长出红色分生孢子堆。如病斑未环割树干，则病部当年能愈合，以后无复发现象。个别病斑如当年愈合不好，则来年从老病斑处向四周蔓延。

小穴壳菌型腐烂病 初期为害症状与前一种相似，但病斑颜色稍浅，且有紫褐色边缘，长可达 20cm 以上，并可环割树干，后期病斑内长出许多小黑点，即为病菌的分生孢子器。病部后期逐渐干枯下翘或开裂呈溃疡状，但病斑周围很少产生愈合组织，来年仍有复发现象。

【病原】

国槐镰刀菌 *Fusarium tricinctum* (Corcla) Sacc，属半知菌类丛梗孢目镰刀菌属。

国槐小穴壳菌 *Dothiorella gregaria* Sacc，属半知菌类球壳孢目小穴壳属。

【发病规律】镰刀菌型腐烂病发生期比小穴壳菌型早；3 月上旬至 4 月末为发病盛期，1~2cm 粗的绿茎，半月左右即可被病斑环切，5—6 月长出红色分生孢子堆，病斑停止扩展；病菌主要从剪口处侵入，也可以从断枝、死芽、坏死皮孔等处侵入，潜育期约为1个月，具有潜伏侵染现象，即在夏秋季侵染至次春发病；个别老病斑，次春也可复发，剪口过多，树势衰弱是发病的主要条件。

【防治方法】

（1）**人工防治** 及时剪除病枯枝，集中烧掉，在剪口处，涂硫制白涂剂，减少病菌侵染来源。

（2）**药剂防治** 可喷涂50%多菌灵可湿性粉剂300~500倍液，或者腐殖酸·铜水剂（2%腐殖酸+0.12%硫酸铜）300~400倍液进行涂抹防治，或者3%甲霜·噁霉灵（2.5%噁霉灵+0.5%甲霜灵）100~200倍液，使用毛刷均匀涂抹树干，或对树体进行全面喷雾。

3. 国槐尺蠖（附图2-18）

【学名】 *Semiothisa cinerearia* Bremer et Grey

【寄主】 国槐、龙爪槐等。

【为害症状】 幼虫孵化后即开始取食，初孵幼虫只取食叶表面，食叶呈网状，留下叶脉；逐渐长大的幼虫食叶成缺刻，并吐丝下垂；老熟幼虫取食量最大，取食叶肉仅留中脉；一般每头幼虫食叶10片左右。国槐尺蠖是国槐的暴食性害虫，大发生时短期内即可以把整株大树叶片食光。

【形态特征】

成虫 雄虫体长14~17mm，翅展30~45mm；雌虫体长12~15mm，与雌雄相似；触角丝状，长度约为前翅的2/3；前翅亚基线及中横线深褐色，近前缘外均向外转急弯成一锐角；亚外缘线黑褐色，由紧密排列的3列黑褐色长形斑块组成，近前缘处有一褐色三角形斑块。

卵 钝椭圆形，初产时绿色，后渐变为暗红色直至灰黑色；卵壳白色透明。

幼虫 初孵幼虫黄褐色，后变为绿色；老熟幼虫20~40mm，体背紫红色。

蛹 初为粉绿色，渐变为紫色至褐色。

【发生规律】 一年发生3代，以蛹在树下浅土层中越冬；翌年4月陆续化蛹羽化，产卵于树叶上；5月上旬卵孵化，初孵幼虫啃食叶片呈零星白点；随着虫龄的增加，食量剧增；低龄幼虫有吐丝下垂转移为害的习性，5龄幼虫成熟后，失去吐丝能力，沿树干下行，入土化蛹；第2代幼虫于6月孵化，第3代幼虫孵化为害是在8月上旬；每一代都入土化蛹；9月后最后一代入土化蛹，之后当年不再为害。

【防治方法】

（1）**人工防治** 采摘卵块，突然振荡苗枝，使幼虫受惊下垂，振落捕杀幼虫、挖蛹集中消灭；减少下一代虫口密度。

（2）**物理防治** 成虫具较强趋光性，可用黑光灯诱杀。

（3）**药剂防治** 对3龄前幼虫，常用50%杀螟硫磷乳油800~1 000倍液，或50%辛硫磷乳油1 000~1 200倍液，或40%氧化乐果乳油800~1 000倍液，或20%氰戊菊酯乳油 800~1 200 倍液等药剂喷雾防治。

（4）**保护和利用天敌**　麻雀、土蜂等。

4. 国槐小卷蛾（附图 2-19）

【**学名**】*Cydia trasas*（Megrick）

【**寄主**】国槐、龙爪槐、香花槐等。

【**为害症状**】主要以幼虫为害国槐枝梢、复叶基部、花穗及果荚（槐豆）。幼虫钻蛀在当年生枝梢内部为害，轻者复叶表现失色由绿变黄，萎蔫下垂，而后干枯脱落，形成秃枝；重者树冠上部形成大量扫帚状丛生枯枝，影响树木生长和园林绿化效果。第 2 代幼虫除为害枝梢外，还可侵入槐豆果内蛀食，致使国槐果实变形、干瘪，不能成熟。

【**形态特征**】

成虫　体长 4.5~6.0mm，翅展 10~16mm，为小型蛾子；头顶、额区均被蓝紫色鳞片；触角丝状，各节由灰黄色鳞片和绒毛组成环状带；复眼黑色，呈半球形；下唇须 3 节，被黄色鳞片，伸向前方，第 1 节短，第 2 节长于其他各节，端节圆柱状，长度约为第 2 节的 1/3；胸背具蓝紫色光泽鳞片。腹部背面黑褐色，节间黄褐色，末端两节黄色；腹面黄褐色；前翅深褐色，鳞片光滑，前缘、基斑、后缘基部鳞片颜色较深，为黑褐色；从前缘中部至顶角，由深褐色鳞片组成两对明显的钩状纹；钩状纹之间呈黄灰色。外缘略凹，具深褐色长缘毛，后翅呈淡褐色。

卵　长约 0.7mm，宽约 0.4mm。近似扁椭圆形；初产时为乳白色，后变为枯黄色，孵化前为黄褐色，卵壳表面具有网状纹。

幼虫　老熟幼虫体长 14~18mm；扁圆形，黄色，有透明感，头部深褐色较发达，体稀布有短刚毛。前胸背板、足黄褐色，胴部为淡褐色。

蛹　长 6.0~8.0mm，宽 2.0~3.0mm；纺锤形；初化蛹为黄色，后逐渐变为黄褐色；羽化前期全体黑褐色，复眼黑色；腹部各节上均着生 2 列刺，前列刺大而稀，后列刺小而密。腹部末端圆钝，有 8 个齿突，并着生有臀棘 8 根，其末端卷曲。

【**发生规律**】一年发生 2 代，以老熟幼虫在果荚、树皮裂缝等处越冬，少数宿存种子内过冬。成虫发生期分别在 5 月中旬至 6 月中旬、7 月中旬至 8 月上旬；成虫羽化时间以上午最多，飞翔力强，有较强的向阳性和趋光性。雌成虫将卵产在叶片背面，其次产在小枝或嫩梢伤疤处；每处产卵 1 粒，卵期为 7 天左右；卵发育中期出现 2 个红点，之后卵灰黑色，并可见小虫躯体；初孵幼虫寻找叶柄基部后，先吐丝拉网，以后进入基部为害，为害处常见胶状物中混杂有虫粪；有迁移为害习性，一头幼虫可蛀食几片复叶，使其脱落；老熟幼虫在孔内吐丝做薄茧化蛹，蛹期 9 天左右。两代幼虫为害期分别发生在 6 月上旬至 7 月下旬、7 月中旬至 9 月，6 月世代重叠严重，可见到各种虫态。7 月两代幼虫重叠，其中以第 2 代幼虫孵化极不整齐及为害严重，8 月树冠上明显出现光秃枝。8 月中下旬槐树果荚逐渐形成后，大部分幼虫转移到果荚内为害，9 月可见到槐豆变黑，10 月中旬以老熟幼虫在树皮缝或种子里越冬

（极少数以蛹越冬）。

【防治方法】

（1）**人工防治** 结合秋冬季管理，剪打槐豆荚，以减少虫源。

（2）**物理防治** 成虫期，用黑光灯诱杀成虫。

（3）**生物防治** 国槐叶小蛾成虫期挂性诱捕器杀成虫，使其不能交配，减少雌虫产卵量，从而减少虫口密度。根据小卷蛾的生活习性，每年分别于5月下旬挂第1次性诱捕器，7月中旬挂第2次，8月中旬挂第3次。挂性诱捕器防治小卷蛾，要掌握好挂性诱捕器的时期。小卷蛾1年有3次成虫高峰期，第1、第3次成虫数量多，这两次一定要挂性诱捕器。

（4）**药剂防治** 卵期、初孵幼虫期，使用40%氧化乐果乳油800~1 000倍液，或45%丙溴·辛硫磷乳油1 000~1 500倍液，或20%甲氰菊酯乳油2 000~3 000倍液，喷雾防治。

5. 锈色粒肩天牛（附图2-20）

【学名】 *Apriona swainsoni* Hope

【寄主】 国槐、盘槐、柳树等。

【为害症状】 以成虫取食国槐1~2年生小枝条皮层，造成小枝条枯死；幼虫孵化后，由卵槽下直接蛀入树干皮层，蛀食木质部有木屑排出，蛀入孔即排粪孔，粪便悬吊于排粪孔外。幼虫钻蛀树干，为害韧皮部及木质部后，不规则的横向扁平虫道破坏树木输导组织，轻者树势衰弱，重者造成表层与木质部分离，诱导腐生生物二次寄生，使表层成片腐生脱落，致使树木4~6年内整枝或整株枯死。

【形态特征】

成虫 全身被有铁锈色绒毛，头部中央有一纵沟，有1对深褐色触角；雌虫体长31~44mm，宽9~12mm，黑褐色，体密被铁锈色绒毛；头、胸及鞘翅基部颜色较深。前胸背板宽大于长，中胸明显，直达头后缘；背板中央凹陷较深。雄虫略小。

蛹 纺锤形，长45~50mm，宽12~15mm；初为乳白色，渐变为淡黄色，到羽化前渐变为褐色；头部中沟深陷，口上毛6根，触角向后背披，末端卷曲于腹面两侧；翅超过腹部第3节；腹部背面每节后缘有横列绿色粗毛。

幼虫 体扁圆筒形，乳白色，具棕黄色细毛，有黄色"八"字形条纹；老熟幼虫体长56~76mm，前胸背板宽10~14mm；头扁、后端圆弧形，1/2以上缩入前胸内；口器框形，口上毛6根；上额黑褐色，额区淡黄褐色，额缝明显；唇基梯形，端部密被粗毛。

卵 椭圆形，乳白色，体长5.5~6mm，宽1.5~2mm；卵外覆盖不规则草绿色分泌物，初排时呈鲜绿色，后变灰绿色。

【发生规律】 2年可发生1代，有世代重叠现象。10月下旬以当年孵化幼龄幼虫和上年存活的大龄幼虫在树木虫道内越冬。翌年3月底至4月中旬幼虫出蛰活动，一般在4月上中旬为出蛰盛期，幼虫历经2个冬天后在第3年5月上旬开始化蛹，5月下旬为化蛹盛期，6月上旬为化蛹末期；成虫羽化从6月上旬至7月上旬，6月中旬为始盛期，6月下旬为高峰期，7月上旬为盛末期；产卵期从6月下旬开始延续到9月中旬，7月中旬前后为始盛期，7月下旬为高峰期，8月中旬为盛末期。

【防治方法】

（1）**卵期、幼虫孵化期**　在树干上喷洒40%氧化乐果乳油800~1 000倍液，或90%晶体敌百虫1 000~1 200倍液，毒杀卵和初孵化幼虫。

（2）**幼虫为害期**　找新鲜虫孔，清理木屑，用注射器注入80%敌敌畏乳油50倍液，或50%杀螟硫磷乳油100倍液，或塞入磷化铝片剂，使药剂进入孔道，施药后可用胶泥封住虫孔，或用3.2%甲维·啶虫脒乳剂插瓶，可毒杀其中幼虫。

（3）**成虫为害期**　①在成虫补充营养，啃食枝条上的树皮，可往树干、树冠上喷洒45%马拉硫磷乳油1 000倍液，或50%辛硫磷乳油1 000~1 500倍液，毒杀成虫。②人工捕捉成虫。③在成虫羽化前喷施22%噻虫·高氯氟水剂3 000倍液。

（4）**涂白**　秋、冬季至成虫产卵前，在胸径1.2m以下树干的部位涂白，刮去粗糙皮，保证树皮干燥清洁。树干涂白粉剂与水按1∶（1.0~1.2）的浓度进行稀释，搅拌均匀后，可加入多菌灵、甲基硫菌灵等药剂防腐烂，用刷子或专用喷雾设备进行树干涂白。

（5）**保护和利用天敌**　肿腿蜂、柄腹茧蜂、花绒坚甲等。

6. 国槐截形叶螨（附图2-21）

【学名】*Tetrany chustruncatus*

【寄主】国槐、枫香、丁香、月季、构树、桑树、刺槐、榆树等多种植物。

【为害症状】成螨、若螨群集叶背面刺吸汁液，使叶片呈现黄色斑点，斑点逐渐连片，形成大量失绿斑点，后渐渐褪绿变白色及红色，影响光合作用，最后叶片干枯、脱落。

【形态特征】

成螨　雌螨体长约0.55mm，宽约0.3mm；体椭圆形，深红色，足及颚体白色，体侧具黑斑；须肢端感器柱形，长约为宽的2倍，背感器约与端感器等。气门沟末端呈"U"形弯曲；各足爪间突裂开为3对针状毛，无背刺。雄螨体长约0.35mm，体宽约0.2mm；阳具柄部宽大，末端向背面弯曲形成一微小端锤，背缘平截状，末端1/3处具一凹陷，端锤内角钝圆，外角尖削。

【发生规律】一年发生10~20代。翌年早春气温高于10℃，越冬成螨开始大量繁殖，有的于4月中下旬至5月上中旬迁入为害，先是点片发生，后向周围扩散。在植株上先为害下部叶片，后向上蔓延，繁殖数量多及大量发生时，常在叶或茎、枝的端部群聚成团，滚落地面被风刮走扩散蔓延。高温干燥的气候是其猖獗为害的决定性因素，日均气温25℃和相对湿度70%以下是其种群数量急剧上升的最适条件。

【防治方法】

（1）**人工防治**　及时清除残枝虫叶，集中处理。

（2）**药剂防治** ①冬季休眠期，喷 3~5 波美度石硫合剂，杀死在枝干上的越冬虫螨。②发生期，使用 10%苯丁·哒螨灵乳油 1 500~2 000 倍液，或 40%氧化乐果乳油 800~1 000 倍液，或 22%阿维·螺螨酯悬浮剂 700~800 倍液，或 35%阿维·螺螨酯悬浮剂 3 000~4 000 倍液，喷雾防治。喷雾要求完全喷湿叶面，间隔 7~10 天，连喷 2~3 次。

（3）**保护和利用天敌** 草蛉、小花蝽、捕食性螨等。

7. 国槐木虱（附图 2-22）

【学名】*Cyamophila willieti*（Wu）

【寄主】国槐、刺槐、龙爪槐。

【为害症状】以成虫、若虫刺吸寄主当年生幼嫩枝、嫩叶部分的汁液，而且若虫分泌物常诱发煤污病流行，影响光合作用，削弱树势。

【形态特征】

成虫 冬型体褐色至暗褐色，夏型体绿色，头部垂直，头顶平。触角 10 节，第 1、第 2 节淡绿色，较粗；第 3 节较细，黄绿色，第 7 至第 10 节均褐色，端部具两根长短不一的刚毛，复眼棕红色。

卵 椭圆形，长 0.4~0.5mm，一端较尖有柄，另一端较钝，初产白色透明，孵时一端发黄，端部具卵盖。

若虫 共 7 龄。1 龄若虫，触角淡黄，体绿色，仅 2 节，无翅芽，腹部背面黄色。7 龄若虫，触角 10 节，有黑色斑纹，若虫触角节数随虫龄期增长而增加。

【发生规律】一年可发生 4 代，世代重叠，以成虫在树皮裂缝内越冬。3 月末国槐新芽萌动时开始出蛰，4 月上旬开始产卵，卵多产于嫩梢、嫩芽的毛丛中，4 月中旬开始孵化，若虫刺吸植物幼嫩部分，并在叶片上分泌大量黏液，诱发煤污病；5 月开始羽化，出现大量成虫；6—7 月干旱季节发生严重，雨季虫量减少，9 月虫口量又回升。第 4 代卵主要产在国槐新抽出的秋梢和嫩枝部分，成虫出现 9 月中旬至 10 月上旬，以成虫越冬。

【防治方法】

（1）**人工防治** 冬季、春季剪除带卵枝及清除枯枝落叶，减少虫源。

（2）**药剂防治** 发生期，可喷洒 20% 甲氰菊酯 2 000~2 500 倍液，或 50%啶虫脒水分散粒剂 2 000~3 000 倍液，或 22.4%螺虫乙酯悬浮剂 4 000~6 000 倍液，或 40%杀扑磷乳油 800~1 000 倍液，或 40%啶虫·毒死蜱乳油 1 500~2 000 倍液，或 40%氧化乐果乳油 1 000~1 200 倍液进行喷雾防治。药物防治选在晴天的傍晚进行。注意轮换用药。

（3）**保护和利用天敌** 中华草蛉、七星瓢虫、龟纹瓢虫、三突花蛛等。

8. 日本双棘长蠹

【学名】*Sinoxylon japonicus* Lesne

【寄主】国槐、刺槐、合欢、栾树、竹、紫荆、紫藤、紫薇等植物。

【为害症状】以成虫和幼虫蛀食植株枝干，尤其喜爱为害树势衰弱的半干枝条。初孵幼虫沿枝条纵向蛀食初生木质部，随着龄期的增大逐渐蛀食心材，成虫蛀入枝干后紧贴韧皮部环食一周形成环形坑道，并且有反复取食习性。为害初期外观没有明显被害状，在秋冬季节大风来时，被害新枝梢从环形蛀道处被风刮断，翌年侧梢丛生，如此反复，树冠易成扫帚状，影响树木的生长和形态。在夏秋季节，造成幼树干枯死亡、大树枝干枯萎或风折，幼树可全株死亡。

【形态特征】

成虫 体长 10~12mm，宽约 2mm；赤褐色；头部具细颗粒状凸起；触角 10 节褐色，球状部 3 节；前胸背板前缘呈弧状凹入，前缘角有 1 个较大的齿状凸起，背面前半部密布锯齿状凸起，两侧的齿较大，后半部的凸起呈颗粒状。鞘翅具刻点沟，后端倾斜面的中央，雄虫各翅有 1 个棘状凸起，十分显著，雌虫仅微微隆起。

卵 白色，卵形，半透明。

幼虫 体长约 8mm，乳白色，略弯曲。

蛹 白色，离蛹。

【发生规律】一年发生 1 代，以成虫在枝干韧皮部越冬。翌年 3 月中下旬取食为害；4 月中下旬成虫飞出交尾，雌虫将卵产于枝干韧皮部的蛀道内，每蛀道产卵百余粒不等，卵期 5 天左右，孵化不整齐；5—6 月为幼虫为害期，幼虫共 6 龄，以 3~5 龄幼虫食量最大；5 月下旬老熟幼虫开始化蛹，蛹期 6 天左右；6 月上旬可见成虫；成虫羽化后并不立即外出迁移，而是在原虫道内串食为害。6 月下旬至 8 月上旬成虫外出活动，8 月中下旬成虫重新进入蛀道为害；10 月下旬至 11 月初，成虫又转移至 1~3cm 粗的新枝条上为害，常从枝杈表皮粗糙处蛀入，形成横向环形蛀道，然后在蛀道内越冬。在秋冬季节大风来时，被害新枝梢从环形蛀道处被风刮断，影响翌年植株生长。

【防治方法】

（1）**人工防治** 每年 10 月后至翌年 5 月前清除折落枝条与枯死枝，集中销毁。成虫期、产卵期和成虫羽化期，可采取人工捕捉成虫。

（2）**药剂防治** 在 3—4 月（成虫外出交尾期）和 6—8 月（成虫外出活动期），用 50% 杀螟硫磷乳油 1 000~1 500 倍液，或 5% 高效氯氰菊酯乳油 4 000~6 000 倍液，喷雾防治；或在 5 月中旬至 6 月中旬用 75% 丁硫·百威可湿性粉剂 1 500~2 000 倍液灌根，连灌 3 次。

（3）**保护和利用天敌** 管氏肿腿蜂。

六、白　蜡

1. 白蜡褐斑病

【寄主】白蜡。

【症状】病菌为害白蜡树的叶片，引起早期落叶，影响树木当年生长量。病菌着生于叶片正面，散生多角形或近圆形褐斑，斑中央灰褐色，直径 1～2mm，大病斑达 5～8mm；斑正面布满褐色霉点，即病菌的子实体。

【病原】*Cercospora fraxinites* Ell et Ev. 属真菌门半知菌亚门丛梗孢目尾孢霉属。

【发病规律】病原菌以菌丝体或分生孢子器在枯叶或土壤里越冬，借风雨传播，夏初开始发生，6—7 月易暴发，秋季为害严重；高温高湿、光照不足、通风不良、连作等均有利于病害发生。

【防治方法】

（1）**人工防治**　秋末冬初，剪除病枝、清扫落叶、集中烧毁，减少侵染源。

（2）**药剂防治**　①发病前，喷洒 1：2：200 波尔多液，或 0.3～0.5 波美度石硫合剂。②发病期，喷洒 80%代森锌可湿性粉剂 600～800 倍液，或 50%多菌灵可湿性粉剂 800～1 000 倍液，或 70%甲基硫菌灵可湿性粉剂 1 000～1 200 倍液，或 80%多・锰锌可湿性粉剂 400～600 倍液，或 30%苯醚甲环唑・嘧菌酯（18.5%苯醚甲环唑+11.5%嘧菌酯）1 500 倍液进行均匀喷雾，每隔 10～15 天喷 1 次，连喷 3～4 次。

2. 云斑天牛 （附图 2-23）

【学名】*Batocera horsfieldi*（Hope）

【寄主】大叶女贞、桐、乌桕、栗（栎）类、泡桐、杨树、柳树、榆树、桑、梨等树种。

【为害症状】成虫啃食新枝嫩皮，使新枝枯死。幼虫蛀食韧皮部，后钻入木质部、蛀成斜向或纵向隧道，蛀道内充满木屑与粪便，轻者树势衰弱，重者整株干枯死亡，还会发生木蠹蛾为害和木腐菌寄生。

【形态特征】

成虫　体长 35～65mm，体底色为灰黑或黑褐色，密被灰绿或灰白色绒毛；头中央有 1 条纵沟，前胸背面有 1 对肾形白斑，翅基有颗粒状瘤突，头至腹末两侧有 1 条白色绒毛组成的宽带。

卵 长约 8mm,淡黄色,长卵圆形。

幼虫 体长 70~80mm,乳白色至淡黄色。

蛹 长 40~70mm,乳白色至淡黄色。

【发生规律】2 年或 3 年发生 1 代,以幼虫、蛹及成虫越冬。成虫 5—6 月出现,以晴天出现为多,在离地 30~150cm 高的树干或粗枝上咬 1 个蚕豆大的产卵痕,在痕内上方产卵 1 粒,1 株树被产卵多达 10 余粒,每雌一生产卵约 40 粒。卵经 12 天孵化,初孵幼虫在韧皮部取食,后蛀入木质部,并排出虫粪木屑,被害部分树皮外胀,纵裂、变黑,流出树液,木屑外露;蛀孔梢弯曲,排泄孔大,老熟幼虫在虫道末端做蛹室化蛹。

【防治方法】

(1) **幼虫期** 找新鲜虫孔,清理木屑,用注射器注入 80%敌敌畏乳油 50 倍液,或 50%杀螟硫磷乳油 100 倍液,或塞入磷化铝片剂,使药剂进入孔道,施药后可用胶泥封住虫孔,或 3.2%甲维·啶虫脒乳剂插瓶,可毒杀幼虫。

(2) **成虫期** 特别是成虫羽化高峰期或者外出补充营养时进行防治,主要用 40%氧化乐果乳油 800~1 000 倍液,或 48%毒死蜱乳油 1 000 倍液,或 40%丙溴·辛硫磷 1 000~1 500 倍液喷树冠和树干,在成虫羽化前喷施 22%噻虫·高氯氟悬浮剂 2 500~3 000 倍液。

(3) **涂白** 秋季、冬季至成虫产卵前,树干涂白粉剂与水按 1∶1 比例混配好,可加入多菌灵、甲基硫菌灵等药剂防腐烂,做到有虫治虫、无虫防病。同时,还可以达到防寒、防日灼的效果。

3. 白蜡卷叶绵蚜 (附图 2-24)

【学名】*Prociphinus fraxini* F.

【寄主】白蜡。

【为害症状】寄生在白蜡树梢复叶的小叶上,新生嫩叶卷曲呈团状,常把众多小叶卷在一起,卷叶绵蚜分泌的蜜露在卷叶内,也可从开口处下滴,使下方叶片或枝条呈灰黑色油状,常使受害小枝的枝梢下垂,抖动树枝,有大量的蜜露滴落。为害严重时,卷叶枯黄,卷叶内有大量的无翅孤雌虫和少量有翅蚜。

【形态特征】干母无翅雌蚜,起源于性蚜所产受精卵,成虫宽卵形,灰褐色;体长 4.2~4.8mm,宽 3~3.5mm,头部小,触角 6 节,以第 3 节最长;复眼黑色,圆形,凸出,喙 4 节,向后伸过中足基节,基部 2 节黄白色,端部 2 节深褐色,头上在后缘中部靠近前胸背板处有蜡板 2 个。胸部和腹部向后次第变窄,最宽处在腹部第 2~4 节,腹部后端呈圆形。前胸背板有蜡板 4 个,位于背中线两侧和侧缘深褐斑处。中、后胸和腹部各节有蜡板 6 个,它们排列成 6 行,中胸、后胸及腹部第 1 节一对中蜡板靠近背中线,其余各腹节蜡板间距约等。

【发生规律】以若蚜在树干伤疤,裂缝和近地表根部处越冬。春季白蜡萌芽后,卷叶绵蚜沿树干向上至树梢为害。在 4 月下旬至 10 月均见蚜虫,5—8 月为害最重。在卷叶内有大量的无翅孤雌虫，7月后可见少量有翅蚜。10月下旬当天气转凉时，以有翅性母返回白蜡树上产出雌、雄两性无翅性蚜，性蚜交配后产卵于白蜡树上越冬。

【防治方法】

（1）人工防治 加强白蜡的土肥水管理，增强抗虫能力；3月中上旬剪除弯曲的幼芽和卷曲嫩叶，避免蚜虫的大量滋生；及时清理绿地残株败叶，铲除杂草，减少蚜虫等病虫害传播源。

（2）药剂防治 ①4—5月若蚜变成蚜时，扒土露根，撒施5%辛硫磷颗粒剂，覆盖原土，然后浇透水，便于根系对农药的吸收。或者使用70%吡虫啉剂10g+助剂100mL稀释2 000~3 000倍液，对植物进行灌根，以灌透为准。②在白蜡萌芽阶段出现大量卷叶时，可用40%氧化乐果乳油1 500~2 000倍液，或22%噻虫·高氯氟水剂（12.6%噻虫嗪+9.4%高效氯氟氰菊酯）3 500~4 000倍液，或5%高效氯氟氰菊酯微乳剂800~1 000倍液进行喷雾防治。

（3）保护和利用天敌 食蚜蝇、异色瓢虫、日本丽瓢虫。

4. 草履蚧（附图2-25）

【学名】*Drosicha contrahens*（Kuwana）

【寄主】白蜡、红叶李等多种植物。

【为害症状】若虫和雌成虫常成堆聚集在芽腋、嫩梢、叶片和枝条上，以刺吸式口器在嫩芽上吸食汁液，导致芽枯、叶枯、树衰，植株生长不良，而且排泄物、分泌物量大，会对环境造成污染。

【形态特征】

成虫 雌成虫体长达约10mm，背面棕褐色，腹面黄褐色，被一层霜状蜡粉。触角8节，节上多粗刚毛；足黑色，粗大；体扁，沿身体边缘分节较明显，呈草鞋底状。雄成虫体紫色，体长5~6mm，翅展约10mm；翅淡紫黑色，半透明，翅脉2条，后翅小，仅有三角形翅茎。触角10节，因有缢缩并环生细长毛，似有26节，呈念珠状；腹部末端有4根体肢。

卵 初产时橘红色，有白色絮状蜡丝粘裹。

若虫 初孵化时棕黑色，腹面较淡，触角棕灰色，唯第3节淡黄色，很明显。

雄蛹 棕红色，有白色薄层蜡茧包裹，有明显翅芽。

【发生规律】一年发生1代。以卵在和1龄幼虫在寄主树根周围的土中的卵囊内越夏和越冬；翌年1月下旬至2月上旬，在土中开始孵化，能抵御低温，但若虫活动迟钝，在地下要停留数日，温度高，停留时间短，天气晴暖，出土个体明显增多；孵化期要延续1个多月；若虫出土后多在中午前后沿树干爬至嫩枝、梢部、芽腋或初展新叶的叶腋处刺吸为害。雄性若虫4月下旬化蛹，5月上旬羽化为雄成虫，羽化期较整齐，前后7天左右；羽化后即觅偶交配，寿命2~3天。雄成虫飞翔力不强，略有趋光性；雌性若虫3次蜕皮后即变为雌成虫，自树干顶部继续下爬，经交配后潜入土中产卵，卵产在白色绵状卵囊内，每囊有卵100多粒；产卵后雌虫干缩死去。

【防治方法】

（1）人工防治 ①草履蚧多在树干的老粗皮下、树洞内或树下的土壤中越冬。冬天结合树木整枝修剪，将老粗皮刮掉，带虫枝烧毁或深埋，以减少越冬虫口基数；对树干涂白也可减少草履蚧的数量。②利用若虫上下树的习性，1月下旬至2月初，在树干上（高1m处）涂抹10~20cm宽的废机油（可加适量40%氧化乐果乳油原液），每10~15天涂1次，共涂2~3次。可阻止若虫上树，并及时清除油带下的若虫。或者在树干上高80~100cm处缠裹30cm宽塑料薄膜隔绝环，阻挠若虫上树。③在夏季成虫下树产卵时，在树根处堆放一些土块或枯枝落叶诱其产卵，集中捕杀。

（2）药剂防治 ①若虫发生期，喷洒22.4%螺虫乙酯悬浮剂1 000~1 500倍液，或40%啶虫·毒死蜱乳油1 000~2 000倍液，或25%蚧虱净乳油800倍液，或40%氧化乐果乳油1 000倍液，10%吡虫啉3 000倍液喷雾触杀。喷药时间应在3月中旬之前，此时虫体小、体被蜡质层薄，抗药性差。②树干注药：对于高大的树木，喷雾防治无法达到树冠，可在树干基部周围30cm处的部位钻孔，钻深2~3cm小孔，钻孔角度与树干呈45°，钻孔在树干上均匀分布，上下错开，打3~4个孔，用注射器向孔内注入40%氧化乐果乳原液，或10%吡虫啉可湿性粉剂原液等内吸性农药，每孔注入2~4mL药液进行防治。

（3）保护和利用天敌 瓢虫、寄生蝇、捕食性螨等。

假如当年防治不完全，可于翌年选用相同的办法重复防治，一般接连防治2~3年，可消灭草履蚧。

5. 白蜡窄吉丁

【学名】 *Agrilus planipennis* Fairmaire

【寄主】 白蜡、水曲柳、花曲柳。

【为害症状】 以幼虫在树干木质部与韧皮部之间钻蛀为害为主。多数蛀食枝干，也有少数潜食树叶内的。严重时能使树皮爆裂，所以有"爆皮虫"之称。受害树木第1年的典型为害症状是树势衰败；翌年，枝叶稀疏，主干出现裂缝；第3年，可在木质部与韧皮部之间看到填满幼虫粪便的"S"形蛀道，且常在主干基部发生萌蘖。白蜡窄吉丁对幼树与大树均可为害。

【形态特征】

成虫 体铜绿色，具金属光泽，楔形；头扁平，顶端盾形；复眼古铜色，肾形，占大部分头部；触角锯齿状；前胸横长方形比头部稍宽，与鞘翅基部同宽；鞘翅前缘隆起成横脊，表面密布刻点，尾端圆钝，边缘有小齿突；腹部青铜色。

卵 淡黄色或乳白色，孵化前黄褐色，扁圆形，中部宽，中央微凸，边缘有放射状褶皱。

幼虫 乳白色，体扁平带状；头褐色，缩进前胸。

蛹 乳白色，触角向后伸至翅基部，腹端数节略向腹面弯曲。

【发生规律】 一年发生1代。以不同龄期的幼虫在韧皮部与木质部或边材坑道内越冬。翌年4月上中旬开始活动，4月下旬开始化蛹，5月中旬为化蛹盛期，6月中旬为末期。成虫于5月中旬开始羽化，6月下旬为羽化盛期，成虫羽化孔为"D"形。成虫羽化后在蛹室中停留5~15天，之后破孔而出；6月中旬至7月中旬产卵，每头雌虫平均产卵68~90粒；幼虫于6月下旬孵化后，陆续蛀入韧皮部及边材内为害；10月中旬，开始在坑道内越冬。

【防治方法】

（1）**人工防治** ①在成虫补充营养、产卵期进行人工捕捉，并清理死树、枯枝，及时烧毁，减少虫源。②刮除初孵幼虫，根据被害处有流胶溢出，可将被害虫用小刀刮除或横向划2~3刀，可将幼虫杀死。

（2）**药剂防治** 成虫羽化初期，可往树冠、树干上喷洒90%晶体敌百虫1 000~1 200倍液，或40%氧化乐果乳油800~1 000倍液，或50%吡虫·杀虫单水分散粒剂600~800倍液。

6. 白蜡绵粉蚧（附图2-26）

【学名】 *Phenacoccus fraxinus* Tang

【寄主】 白蜡、水蜡、柿树、核桃、重阳木、悬铃木、复叶槭、臭椿等植物。

【为害症状】 白蜡绵粉蚧是一种刺吸式口器的害虫，雌虫刺吸树木汁液期，从腺孔分泌黏液，布满叶面和枝条，如油渍状，可致煤污病发生。雌虫交尾后在枝干或叶片上分泌白色蜡丝形成卵囊，发生多时树皮上似有一层白色棉絮；树干、枝条被该虫体覆盖，使树木发芽晚，叶片小。为害严重时，引起落叶、枝条干枯甚至整株枯死。

【形态特征】

成虫 雌虫体长4~6mm，宽2~5mm；紫褐色，椭圆形，腹面平，背面略隆起，分节明显，被白色蜡粉，前、后背孔发达，刺孔群18对，腹脐5个；雄成虫黑褐色，体长约2mm，翅展4~5mm；前翅透明，1条分叉的翅脉不达翅缘，后翅小棒状，腹末圆锥形，具2对白色蜡丝。

卵 圆形，长0.2~0.3mm，宽0.1~0.2mm，橘黄色。

若虫 椭圆形，淡黄色，各体节两侧有刺状凸起。

雄蛹 长椭圆形，淡黄色，体长1.0~1.8mm，宽0.5~0.8mm。

茧 长椭圆形，灰白色，丝质，长3~4mm，宽0.8~1.8mm。

卵囊 灰白色，丝质；有长短两型：前者长7~55mm，宽2~8mm，表面有3条波浪形纵棱；后者长4~7mm，宽2~3mm，长椭圆形，表面无棱纹。

【发生规律】 一年发生1代，以若虫在树皮缝、翘皮下、芽鳞间、旧蛹茧或卵囊内越冬。翌年3月上中旬若虫孵化后从卵囊下口爬出，在叶背叶脉两侧固定取食；雌虫吸食期，从腺孔分泌黏液，布满叶面和枝条，如油渍状，招致煤污病发生。在叶背叶脉两侧固定取食；3月中下旬雌雄分化，雄若虫分泌蜡丝结茧化蛹，3~5天后雄虫羽化、交尾；成虫羽化后破孔爬出，傍晚常成群围绕树冠盘旋飞翔，觅偶交尾，寿命1~3天。雌虫交尾后在枝干或叶片上分泌白色蜡丝形成卵囊，发生多时树皮上似有一层白色棉絮。4月初雌虫开始产卵，4月下旬为盛期，4月底至5月初产卵结束；雌虫产卵量大，常数百粒产在卵囊内，卵期20天左右；4月下旬至5月底若虫继续孵化，5月中旬为盛期，若虫为害至9月以后转移到枝干皮缝等隐蔽处开始越冬；越冬若虫于春季树液流动时开始吸食为害，雄若虫老熟后体表分泌蜡丝结白茧化蛹。

【防治方法】

（1）**人工防治**　冬季剪除有虫枝条和清扫落叶，并集中销毁。

（2）**药剂防治**　若虫孵化初期，此时蜡质层未形成或刚形成，对药物比较敏感，可选用40%杀扑磷乳油1 000～1 500倍液，或22.4%螺虫乙酯悬浮剂1 500～2 000倍液，或40%啶虫·毒死蜱乳油2 000～3 000倍液等内吸性、渗透性强的药剂喷洒。

（3）**保护利用天敌**　圆斑弯叶瓢虫、跳小蜂、长盾金小蜂等。

7. 白蜡哈氏茎蜂

【学名】 *Stenocephus* spp.

【寄主】 白蜡。

【为害症状】 初孵幼虫从当年新生枝条第一对叶柄处蛀入嫩枝髓部，然后向上串食前进，其排泄物充塞在蛀空的隧道内，一般每枝被害枝条内有1～5条幼虫，致使被害部位的复叶干枯萎蔫，影响景观效果。

【形态特征】

成虫　雌成虫体长13～15mm，黑色，有光泽，分布有均匀的细刻点；触角丝状，27节，鞭节褐色；翅透明，翅痣、翅脉黄色；雄成虫体长8.5～10mm，触角24～26节，其余特征同雌虫。

幼虫　乳白色或淡黄色，体长约12mm，头部圆柱形浅褐色，腹部9节，乳白色或淡黄色。

蛹　为离蛹。

【发生规律】 一年发生1代，以幼虫在当年生枝条髓部越冬。3月上旬至3月底（白蜡新芽萌动前后）陆续化蛹，4月上中旬（白蜡当年生长旺盛的嫩枝条长10～20cm、弱短枝停止生长时）开始羽化，4月中下旬，初孵幼虫从复叶柄处蛀入嫩枝髓部为害，5月初，可见受害枝叶萎蔫干枯幼虫一直在当年生枝条内串食为害并越冬。

【防治方法】

（1）**人工防治**　结合冬季树木修剪，剪除有褐色斑点的枝条，集中烧毁，减少越冬幼虫的数量。

（2）**药剂防治**　4月上中旬，在成虫羽化期至幼虫孵化期，采用45%丙溴·辛硫磷乳油1 000～1 500倍液，或20%氰戊菊酯乳油1 000～2 000倍液，或40%氧化乐果乳油1 000倍液，或10%吡虫啉1 500倍液，或90%晶体敌百虫1 000倍液，喷洒叶面及枝条，喷匀即可。也可用上述药液进行灌根和叶面喷雾相结合来防治。

（3）**联防联治**　白蜡哈氏茎蜂成虫有较强的飞翔能力，防治时应在一定的区域范围内封锁成虫的生存空间，缩小扩散范围，进行联防联治。

七、银 杏

1. 银杏黄化病

【寄主】银杏。

【症状】银杏早期黄化病是由缺铁、氮、磷等微量元素引起的一种生理性病害。发病叶片边缘出现浅黄色病斑，有反光；随后，病斑向叶基扩展，发病轻微的叶片仅先端部分黄化，呈鲜黄色，严重时则全部叶片黄化；由于叶片早期黄化，又导致银杏叶枯病的提前发生，最后，叶片转为褐色、灰色，枯死或提前落叶。

【病原】生理性病害。

【发病规律】一般在6月中下旬开始发病，7月中旬至8月下旬病情迅速扩展，叶片颜色失绿，逐渐转变为灰褐色，呈枯死状。绿色的树叶变成枯黄或赭红色，先端部分黄化，呈鲜黄色，严重时全部叶片黄化，银杏黄化病系非生物侵染所致；其发病的主要原因为水分不足、地下害虫为害、土壤积水、起苗伤根或定植窝根以及土壤缺锌等。

【防治方法】

(1) 人工防治 ①改善土壤环境，施含锌或含铁的有机肥，使银杏根系能较好地吸收锌元素、磷元素，增强土壤肥力。②天气干旱或雨涝时，要及时浇水或排水，防止土壤积水，加强松土除草，改善土壤通透性能，保证银杏正常生长。

(2) 药剂防治 ①发病初期，在根系周围打孔灌注1：30的硫酸亚铁液，对病株进行灌浇。②在银杏生长季节，叶片失绿转黄时，可叶面喷施0.1%~0.2%硫酸亚铁溶液，或500~1 000 mL的尿素铁或黄腐酸铁、柠檬酸铁等，控制黄化病的发生，连喷3~5次；也可喷施150~200g的20倍液硫酸锌或硫酸亚铁，或高铁3 000~3 500倍液，间隔10~15天喷1次，可以达到叶片转绿、促生长的目的，连续喷施3~4次，均有良好的复绿效果。③树干可注射硫酸亚铁15g、尿素50g、硫酸镁5g、水1 000 mL的配比混合液。

2. 银杏叶枯病

【寄主】银杏。

【症状】叶片感病后，初期叶先端组织局部褐变坏死，不久逐渐扩展至整个先端部位，呈现褐色、红褐色病斑。其后，病斑逐渐向叶基部蔓延，直至整个叶片呈暗褐色或灰褐色、枯焦。感病的银杏树，轻者部分叶片提前枯死脱落，重者叶片全部脱落，树干光秃，从而导致树势衰落。

【病原】银杏叶枯病是由 3 种真菌侵染引起：①链格孢病菌 *Alternaria alternata* (Fr.) Keissl，该菌多生于病斑背面。②围小丛壳 *Glomerella cingulata*（Stonem.）Spauld. et Schrenk，该菌在病斑上以无性世代出现。③银杏盘多毛孢 *Pestalotia ginkgo* Hori，分生孢子盘生于叶表皮细胞下。

【发病规律】病害多半于 6 月上旬开始出现，而在幼树和大树上，通常发生较迟。病害的盛发期为 8—9 月，10 月逐渐停止。病原随落叶而越冬。

【防治方法】

（1）**人工防治** 初冬银杏落叶后，可将银杏枯枝、病叶收集起来集中处理，以减少病原菌的侵染源。

（2）**药剂防治** 参见雪松叶枯病防治方法。

3. 银杏轮纹病

【寄主】银杏。

【症状】发生于叶片周缘，逐渐发展成扇形或楔形的病斑，褐色或浅褐色，后呈灰褐色，病健组织交界处有鲜明的黄色带，至病害后期，在叶片的正面产生散生的黑色小点，有时成轮纹状排列，阴雨潮湿时，从小点处出现黑色带状或角状黏块。

【病原】银杏多毛孢 *Pestalotia sinensis* Shen.，属半知菌亚门腔孢纲黑盘孢目盘多毛孢属。

【发病规律】此菌以菌丝体及其子实体在病叶上越冬，经风雨或昆虫传播引起发病，以衰弱树和树叶受伤处发病较多，特别是从虫伤处侵染发病最多，7—8 月前后开始发病，到秋季后发病加重，夏季的高温干燥或暴晒的环境，以及衰弱植株和树叶，受虫伤较多植株病害发生严重。

【防治方法】

（1）**人工防治** 秋季和早春清除地面的病落叶并集中处理。

（2）**药剂防治** 发病期，喷洒 70%甲基硫菌灵可湿性粉剂 800~1 000 倍液，1.8%辛菌胺醋酸盐水剂 600~800 倍液，或 50%多菌灵可湿性粉剂 1 000 倍液，或 80%代森锌可湿性粉剂 600~800 倍液，间隔 10~15 天喷 1 次，连喷 2~3 次。

4. 银杏干枯病

【寄主】银杏、板栗等多种植物。

【症状】病菌侵入后，在光滑的树皮上，产生光滑的病斑，圆形或不规则形。以后病斑继续扩大，患病部位逐渐肿大，树皮出现纵向开裂。春季，在受害树皮上，可见许多枯黄色的疣状子座；秋季，子座变橘红色到酱红色，感病枝干的病斑蔓延，逐步使树皮环状坏死，最后导致枝条和植株死亡。

【病原】病原为子囊菌纲、球壳菌目真菌，该病菌亦能侵染板栗等林木。

【发病规律】病原菌由伤口侵入，弱寄生性。病菌以菌丝体及分生孢子器在病枝中越冬；待温度回升，病原菌便开始活动。3月底至4月初开始呈现为害症状，并随气温的升高而加速扩展，直到10月下旬停止。分生孢子借助雨水、昆虫、鸟类传播，并能多次反复侵染。

【防治方法】

（1）人工防治　剪除枯死的植株和枝干，集中处理，减少侵染源。

（2）药剂防治　及时刮除病斑，50%甲基硫菌灵600~1 000倍液涂刷新鲜伤口，或3%甲霜·噁霉灵（2.5%噁霉灵+0.5%甲霜灵）100~200倍液，喷雾防治，再用愈合剂促进伤口愈合。

5. 茶色金龟子

【学名】*Anomala corpulenta* Motsch

【寄主】刺槐、梧桐、银杏、枫杨、核桃等多种植物。

【为害症状】成虫取食叶片与嫩枝，食叶片成网状孔洞和缺刻，严重时仅剩主脉，群集为害时可将叶片吃光。常在傍晚至22：00时咬食最盛。幼虫（蛴螬）取食根系。

【形态特征】

成虫　体长10~11.5mm，长椭圆形，茶褐色；全身密被灰色绒毛，翅鞘上有4条纵线，并杂生灰白色小毛；腹面栗褐色，亦具绒毛。

卵　椭圆形，乳白色；长约1.5mm，宽约0.4mm。

幼虫　俗称"蛴螬"，又叫"土蚕"，乳白色，头部黄褐色，口器深褐色；触动时，全身蜷缩成马蹄状；体表多皱纹及体毛，臀片上刚毛不规则散生，老熟幼虫乳黄色，长3~6cm。

蛹　初为乳白色，后转为淡黄色，羽化前转变为黄褐色。

【发生规律】一年发生1代，以老熟幼虫在土中越冬。越冬幼虫于翌年4月下旬化蛹并羽化；羽化后即外出为害各种植物的叶片与嫩枝，一般白天潜伏于土中，傍晚前后成群外出取食；6月初开始产卵，卵期10~15天；幼虫取食植物根部；越冬前，先筑土室，幼虫在土室中越冬，成虫具假死性。

【防治方法】参见枫杨茶色金龟子的防治方法。

6. 银杏大蚕蛾

【学名】*Dictyoploca japonica* Butler

【寄主】核桃、银杏、漆树、杨树、柳树、樟树、枫香、喜树、枫杨、柿树、李树、梨树、樱花、梅花、紫薇等植物。

【为害症状】初孵幼虫爬上枝条取食新叶，常数十条或十多条群体聚集叶片取食，

1~2 龄时即能从叶缘咬食，使叶成缺刻状，但食量很小；3~4 龄时较分散，食量渐增，近蜕皮时常数条挤在一起取食银杏等寄主植物的叶片，5~6 龄时分散为害，食量大增，树叶嫩梢食光；被害状明显；严重影响树势及产量。

【形态特征】

成虫　体长 25~60mm，翅展 90~150mm，体灰褐色或紫褐色；雌蛾触角栉齿状，雄蛾羽状，前翅内横线紫褐色，外横线暗褐色，两线近后缘外汇合，中间呈三角形浅色区，中室端部具月牙形透明斑；后翅从基部到外横线间具较宽红色区，亚缘线区橙黄色，缘线灰黄色，中室端处生一大眼状斑，斑内侧具白纹；后翅臀角处有一白色月牙形斑。

卵　长约 2.2mm，椭圆形，灰褐色，一端具黑色斑点。

末龄幼虫　体长 80~110mm；体黄绿色或青蓝色，背线黄绿色，亚背线浅黄色，气门上线青白色，气门线乳白色，气门下线、腹线处深绿色，各体节上具青白色长毛及凸起的毛瘤，瘤上生黑褐色硬长毛。

蛹　长 30~60mm，暗黄至深褐色。

茧　长 60~80mm，黄褐色，网状。

【发生规律】银杏大蚕蛾一年发生 1 代，以卵越冬。卵期由前一年 9 月中旬开始至翌年 5 月，240~250 天；3 月底至 4 月初卵开始孵化幼虫，1 龄幼虫即上树群集为害嫩叶；初孵幼虫多栖息于茧内外，叶背或树干树皮缝隙间，日间温暖时爬上枝条取食新叶，常数十条或十多条群体聚集叶片取食；幼虫一般 7 龄，少有 8 龄；每个龄期约 1 周，幼虫期约 60 天；4 月中旬进入 2 龄期，1~2 龄时即能从叶缘咬食，使叶成缺刻状，但食量甚微；4 月下旬至 5 月中旬为 3~5 龄期，食量增加，近蜕皮时常数条挤在一起，5 龄食量最大，占全部取食量的 70% 以上，为害也最重；进入 6 月上中旬，幼虫老熟后即爬至 1~3m 高的灌木枝干、矮墙或石缝中结茧，蜕皮化蛹，蛹期 2~4 个月。8 月底至 9 月初羽化成虫，成虫羽化期约 10 天，成虫羽化后即交尾产卵，一般产卵 3~4 次，一头雌蛾可产卵 250~400 粒；卵集中成堆或单层排列，多产于老龄树干表皮裂缝或凹陷的地方，位置在树干 3m 以下 1m 以上，交尾产卵后死亡，卵堆积在一起越冬。银杏大蚕蛾大多于傍晚羽化，刚羽化时，蛾体周身潮湿，翅紧贴体壁，1~2 小时后即能飞翔。成虫飞翔力强，有趋光性，寿命 5~7 天。

【防治方法】

（1）人工防治　6—7 月结合银杏的日常养护管理，摘除茧蛹。冬季结合树木修剪清除树皮缝隙的越冬卵。

（2）药剂防治　掌握雌蛾到树干上产卵、幼虫孵化盛期，上树为害之前和幼虫 3 龄前 2 个有利时机，用 4.5% 高效氯氰菊酯乳油 4 000~8 000 倍液，或 45% 丙溴·辛硫磷乳油 1 000~1 500 倍液，或 20% 氰戊菊酯乳油 800~1 200 倍液，喷杀幼虫，还可喷施 20% 甲维·茚虫威 1 500 倍液、100g/L 联苯菊酯乳油 2 000~3 000 倍液等药剂进行喷杀。7~10 天喷 1 次，连喷 2~3 次。

（3）物理防治　灯光诱杀成虫或利用趋光性，用糖醋液诱杀。糖∶酒∶水∶醋（2∶1∶2∶2）+少量敌百虫。

（4）保护和利用天敌　平腹小蜂、黑卵蜂、螳螂、绒茧蜂等。

八、黄山栾

1. 栾多态毛蚜（附图2-27）

【学名】*Periphyllus koelreuteria* Takahaxhi

【寄主】黄山栾。

【为害症状】为害黄山栾的蚜虫主要为栾多态毛蚜，俗称蜜虫。主要为害黄山栾树的嫩梢、嫩芽、嫩叶，吮吸汁液，使叶片卷缩变形、干枯死亡、枝叶生长停滞，严重时嫩枝布满虫体，影响枝条生长，造成树势衰弱，甚至植株死亡。

【形态特征】

无翅孤雌蚜 体长约3mm，长卵圆形；黄褐色、黄绿色或墨绿色，胸背有深褐色瘤3个，呈三角形排列，两侧有月牙形褐色斑。触角、足、腹管和尾片黑色，尾毛27~32根。

有翅孤雌蚜 体长约3mm，翅展约6mm，头和胸部黑色，腹部黄色，体背有明显的黑色横带。

卵 椭圆形，深墨绿色。

若蚜 浅绿色，与无翅成蚜相似。

【发生规律】一年可发生数代，以卵在芽缝、树皮裂缝处过冬。翌年春季孵化，4月中旬形成无翅孤雌蚜开始胎生小蚜虫，4月下旬出现有翅蚜虫扩散为害，4月下旬至5月是栾树蚜虫发生最严重的时期，受害的嫩梢、嫩芽、嫩叶卷缩变形；此期间，蚜虫分泌大量蜜露污染叶片、地面及周边环境；还易引起煤污病。

【防治方法】

（1）**人工防治** 采用黄色胶板诱杀有翅蚜。蚜虫初发期及时剪掉树干上虫害严重的萌生枝，消灭初发生尚未扩散的蚜虫。

（2）**药剂防治** 可喷洒50%啶虫脒水分散粒剂2 000~3 000倍液，或20%甲氰菊酯乳油2 000~3 000倍液，或10%吡虫啉可湿性粉剂1 000~1 500倍液，或40%氧化乐果乳油800~1 000倍液。虫口密度大时，可喷施80%烯啶·吡蚜酮水分散粒剂3 000倍液，或22%噻虫·高氯氟悬浮剂3 500~4 000倍液等。掌握在蚜虫高峰期前选择晴天喷洒均匀。还可使用22.4%螺虫乙酯悬浮剂1 500~2 000倍液灌根，持效时间较长。

（3）**保护和利用天敌** 蚜茧蜂、草蛉、食蚜蝇、捕食性瓢虫类等。

2. 日本纽绵蚧（附图 2-28）

【学名】*Takahashia iaponica* Cockerell

【寄主】合欢、黄山栾、火棘、重阳木、红花檵木、枫香、朴树、榆树等。

【为害症状】以若虫和雌成虫用针状的刺吸式口器刺入植株嫩枝、嫩叶上吸取汁液，尤其是嫩枝受害严重，使开花程度和生长势明显下降，常常能造成树木长势衰弱和枝梢的枯萎，甚至枝梢枯死。

【形态特征】

成虫 雌体长约 8mm，宽约 5mm；卵圆形或圆形，体背有红褐色纵条，体黄白色，带有暗褐色斑点；背部隆起，呈半个豌豆形，背腹体壁柔软，膜质；老熟产卵时体背分泌蜜露，腹部慢慢产生白色卵囊，向后延伸，随着卵量增加卵囊向上弓起，逐渐形成扭曲的"U"形。

卵 椭圆形，长约 0.4mm，橙黄色，表面有蜡粉。卵囊长 45 ~ 50mm，宽 3mm 左右。

若虫 椭圆形，长约 0.6mm，肉红色。

【发生规律】一年发生 1 代，以受精雌成虫在枝条上越冬。越冬期虫体较小且生长缓慢，3 月初开始活动，生长迅速，3 月下旬虫体膨大；4 月上旬隆起的雌成体开始产卵，出现白色卵囊，平均每头雌成虫可产卵 1 000 粒，多的可达 1 600 多粒；5 月上旬末若虫开始孵化，5 月中旬进入孵化盛期，卵期为 36 天左右；孵化的小若虫在植物上四处爬行，数小时后寻觅适合的叶片或枝条固定取食；5 月下旬为孵化末期，若虫主要寄生在 2~3 年生枝条和叶脉上，叶脉上的 2 龄若虫很快便转移到枝条上寄生，1 龄若虫自然死亡率很高，孵化期遇大雨可冲刷掉 80% 以上若虫；11 月下旬、12 月上旬进入越冬期。

【防治方法】参见合欢日本纽绵蚧防治方法。

九、七叶树

1. 叶枯病

【寄主】七叶树、桂花、梅、银杏、杜英等。

【症状】在叶片的叶缘、叶尖发生；开始为淡褐色小点，后渐扩大为不规则的大型斑块，若几个病斑连接，全叶便干枯1/3~1/2；病斑灰褐色至红褐色，有时脆裂，边缘色深，稍隆起，后期病部散生很多小黑点，病斑背面颜色较浅。

【病原】病原菌为 *Phyllosticta osmanthicola* Trin.，属腔孢纲球壳孢目。

【发病规律】病原菌以菌丝体与孢子在病落叶等处越冬，翌年在27℃左右温度适宜时，病菌的孢子借风、雨传播到寄主植物上发生侵染；该病在7—11月均可发生；植株下部叶片、老叶片发病重，高温多湿、通风不良均有利于病害的发生，植株生长势弱的发病较严重。

【防治方法】

（1）**人工防治** 增施腐殖质肥料和钾肥，以提高抗病力。病株要及时摘除病叶，冬季还应清除病落叶，通风透光，降低叶面湿度，以减少侵染源。

（2）**药剂防治** 参见雪松叶枯病防治方法。

2. 七叶树炭疽病

【寄主】紫罗兰、夹竹桃、女贞、桂花、七叶树等。

【症状】初在叶片外表产生黄白色、暗红色或褐色水渍状小点，逐步扩展成圆形至近圆形或不规则形病斑，直径2~15mm，病健交界显著。后期病斑边际产生较宽稍隆起的黑褐色环带，边际紫褐色至黑褐色，中心灰褐色或褐色，上散生黑色小粒点，即病菌分生孢子盘。此病的小黑点较叶斑病小，别于叶斑病。

【病原】盘长孢刺盘孢菌 *Colletotrihum gloeosporioides* Denz.，属半知菌亚门真菌。

【发病规律】以菌丝和分生孢子盘在病叶中或随病落叶进入土壤中越冬，翌年春季温度适宜时，分生孢子借气流或水滴传播，从伤口或气孔侵入引起初侵染和再侵染。水肥不力、湿度高、降雨多、生长势弱、叶片长时间受日光照射发病重。

【防治方法】参见香樟炭疽病防治方法。

3. 七叶树干腐病（附图2-29）

【寄主】 七叶树、刺槐等。

【症状】 该病为害幼树至大树的枝干，引起枝枯或整株枯死。该病在大树上主要发生在干基部，少数发生在上部枝梢的枝杈处；大树基部被害，外部无明显为害症状，剥开树皮内部已变色腐烂，有臭味，木质部表层产生褐色至黑褐色不规则病斑；病斑不断扩展，包围树干1周，造成病斑以上枝干枯死，叶片即发黄凋萎；枝梢或幼树的主茎受害，病组织呈水渍状腐烂，产生明显的溃疡斑，稍凹陷，边缘紫褐色，随着病斑的扩展，不久病斑以上部位即枯死。

【病原】 七叶树壳梭孢 *Fusicoccum aesculi* Corda.，属壳梭孢属。

【发病规律】 病原菌自干基部入侵，也有从干部开始发病的，地下害虫的伤口是侵染主要途径，土壤含水量过高或大风造成的伤口，以及人、畜活动造成的机械伤，都能成为侵染途径。病害盛发期在5—9月，气温25℃以上，相对湿度85%以上时，病斑扩展迅速。

【防治方法】

（1）**人工防治** 及时清除病死株、重病株，集中烧毁，病穴施药，以减少侵染源。秋、冬季对树干进行涂白，减少病原菌的蔓延。

（2）**药剂防治** ①首先切除或刮疤，再将以下药品根据要求的倍数进行稀释，对已发病部位，进行涂抹，10天后进行第二次涂抹。其次4月初或9月初在腐烂病未发生时，把下列药品使用毛刷均匀涂抹树干，或对树体进行全面喷雾，使树干充分着药，以不滴药为宜，10天后再重复一次。②发病期，可用40%多菌灵悬浮剂100倍液，或甲基硫酸菌可湿性粉剂50～100倍液，或3～5波美度石硫合剂，或3%甲霜·噁霉灵（2.5%噁霉灵+0.5%甲霜灵）100～200倍液，或用1.8%辛菌胺醋酸盐可湿性粉剂300倍液进行涂抹或对树干喷淋。上述药剂可交替使用。

4. 桑褐刺蛾（附图2-30）

【学名】 *Setora postornata*（Hampson）

【寄主】 七叶树。

【为害症状】 幼虫孵化后在叶背群集并取食叶肉，仅残留表皮和叶脉。此虫体表有毒毛，人触碰后身上有疼痛感，且奇痒难忍。

【形态特征】

成虫 体长15～18mm，翅展31～39mm，全体土褐色至灰褐色；前翅前缘近2/3处至近扇角或近臀角处，各具一暗褐色弧形横线，两线内侧衬影状带，外横线较垂直，外衬铜斑不清晰，仅在臀角呈梯形；雌蛾体色、斑纹较雄蛾浅。

卵 扁椭圆形，黄色，半透明。

幼虫 体长约35mm，黄色，背线天蓝色；各节有背线前后各具1对黑点，亚背线各节具1对凸起，其中后胸及第1、第5、第8、第9腹节凸起最大。

茧　灰褐色，椭圆形。

【发生规律】一年发生2~4代，以老熟幼虫在树干附近土中结茧越冬。3代成虫分别在5月下旬、7月下旬、9月上旬出现；成虫夜间活动，有趋光性，卵多成块产在叶背，每雌产卵300多粒；幼虫孵化后在叶背群集并取食叶肉，半月后分散为害，继续取食叶片；老熟后入土结茧化蛹。

【防治方法】

（1）**人工防治**　及时摘除带虫枝、叶，集中处理，减少虫源。

（2）**物理防治**　成虫具较强的趋光性，成虫羽化期置放灯光诱杀。

（3）**药剂防治**　幼虫发生期，可喷洒40%氧化乐果乳油1 000倍液，或20%氰戊菊酯乳油800~1 200倍液，或45%丙溴·辛硫磷乳油1 000~1 500倍液进行防治。还可喷施20%甲维·茚虫威1 000~1 500倍液，或100g/L联苯菊酯乳油2 000~3 000倍液进行防治。

（4）**保护和利用天敌**　刺蛾紫姬蜂、刺蛾广肩小蜂、爪哇刺蛾姬蜂。

十、白玉兰

1. 白玉兰炭疽病

【寄主】白玉兰。

【症状】白玉兰炭疽病多从叶尖或叶缘开始产生不规则状病斑，或于叶片表面着生近圆形的病斑；病斑初期呈褐色水渍状，表面着生有黑色小颗粒，边缘有深褐色隆起线，与健康部位界限明显。

【病原】*Colletotrchum magnoliae* Camara，属半知菌亚门真菌。

【发生规律】白玉兰炭疽病的病菌以菌丝体在树体上或落叶上越冬；翌年春天产生分生孢子，借风、雨水传播到植株上，孢子在水滴中萌发，侵入叶片组织，引起发病；在夏季高温高湿期为发病高峰期，植株水肥管理不到位、高温多雨密不通风、长势衰退时，极容易发生此病。

【防治方法】参见香樟炭疽病防治方法。

2. 红蜡蚧

【学名】*Ceroplastes rubens*（Maskell）

【寄主】白玉兰。

【为害症状】红蜡蚧若虫和成虫刺吸白玉兰汁液，其排泄物常诱致煤污病的发生，使叶片上形成一层黑霉或较厚的黑膜，导致树冠变黑，使全株成为黑树，植株逐渐衰弱，导致少开花或完全不能开花。

【形态特征】

成虫 雌虫介壳近椭圆形，蜡质较厚，为不完整的半球形，长 3～4mm，高约 2.5mm，初为深玫红色，随着虫体老熟，逐渐变为紫红色，中央稍下陷成脐状，边缘向上翻起成瓣状，自顶端至底边有 4 条白色蜡质白线，向上卷起，长约 2.5mm，暗红色；雄虫至化蛹时介壳长椭圆形，暗紫红色，体长约 1mm，翅展约 24mm，白色，半透明，触角 10 节；体暗红色，复眼及口器黑色；触角、足及交尾器均淡黄色，翅半透明。

卵 椭圆形，淡紫红色，两端稍细，长约 0.1mm。

若虫 若虫初孵化时，扁平椭圆形，体长约 0.43mm，前端略宽，体淡褐色；腹末端有 2 根长毛。触角 5 节，第 3、第 5 节各有 1 根长毛。

蛹 雄蛹长约 1mm，淡黄色。

茧 长约 1.5mm，椭圆形，暗紫红色。

【发生规律】一年发生 1 代。以受精雌成虫越冬。越冬雌虫于 5 月下旬化蛹，9 月中旬羽化、交尾；每雌平均产卵 200~471 粒，卵期 1~2 天；初孵幼虫，绝大部分迁移在当年春梢上，植株光线较强的枝叶上较多，内部较少；雌成虫于 9 月上中旬成熟，受精后开始越冬。成虫、若虫吸取白玉兰汁液，排泄蜜露，诱发煤污病，导致树冠变黑，影响生长。

【防治方法】

（1）**人工防治** 冬季剪除有虫枝条和清扫落叶，或刮除枝条上越冬的虫体，并集中销毁。

（2）**药剂防治** ①冬季和早春植物发芽前，可喷施 1 次 3~5 波美度石硫合剂、3%~5% 柴油乳剂等，消灭越冬代若虫和雌虫。②若虫孵化初期，介壳尚未形成或未增厚时对药物敏感，可选用 40% 杀扑磷乳油 1 000 倍液，或 20% 甲氰菊酯乳油 2 000~3 000 倍液，或 22.4% 螺虫乙酯悬浮剂 1 000~1 500 倍液，或 40% 吡虫·杀虫单水分散粒剂 1 500 倍液，或 40% 啶虫·毒死蜱乳油 1 000~2 000 倍液等内吸性、渗透性强的药剂喷洒。每隔 7~10 天喷 1 次，共喷 2~3 次，喷药时要求均匀周到。

（3）**保护利用天敌** 瓢虫、草蛉、寄生蜂。

3. 朱砂叶螨

【学名】*Tetranychus cinnabarinus*（Boisduval）

【寄主】一串红、香石竹、樱花、白玉兰、月季等。

【为害症状】主要以成螨和幼螨在寄主叶背刺吸汁液，使叶面产生白色点状；盛发期在茎、叶上形成一层薄丝网，使植株生长不良，严重时导致整株死亡。

【形态特征】

成螨 体色变化较大，一般呈红色，也有褐绿色等，足 4 对；雌螨体长 0.38~0.48mm，卵圆形；体背两侧有块状或条形深褐色斑纹，斑纹从头胸部开始，一直延伸到腹末后端；有时斑纹分隔成 2 块，其中前一块大些，雄虫略呈菱形，稍小，体长 0.3~0.4mm；腹部瘦小，末端较尖。

卵 为圆形，直径 0.13mm；初产时无色透明，后渐变为橙红色。

若螨 初孵幼螨体呈近圆形，淡红色，长 0.1~0.2mm，足 3 对；幼螨蜕 1 次皮后为第 1 若螨，比幼螨稍大，略呈椭圆形，体色较深，体侧开始出现较深的斑块。足 4 对，此后雄若螨即老熟，蜕皮变为雄成螨。雌性第一若螨蜕皮后成第二若螨，体比第一若螨大，再次蜕皮才成雌成螨。

【发生规律】一年可发生 10~20 代，以受精雌成螨在土块缝隙、树皮裂缝及枯枝落叶等处越冬。越冬螨少数散居；翌年春季，气温 10℃ 以上时开始活动，温室内无越冬现象，喜高温；雌成螨寿命 30 天，越冬期为 5~7 个月；该螨世代重叠，在高温干燥季节易暴发成灾；主要靠爬行和风进行传播；当虫口密度较大时螨成群聚集，吐丝串联下垂，借风吹扩散；主要是以两性生殖，也能孤雌生殖。

【防治方法】参见桂花朱砂叶螨的防治方法。

4. 日本壶链蚧

【学名】*Asterococcus muratae* Kuwana

【寄主】广玉兰、香樟、枫杨、法国冬青、白玉兰、栾树、含笑、木香、枇杷、石榴树、五角枫、桤木、栀子、火棘、小叶女贞和蔷薇等植物。

【为害症状】以成蚧、若蚧在寄主植物的主干、枝条及叶上进行刺吸为害，不但为害植物的嫩枝和幼叶。还将排泄物滴落到枝条、树干、叶片上并诱发煤污病，发生严重时，也可导致树势衰弱，影响正常生长，造成树冠变黑，影响园林景观。

【形态特征】

雌成虫 体长约 5mm，高约 4mm；介壳外形似藤条编的茶壶，红褐色，较坚硬，后方有个壶嘴状凸起；介壳周围有放射状白色蜡带。

雄成虫 长条形，体长约 1.25mm，触角 1 对，复眼 1 对黑色，具膜质翅 1 对，翅脉 2 分叉，3 对足。

蛹 长卵形，红褐色，离蛹。

卵 长椭圆形，卵初淡黄色，逐渐变为暗紫色。

若虫 椭圆形，红褐色。

【发生规律】一年发生 1 代，以受精雌成虫在枝条上越冬。翌年春季越冬雌成虫产卵，产卵期可长达 3~4 个月，若虫孵化盛期在 5 月，该蚧以卵在雌介壳内越冬，翌年 4 月卵孵化，10 月下旬出现成虫，11 月产卵越冬；初孵若虫从介壳的壶嘴处爬出，先在嫩芽和幼叶上刺吸为害，以后移到 1~2 年生的小枝上固定吸食为害；以后分泌蜡丝将虫体覆盖，最后形成介壳。

【防治方法】

（1）**人工防治** 冬季剪除有虫枝条和清扫落叶，集中销毁并进行树干涂白。

（2）**药剂防治** 若虫孵化初期，介壳尚未形成或未增厚时对药物敏感，可选用 40%杀扑磷乳油 1 000 倍液，或 22.4%螺虫乙酯悬浮剂 1 000~1 500 倍液，或 40%啶虫·毒死蜱乳油 1 000~2 000 倍液，或 40%吡虫·杀虫单水分散粒剂 1 500 倍液等内吸性、渗透性强的药剂喷洒。每隔 7~10 天喷 1 次，共喷 2~3 次。喷药时要求均匀周到，喷施药剂须选择晴天的傍晚进行。

（3）**保护利用天敌** 瓢虫、草蛉、寄生蜂。

5. 褐边绿刺蛾（附图 2-31）

【学名】*Latoia consocia*（Walker）

【寄主】悬铃木、柳树、杨树、乌桕、喜树、珊瑚、白蜡、榆树、紫荆、樱花、红叶李、白玉兰、广玉兰、丁香等。

【为害症状】幼龄幼虫食叶表皮或叶肉，造成网状叶，3龄幼虫以上食全叶，严重时仅留叶脉和叶柄。

【形态特征】

成虫　体长15~18mm，翅展36~42mm，触角棕色；雄虫略小；头顶及胸部背面淡绿色，胸部背面中央有一棕色纵线；前翅绿色，基部有一棕色斑块，斑块紧靠前缘而不达后缘；外缘有一浅黄色宽带，带内常有褐色小点，其余部分全为绿色；后翅浅黄色，缘毛棕色；足褐色；腹部浅黄色。

卵　椭圆而略扁平，长约1.5mm，淡黄绿色。

老熟幼虫　体长24~28mm，头小，略呈长方形，圆柱状；黄褐色，缩于前胸下；前胸有黑色刺瘤1对，背线黄绿色至蓝色；气门上线及气门线为蓝色和黄色相间的纵带。亚被线位置上有10对黄绿色刺瘤，气门线下方还有8对黄绿色刺瘤，刺瘤上皆有棕黄色毒毛。

蛹　卵圆形，棕褐色，长约15mm；茧为椭圆形，棕褐色，常结于寄主周围的浅土里和杂草中。

【发生规律】一年发生1~2代，以老熟幼虫在树下土中结茧越冬。翌年5月化蛹，6月成虫羽化，日伏夜出，成虫有趋光性；卵多产在叶背面，每块卵粒不等，卵期为6天左右；幼虫分别发生在6—7月（第1代），8月为害最重，8—9月（第2代），10月幼虫陆续老熟下树，寻找适宜土层结茧越冬，以第1代幼虫为害严重。

【防治方法】

（1）**人工防治**　秋冬季节在树下翻土挖除越冬茧。发生期，初孵幼虫有群集性，及时摘除带虫叶片，集中处理。

（2）**物理防治**　成虫有趋光性，使用黑光灯诱杀。

（3）**药剂防治**　发生期，用45%丙溴·辛硫磷乳油1 000~1 500倍液，或20%氰戊菊酯乳油800~1 200倍液喷杀幼虫。还可喷施20%甲维·茚虫威1 000~1 500倍液，或100g/L联苯菊酯乳油2 000~3 000倍液进行防治。

（4）**保护和利用天敌**　刺蛾紫姬蜂、多瘤蟥、绒茧蜂等。

十一、木 瓜

1. 木瓜炭疽病

【寄主】 木瓜、夹竹桃、女贞、桂花、七叶树等。

【症状】 木瓜炭疽病主要为害果实，其次为害叶片和叶柄。被害果的果面最先出现数个污黄白色或暗褐色的小斑点，呈水渍状，病斑逐渐扩大，直径 5~6mm 时，病斑下陷，斑面出现同心轮纹，轮纹上产生无数凸起；叶片上，病斑多发生于叶尖及叶缘，病斑褐色，形状不规则，病斑长出小黑点；在叶柄上，病斑多发生于将脱落或已脱落的叶柄上，病部没有明显界限，其上面出现一堆堆黑色小点，病部不凹陷。

【病原】 盘长孢刺盘孢菌 *Colletotrihum gloeosporioides* Denz.，属半知菌亚门真菌。

【发病规律】 病菌在病株的僵果、叶、叶柄和地面病残体上越冬，成为翌年的侵染源。分生孢子借风雨及昆虫传播；从伤口、气孔或直接由表皮侵入叶片、叶柄和果实，叶片、叶柄和果实受害后产生病斑，病斑上产生大量的分生孢子，经传播后进行再侵染，造成病害扩展蔓延。高温高湿常导致病害的发生。

【防治方法】 参见香樟炭疽病的防治方法。

2. 梨小食心虫

【学名】 *Grapholitha molesta*（Busck）

【寄主】 枇杷、木瓜、梨树。

【为害症状】 幼虫为害果多从萼、梗洼处蛀入，早期被害果蛀孔外有虫粪排出，蛀孔大，晚期蛀孔小，周围呈绿色，被害多无虫粪。幼虫蛀入直达果心，蛀孔周围常变黑腐烂且逐渐扩大，俗称"黑膏药"。幼果被害易脱落，木瓜树嫩梢多从上部叶柄基部蛀入髓部，向下蛀至木质化处便转移，蛀孔流胶并有虫粪，被害嫩梢渐枯萎。

【形态特征】

成虫 体长 5~7mm，翅展 11~14mm；暗褐或灰黑色。下唇须灰褐上翘。触角丝状。前翅灰黑色，前缘有 7~10 组白色短斜纹，中央近外缘 1/3 处有一明显白点，翅面散生灰白色鳞片，后缘有一些条纹，近外缘约有 10 个小黑斑。后翅浅茶褐色，两翅合拢，外缘合成钝角。足灰褐色，各足跗节末灰白色；腹部灰褐色。

卵 扁椭圆形，中央隆起，直径 0.5~0.8mm，表面有皱折，初乳白色，后淡黄色，孵化前变黑褐色。

幼虫 体长 10~13mm，淡红至桃红色，腹部橙黄，头黄褐色，前胸盾浅黄褐色，臀板浅褐色；胸部、腹部淡红色或粉色。臀栉 4~7 齿，齿深褐色；腹足趾钩单序环 30~40 个，臀足趾钩 20~30 个；前胸气门前片上有 3 根刚毛。

蛹 体长 6~8mm，黄褐色，纺锤形，腹部背面有两排短刺。外被灰白色丝茧。

【发生规律】 一年发生 4~5 代，以老熟幼虫在树干翘皮下、土缝中、剪锯口处结茧越冬。越冬代成虫发生在 4 月下旬至 6 月中旬；第 1 代成虫发生在 6 月末至 7 月末；第 2 代成虫发生在 8 月初至 9 月中旬。第 1 代幼虫在 4 月下旬至 5 月上旬，主要为害梨芽、新梢、嫩叶、叶柄，极少数为害果。有一些幼虫从其他害虫为害造成的伤口蛀入果中，在皮下浅层为害；还有和梨大食心虫共生的。第 2 代幼虫 5 月下旬至 6 月下旬为害果增多。第 3 代幼虫 6 月下旬至 7 月中下旬果为害最重，盛期 7 月上旬。第 4 代幼虫 7 月下旬至 8 月中下旬，盛期在 8 月上旬。第 5 代幼虫 8 月下旬至 10 月初，盛期在 9 月上中旬，各代之间有重叠现象。

【防治方法】

（1）人工防治 ①及时剪除被害木瓜的枝梢，减少虫源，减轻后期对木瓜果实的为害。②及时摘除全部受害木瓜果，集中销毁，可有效压低当年虫口数量。③利用束草或麻袋片诱杀脱果越冬的幼虫。④在果园中设置糖醋液（红糖∶醋∶白酒∶水 = 1∶4∶1∶16）加少量敌百虫，诱杀成虫。

（2）物理防治 设置黑光灯诱杀成虫。3 月中旬至 10 月中旬悬挂频振式杀虫灯可扑杀成虫。

（3）药剂防治 ①当卵果率达到 1% 时，可用 90% 晶体敌百虫 1 000 倍液，或 50% 杀螟硫磷乳油 1 000~1 500 倍液，或 20% 甲氰菊酯乳油 2 000~3 000 倍液，喷雾防治。②成虫发生期，可用 20% 杀灭菊酯乳油 2 000 倍液，或 20% 氰戊菊酯乳油 800~1 200 倍液喷雾防治。

（4）保护和利用天敌 赤眼蜂。

3. 绣线菊蚜

【学名】 *Aphis ciricola* van der Goot

【寄主】 海棠、木瓜、杏树、苹果树、桃树、李树、山楂树、各种绣线菊等。

【为害症状】 以若蚜、成蚜群集于寄主嫩梢、嫩叶背面及幼果表面刺吸为害，受害叶片常呈现褪绿斑点，后向背面卷曲或卷缩；群体密度大时，常有蚂蚁与其共生。

【形态特征】

有翅胎生雌蚜 体长 1.5~1.7mm，翅展约 4.5mm，头、胸部和腹管、尾片均为黑色，腹部呈黄绿色或绿色，复眼暗红色，口器黑色伸达后足基节窝，触角丝状 6 节，体较短，两侧有黑斑，尾片圆锥形，末端稍圆。

无翅胎生雌蚜 体长 1.4~1.8mm，宽约 0.95mm，纺锤形，黄绿色；复眼、腹管及尾片均为漆黑色，口器伸达足基节窝，触角显著比体短，基部浅黑色，无次生感觉圈，腹管圆柱形，尾片圆锥形。

若蚜 鲜黄色，触角、无翅若蚜腹部较肥大，有翅若蚜胸部发达，具翅芽，腹管及足均为黑色。

卵 椭圆形，长约0.5mm，漆黑色，有光泽。

【发生规律】一年发生10余代，以卵在寄主枝梢的皮缝、芽旁越冬。翌年木瓜芽萌动时开始孵化，约在5月上旬孵化结束。初孵若蚜先在芽缝或芽侧为害10余天后，产生无翅和少量有翅胎生雌蚜；5—6月继续以孤雌生殖的方式产生有翅和无翅胎生雌蚜；6—7月繁殖最快，产生大量有翅蚜扩散蔓延造成严重为害；7—8月气候不适，发生量逐渐减少，秋后又有回升；10月出现性母，产生性蚜，雌雄交尾产卵，以卵越冬。

【防治方法】

（1）**人工防治** 蚜虫初发期及时剪掉树干上虫害严重的萌生枝，消灭初发生尚未扩散的蚜虫。

（2）**物理防治** 采用黄色粘虫板诱杀有翅蚜。

（3）**药剂防治** 可喷洒50%啶虫脒水分散粒剂2 000~3 000倍液，或20%甲氰菊酯乳油2 000~3 000倍液，或10%吡虫啉可湿性粉剂1 000~1 500倍液，或40%氧化乐果乳油1 000倍液，虫口密度大时，可喷施80%烯啶·吡蚜酮3 000倍液，或22%噻虫·高氯氟4 000倍液等药剂喷施。掌握在蚜虫高峰期前选择晴天喷洒均匀。也可使用22.4%螺虫乙酯悬浮剂1 500~2 000倍液灌根，持效期较长。

（4）**保护和利用天敌** 蚜茧蜂、草蛉、食蚜蝇、捕食性瓢虫类等。

十二、重阳木

1. 重阳木锦斑蛾

【学名】*Histia rhodope* Cramer

【寄主】重阳木。

【为害症状】成虫白天在重阳木树冠或其他植物丛上飞舞，吸食补充营养；卵产于叶背，幼虫取食叶片，严重时将叶片吃光，仅残留叶脉等。

【形态特征】

成虫 体长17~24mm，平均约19mm；翅展47~70mm，平均约61mm；头小，红色，有黑斑；触角黑色，栉齿状，雄蛾触角较雌蛾宽。前胸背面褐色，前、后端中央红色；中胸背黑褐色，前端红色；近后端有2个红色斑纹，或连成"U"字形。前翅黑色，反面基部有蓝光；后翅亦黑色，自基部至翅室近端部（占翅长3/5）蓝绿色；前后翅反面基斑红色，后翅第2中脉和第3中脉延长成一尾角。腹部红色，有黑斑5列，自前而后渐小，但雌虫黑斑较雄虫为大，以致雌腹面的2列黑斑在第1~5或第6节合成1列；雄蛾腹末截钝，凹入；雌蛾腹末尖削，产卵器露出呈黑褐色。

卵 卵圆形，略扁，表面光滑；初为乳白色，后为黄色，近孵化时为浅灰色。

幼虫 体肥厚而扁，头部常缩在前胸内，腹足趾钩单序中带；体具枝刺，有些枝刺上具有腺口；幼虫中、后胸各具10个枝刺；第1~8腹节皆具6个枝刺，第9腹节4个枝刺。位于腹部两侧的枝刺棕黄色，较长；体背面的枝刺大多为紫红色，较短。

蛹 体长15.5~20mm，平均17mm；初化蛹时全体黄色，腹部微带粉红色；随后头部变为暗红色，复眼、触角、胸部及足、翅黑色，腹部桃红色。

【发生规律】一年发生3~4代，以老熟幼虫在树裂缝、树皮及黏结重叠的叶片中越冬；4月下旬可见越冬代成虫；3代幼虫为害期分别为6月下旬、7月上中旬、9月中下旬；成虫白天在重阳木树冠或其他植物丛上飞舞，吸食补充营养；卵产于叶背，幼虫取食叶片，严重时将叶片吃光，仅残留叶脉；低龄幼虫群集为害，高龄后分散为害；老熟幼虫部分吐丝坠地做茧，也有在叶片上结薄茧。

【防治方法】

（1）**人工防治** 对幼虫在树皮越冬的，树干涂白，结合修剪，剪除有卵枝梢和有虫枝叶；冬季清除园内枯枝落叶以消灭越冬虫茧。

（2）**物理防治** 灯光诱杀成虫或利用趋光性，用糖醋液诱杀。糖：酒：水：醋

（2∶1∶2∶2）+少量敌百虫。

（3）**药剂防治**　幼虫为害期可喷洒40%氧化乐果乳油800~1 000倍液，或20%氰戊菊酯乳油800~1 200倍液，或3%高渗苯氧威乳油2 500~3 000倍液，或45%丙溴·辛硫磷乳油1 000~1 500倍液，或20%甲维·茚虫威悬浮剂1 500倍液，或100g/L联苯菊酯乳油2 000~3 000倍液等药剂进行防治。

（4）**保护和利用天敌**　捕食性钩红螯蛛、寄生性驼姬蜂等。

2. 迹斑绿刺蛾

【**学名**】*Latoia pastoralis*（Butler）

【**寄主**】重阳木、紫荆、七叶树、樱花、香樟、鸡爪槭等多种植物。

【**为害症状**】以幼虫啃食叶片的叶肉，稍大后蚕食树叶成缺刻状，严重时将叶片吃光，仅残留叶脉等，影响生长外观。且幼虫茧外覆毒毛，能刺激皮肤，给皮肤造成伤害。

【**形态特征**】

成虫　体长15~19mm，翅展28~42mm，头翠绿色，复眼黑色，胸背翠绿；前端有一撮棕褐色毛，前翅翠绿色，翅基浅褐色，外有深褐色晕；后翅浅褐色。

卵　扁椭圆形，黄绿色。

幼虫　近圆筒形，长24~25.5mm，身体翠绿色，头红褐色，背线紫色，两侧带黑色边；自中胸至第9腹节每节背侧有短枝刺，上有绿色刺毛，腹部第1节枝刺发达，上生有黑色粗刺及红色刺毛；腹部第8、第9节腹侧枝刺基部有黑色绒球状毛丛。腹部两侧有近方形线框6对。

蛹　卵圆形，长14~18.5mm，棕褐色。

茧　椭圆形，长18.5~20.5mm，深棕褐色，茧外覆黑色毒毛。

【**发生规律**】一年发生2代，以老熟幼虫在茧中越冬。翌年4月化蛹，5—6月羽化，成虫有趋光性。交尾后产卵于叶背，卵期1周。初孵幼虫啃食叶肉，成长后蚕食叶片，约经1个月，老熟后于树干隙缝结茧化蛹。

【**防治方法**】

（1）**人工防治**　①秋冬季剪除虫茧或敲碎树干上的虫茧，集中烧毁，减少虫源。②初孵幼虫群集为害时，摘除虫叶，人工捕杀幼虫，捕杀时注意幼虫毒毛。

（2）**物理防治**　在成虫发生期，利用杀虫灯诱杀成虫。

（3）**药剂防治**　幼虫发生期，喷施50%辛硫磷1 000倍液，或氧化乐果乳油800~1 000倍液，或48%毒死蜱乳油1 000倍液，或20%氰戊菊酯乳油800~1 200倍液，或45%丙溴·辛硫磷乳油1 000~1 500倍液，或20%甲维·茚虫威悬浮剂1 500倍液，或100g/L联苯菊酯乳油2 000~3 000倍液等药剂轮换进行防治。

（4）**保护和利用天敌**　刺蛾紫姬蜂、螳螂、蟾等。

3. 乌桕黄毒蛾

【学名】*Euproctis bipunctapex*（Hampson）

【寄主】乌桕、柿树、枇杷、杨树、女贞、桃树、李树、梅、重阳木、樟树、枫香等多种植物。

【为害症状】幼虫取食叶片，啃食幼芽、嫩枝外皮及果皮，轻者影响生长，重者颗粒无收，枝条干枯死亡。

【形态特征】

成虫　体长12mm，翅展约35mm，体密生橙黄色绒毛；前翅顶角有1个黄色三角区，内有2个明显的小黑点斑；前翅臀角区与后翅外缘均为黄色，其余部分为赭褐色。

幼虫　老熟时体长约28mm；头黑褐色，体黄褐色。体背部有成对黑色毛瘤，其上长有白色毒毛。

卵　椭圆形，淡绿或黄绿色。卵块半球形，外覆深黄色绒毛。

蛹　棕色，臀刺有钩刺。茧黄褐色，较薄，覆白色毒毛。

【发生规律】一年发生2代，以3~4龄幼虫作薄丝群集在树干向阳面树腋或凹陷处越冬。翌年4月中下旬开始取食，5月中下旬化蛹，6月上中旬成虫羽化、产卵；6月下旬至7月上旬第1代幼虫孵化，8月中下旬化蛹；9月上中旬第1代成虫羽化产卵，9月中下旬第2代幼虫孵化，11月幼虫进入越冬期。成虫白天静伏不动，常在夜间活动，趋光性强。幼虫常群集为害，3龄前取食叶肉，留下叶脉和表皮，使叶变色脱落，3龄后食全叶。4龄幼虫常将几枝小叶以丝网缠结一团，隐蔽在内取食为害。

【防治方法】

（1）物理防治　灯光诱杀，利用新型高压黑光灯诱杀成虫。

（2）人工防治　利用幼虫群集越冬习性，结合秋、冬养护管理，消灭越冬幼虫。

（3）药剂防治　幼虫初孵期喷施40%氧化乐果乳油800~1 000倍液，或20%氰戊菊酯乳油800~1 200倍液，或3%高渗苯氧威乳油2 500~3 000倍液防治。或用48%毒死蜱乳油800~1 000倍液，或45%丙溴·辛硫磷乳油1 000~1 500倍液，或20%甲维·茚虫威悬浮剂1 200~1 500倍液，或100g/L联苯菊酯乳油2 000~3 000倍液等药剂进行防治。

十三、鹅掌楸

1. 炭疽病

【寄主】鹅掌楸、紫罗兰、夹竹桃、女贞、桂花、七叶树等。

【症状】病害发生于叶片上，病斑近圆形或不规则，2～5cm，常发生于叶的边缘，初为深褐色斑点，扩大后边缘宽，深红色，中央灰白色，上散生黑色小点，即病菌分生孢子盘。

【病原】盘长孢刺盘孢菌 *Colletotrihum gloeosporioides* Denz.，属半知菌亚门真菌。

【发病规律】病菌在病残体上越冬。翌年春温度适宜时，即产生分生孢子，借风雨传播，多从伤口和气孔侵入。梅雨季节发病严重。

【防治方法】参见香樟炭疽病防治方法。

2. 樗蚕蛾

【学名】*Philosamia cynthia* Walker et Felder

【寄主】鹅掌楸、乌桕、喜树、臭椿、银杏、槐树、柳树等。

【为害症状】幼虫食叶和嫩芽，轻者食叶成缺刻或孔洞，严重时把叶片吃光。

【形态特征】

成虫 体长 25～30mm，翅展 110～130mm，体青褐色；头部四周、颈部前端、前胸后缘、腹部背面、侧线及末端都为白色；腹部背面各节有白色斑纹 6 对，其中间有断续的白纵线。前翅褐色，前翅顶角后缘呈钝钩状，顶角圆而凸出，粉紫色，具有黑色眼状斑，斑的上边为白色弧形。前后翅中央各有 1 个较大的新月形斑，新月形斑上缘深褐色，中间半透明，下缘土黄色；外侧具 1 条纵贯全翅的宽带，宽带中间粉红色、外侧白色、内侧深褐色、基角褐色，其边缘有 1 条白色曲纹。

卵 灰白色或淡黄白色，有少数暗斑点，扁椭圆形，长约 1.5mm。

幼虫 幼龄幼虫淡黄色，有黑色斑点；中龄后全体被白粉，青绿色。

蛹 棕褐色，长 26～30mm，宽约 14mm。椭圆形，体上多横皱纹。

【发生规律】一年发生 2 代，越冬蛹于 4 月下旬开始羽化为成虫，成虫有趋光性，并有远距离飞行能力，飞行可达 3 000 m 以上；羽化出的成虫当即进行交配。成虫寿命 5～10 天。卵产在寄主的叶背和叶面上，聚集成堆或成块，每雌产卵 300 粒左右，卵历期 10～15 天。初孵幼虫有群集习性，3～4 龄后逐渐分散为害。在枝叶上由下而上，昼夜取食，并可迁移。第 1 代幼虫在 5 月为害，幼虫历期 30 天左右。幼虫蜕皮后常将所蜕之皮食尽或仅留少许。幼虫老熟后即在树上缀叶结茧，树上无叶时，则下树在地被物上结褐色粗茧化蛹。第 2 代茧期约 50 天，7 月底 8 月初是第 1 代成虫羽化产卵时间。9—11 月为第 2 代幼虫为害期，以后陆续作茧化蛹越冬，第 2 代越冬茧，长达 5～6 个月，蛹藏于厚茧中。

【防治方法】

（1）**人工防治**　成虫产卵或幼虫结茧后，可人工摘除。对幼虫在树皮越冬的，对树干进行涂白。

（2）**物理防治**　成虫有趋光性，掌握好各代成虫的羽化期，安装黑光灯进行诱杀。

（3）**药剂防治**　幼虫为害初期，喷洒 40%氧化乐果乳油 800～1 000 倍液，或 20%氰戊菊酯乳油 800～1 200 倍液，或 45%丙溴·辛硫磷乳油 1 000～1 500 倍液，或 20%甲维·茚虫威悬浮剂 1 200～1 500 倍液，或 100g/L 联苯菊酯乳油 2 000～3 000 倍液等药剂进行防治。

（4）**物理防治**　灯光诱杀成虫或利用趋光性，用糖醋液诱杀。糖：酒：水：醋（2：1：2：2）+少量敌百虫。

（5）**保护和利用天敌**　绒茧蜂、聚瘤姬蜂、黑瘤姬蜂、樗蚕黑点瘤姬蜂等。

3. 红蜡蚧

【学名】 *Ceroplastes rubens* Maskell

【寄主】 桂花、构骨、杜英、山茶、石榴树、桂花、火棘、月桂、栀子、蔷薇、茶梅、月季、玫瑰、山茶花、八角金盘、樱花、白玉兰等多种植物。

【形态特征】

成虫　雌介壳近椭圆形，蜡壳较厚，为不完整的半球形，长 3～4mm，高约 2.5mm。初为深玫红色，随着虫体老熟，蜡壳变为红褐色。顶部凹陷形似脐状，边缘向上翻起呈瓣状，自顶端至底边有 4 条白色蜡带。雌成虫体椭圆形，长约 2.5mm，紫红色。雄虫蜡被呈星芒状，紫红色，至化蛹时蜡壳长椭圆形，暗紫红色。雄成虫体长约 1mm，暗红色，翅展 2.4mm。前翅 1 对，白色半透明。触角 10 节。单眼及口器黑色，触角、足及交尾器均淡黄色。

卵　椭圆形，淡红色，长约 0.3mm。

若虫　初孵时扁椭圆形，长约 0.4mm，暗红色，腹端部有 2 根长毛。2 龄时呈广椭圆形，稍凸起，暗红色，体表被白色蜡质。3 龄时蜡质增厚。

蛹　雄蛹长约 1.2mm，淡黄色。

茧　长约 1.5mm，椭圆形，暗红色。

【为害症状】 红蜡蚧又称为红蜡虫、红粉蜡，成虫和若虫密集寄生在植物枝干上和叶片上，吮吸汁液为害。雌虫多在植物枝干上和叶柄上为害，雄虫多在叶柄和叶片上为害，并能诱发煤污病，致使植株长势衰退，树冠萎缩，全株发黑，严重为害则造成植物整株枯死。

【发生规律】一年发生1代，以受精卵雌成虫在枝干上越冬。初孵若虫经一定时间爬行后固定于寄主上取食，一般固定6小时开始泌蜡，经15天能形成星芒蜡被，一旦形成蜡质层后再进行防治，防治效果就不太理想。

【防治方法】

（1）**人工防治**　合理修剪，及时剪除带虫枝叶，集中销毁。消灭虫源，防止蔓延。

（2）**药剂防治**　①冬季和早春植物发芽前，可喷施1次3~5波美度石硫合剂、3%~5%柴油乳剂等药剂，消灭越冬代若虫和雌虫。②在若虫卵孵化期，可喷洒40%杀扑磷乳油800~1 000倍液，或22.4%螺虫乙酯悬浮剂1 000~1 500倍液，或40%啶虫·毒死蜱1 000~2 000倍液，或20%甲氰菊酯乳油2 000~3 000倍液。也可喷洒40%吡虫·杀虫单水分散粒剂1 200~1 500倍液等内吸性、渗透性强的药剂。每隔7~10天喷1次，共喷2~3次，喷药时要求均匀周到。

（3）**保护和利用天敌**　蜡蚧扁角短尾跳小蜂、单带巨角跳小蜂等。

十四、樱 花

1. 樱花褐斑穿孔病

【寄主】樱花、樱桃、梅、碧桃、红叶李、杏等核果类观赏植物。

【症状】真菌引起的穿孔如樱花褐斑穿孔病主要为害叶片，也侵染新梢，多从树冠下部开始，渐向上扩展。发病初期叶正面散生针尖状的紫褐色小斑点，后扩展为圆形或近圆形、直径 3~5mm 的病斑，褐斑边缘紫褐色，后期病斑上出现灰褐色霉点；斑缘产生分离层，病斑干枯脱落，形成穿孔。

【病原】核果尾孢菌 *Cercospora circumscissa*，半知菌亚门丝孢纲丝孢目真菌。

【发病规律】樱花褐斑穿孔病病菌在病叶或梢部越冬，翌年产生孢子借助风雨传播，从气孔侵入。每年 6 月始发，8—9 月病重。大风雨多的年份病重，夏季干旱、树势弱易发病。细菌性穿孔病在枝条溃疡内及病芽内越冬，翌年气温回升，细菌借助风雨、昆虫传播，从气孔或皮孔侵入，每年 4 月下旬开始，6—7 月病重。

【防治方法】

（1）人工防治　秋、冬季节及早清除落叶，将其集中烧毁；生长季节要经常修剪病虫枝、瘦弱枝、枯死枝，确保树冠通透良好。

（2）药剂防治　春季萌发前，用 2~3 波美度的石硫剂进行树体消毒。发病初期，用 85% 代森锰锌可湿性粉剂 600~800 倍液，或 50% 多菌灵可湿性粉剂 800~1 000 倍液，或 70% 甲基硫菌灵可湿性粉剂 1 000 倍液喷洒植株，每 15 天喷施 1 次，连喷 2~3 次，具有较好的防治效果。

2. 樱花白纹羽病

【寄主】樱花、杨树、柳树、银杏、梅、海棠、山桃、雪松、榆叶梅、牡丹、芍药等多种植物。

【症状】该病主要发生在树木根部，须根发病后逐渐向侧根和主根蔓延。其发病特征是在病根上覆盖一层灰白色丝网状物，以后根部腐烂，造成皮层脱离，根部吸收功能严重丧失。发病轻者樱花生长不良，树势衰弱，重者造成死亡。

【病原】白纹羽束丝菌 *Dematophora necatrix* Harting，有性世代为罕见的褐座坚壳菌 *Rosellinia necatrix*。

【发病规律】以菌丝、菌索和菌核在土壤中或病残体中越冬。该病为土传根病，侵染循环不明显；翌年4—5月雨水多、土壤潮湿条件下，菌索在土中蔓延传播；病菌可从伤口和嫩根皮孔侵入。一般在排水不良、生长势衰弱和涝洼地种植的树木发病重；北方地区以7—8月发生严重；后期菌丝膜上长有黑色小粒点，即病原的子囊壳。

【防治方法】

（1）**人工防治**　加强日常养护管理，注意抗旱排涝。合理施肥，促进根系生长强壮；已发生严重的病株，应及时伐除并烧毁。

（2）**药剂防治**　种植前进行土壤消毒，用40%五氯硝基苯可湿性粉剂。生长期发病，建议使用25%丙环唑乳油2 000~2 500倍液，或70%敌磺钠可湿性粉剂800~1 000倍液，用药前若土壤潮湿，建议晾晒后再灌透。

3. 蓝目天蛾（附图2-32）

【学名】*Smerinthus planus planus* Walker

【寄主】凌霄、杨树、柳树、桃树、樱花、丁香、海棠、女贞等园林植物。

【为害症状】低龄幼虫取食植物叶片表皮，多将叶片咬成孔洞或缺刻。高龄后的大幼虫食量大增，可将叶片吃光仅残留部分叶脉和叶柄，严重时常常食成光枝，削弱树势。树下常有大粒虫粪落下，较易发现。

【形态特征】

成虫　体长30~35mm，翅展80~90mm，体翅灰黄至淡褐色；触角淡黄色，复眼大，暗绿色；胸部背面中央有一个深褐色大斑。前翅顶角及臀角至中央有三角形浓淡相交暗色云状，外缘翅脉间内陷呈浅锯齿状，缘毛极短；亚外缘线、外横线、内横线深褐色；肾状纹清晰、灰白色基线较细、弯曲；外横线、内横线下端被灰白色剑状切断纹；后翅淡黄褐色，中央紫红色，有一个深蓝色的大圆眼状斑，斑外有一个黑色圈，最外围蓝黑色，蓝目斑上方为粉红色；后翅反面眼状斑不明显。

卵　椭圆形，长径约1.8mm；初产鲜绿色，有光泽，后为黄绿色。

幼虫　老熟幼虫体长70~80mm，宽4.5~5mm，头较小；黄绿色，近三角形，两侧色淡黄；胸部青绿色，各节有较细横格；前胸有6个横排的颗粒状凸起；中胸有4小环，每环上左右各有1个大颗粒状凸起；后胸有6小环，每环也各有1个大颗粒状凸起。腹部色偏黄绿，第1~8腹节两侧有白色或淡黄色斜纹7条，最后一条斜纹直达尾角。尾角斜向后方，长8.5mm左右。气门筛淡黄色，围气门片黑色，前方常有紫色斑或淡黄色点，腹部腹面颜色稍深。胸足褐色，腹足绿色，端部褐色。

蛹　长柱状，长40~43mm。初化蛹暗红色，后为暗褐色；翅芽短，尖端仅达腹部第3节的2/3处，臀角向后缘凸出处明显。

【发生规律】以蛹在寄主附近根际土壤60~100mm深处越冬。翌年5月中下旬出现第1代成虫；7月中下旬出现第2代成虫；9月上旬老熟幼虫入土化蛹；成虫多在晚间羽化，成虫爬出蛹壳时，排出较大量的带黄色的乳白色混浊液体。成虫飞翔力强，有趋光性。成虫羽化后，一般多在夜间进行交尾、产卵。产卵地点一般以叶背及枝条上为多。卵单产，偶有产成一串的，均由黏性分泌物牢牢黏住，每雌虫一生可产卵200~400粒。卵经7~14天孵化为幼虫，初孵幼虫大多能将卵壳吃去大半，然后爬到叶背面主脉上停留，以腹部第6节腹足及臀足紧抓叶脉，能吐少量的丝，偶尔跌落时，能悬挂在树上。1~2龄幼虫分散取食较嫩的叶片，将叶吃成缺刻；4~5龄幼虫食量骤增，特别是5龄幼虫取食量极大，常将树叶吃尽，仅剩光枝。幼虫共5龄，幼龄幼虫体色与寄主叶色相似。4龄后雌幼虫的体色较黄，雄幼虫的体色较绿。老熟幼虫在化蛹前2~3天，体背呈暗红色，即从树上爬下钻入根际土壤中，在土内钻成一椭圆形土室，在土室过1~2天，即蜕皮化蛹越冬。

【防治方法】

（1）**人工防治**　冬季翻土，蛹期可在树木周围耙土、锄草或翻地，杀死越冬虫蛹。

（2）**物理防治**　利用天蛾成虫的趋光性，在成虫发生期用黑光灯、频振式杀虫灯等诱杀成虫。

（3）**药剂防治**　尽量选择在低龄幼虫期防治。用90%晶体敌百虫1 000倍液，或25%灭幼脲3号悬浮剂2 000~2 500倍液，或45%丙溴·辛硫磷乳油1 000~1 500倍液，或20%氰戊菊酯乳油800~1 000倍液喷杀幼虫，可轮换用药，以延缓抗性的产生。

（4）**保护和利用天敌**　螳螂、胡蜂、茧蜂、益鸟等。

4. 咖啡木蠹蛾

【学名】 *Zeuzera coffeae* Niether

【寄主】 菊花、月季、石榴树、白兰花、山茶、樱花、香石竹等花卉。

【为害症状】 该虫以幼虫钻蛀茎枝内取食为害，致使枝叶枯萎，甚至全株枯死。

【形态特征】

成虫　体灰白色，长15~18mm，翅展25~55mm；雄蛾端部线形，胸背面有3对青蓝色斑。腹部白色，有黑色横纹。前翅白色，半透明，布满大小不等的青蓝色斑点；后翅外缘有青蓝色斑点；后翅外缘有青蓝色斑8个。雌蛾一般大于雄蛾，触角丝状。

卵　圆形，淡黄色。

老龄幼虫　体长约30mm，头部黑褐色，体紫红色或深红色，尾部淡黄色。各节有很多粒状小凸起，上有白毛1根。

蛹　长椭圆形，红褐色，长14~27mm，背面有锯齿状横带。尾端具短刺12根。

【发生规律】 一年发生1~2代。以幼虫在被害部越冬。翌年春季转蛀新茎。5月上旬开始化蛹，蛹期16~30天，5月下旬羽化，成虫寿命3~6天。羽化后1~2天内交尾产卵。一般将卵产于孔口，数粒成块。卵期10~11天。5月下旬孵化，孵化后吐丝下垂，随风扩散，7月上旬至8月上旬是幼虫为害期。幼虫蛀入茎内向上钻，外面可见排粪孔。幼虫历期1个多月。10月上旬幼虫化蛹越冬。

【防治方法】

（1）**人工防治**　及时清理虫枝，剪下受害枝条烧毁。

（2）**药剂防治**　①6月上中旬幼虫孵化期，喷洒50%杀螟硫磷乳油或40%氧化乐果乳油 1 000 倍液，或 45% 丙溴·辛硫磷乳油 1 000~1 500 倍液，可轮换用药，以延缓抗性的产生。②药剂注射虫孔，毒杀干内幼虫。对已蛀入树干内的中、老龄幼虫，可用针管灌药注射虫孔。药剂使用 40% 氧化乐果乳油 50 倍液，或 80% 敌敌畏乳油 60~100 倍液。

（3）保护和利用天敌　啄木鸟。

5. 梨冠网蝽（附图 2-33）

【学名】*Stephanotis nashi*（Esaki et Takeya）

【寄主】樱花、日本樱花、西府海棠、垂丝海棠、贴梗海棠、毛杜鹃、桃树、梨等多种植物。

【为害症状】成虫、若虫群集在叶片上吸取汁液。叶面出现黄白色斑点，叶绿素逐渐被破坏，光合作用严重受阻，同时在叶背还可见到很多黑褐色虫粪黏液和蜕皮壳，使叶背呈黄褐色锈状斑点，引起叶片苍白甚至早期落叶，影响生长发育及开花。

【形态特征】

成虫　体长 3~3.5mm，扁平，暗褐色；头小，复眼暗黑，触角丝状，翅上布满网状纹；前胸背板向后延伸成三角形，盖住中胸，两侧向外凸出呈翼片状，褐色细网纹。前翅略呈长方形，具黑褐色斑纹，静止时两翅叠起，黑褐色斑纹呈"X"状。虫体胸腹面黑褐色，有白粉。腹部金黄色，有黑色斑纹。足为黄褐色。

卵　长椭圆形，长约 0.6mm，稍弯，初淡绿后淡黄色。

若虫　暗褐色的若虫身体扁平。体缘具黄褐色的刺状凸起。

【发生规律】一年发生 3~5 代，世代重叠。以成虫潜伏在落叶间、杂草、灌木丛中、枯老裂皮缝及根际土块中越冬，管理比较粗放的绿地中以及干旱的年份发生为害严重。3 龄以后逐渐扩大为害范围。若虫期为 13~16 天，成虫多在夜间羽化，6 月中旬为成虫羽化盛期。全年为害最重时期为 7—8 月，即第 2、第 3 代发生期，9 月下旬至 10 月上旬开始飞向越冬场所。

【防治方法】

（1）人工防治　清除落叶、杂草，刮除枝干粗翘皮，集中烧毁，可消灭部分越冬虫源。

（2）药剂防治　①幼虫发生期，叶面喷洒 50% 杀螟硫磷乳油 800~1 000 倍液，或 40% 氧化乐果乳油 1 000 倍液，或 10% 吡虫啉可湿性粉剂 1 000~1 500 倍液，或 20% 辛马乳油 1 000~1 500 倍液，或 50% 啶虫脒水分散粒剂 3 000~5 000 倍液。虫口密度大时，可喷施 80% 烯啶·吡蚜酮水分散粒剂 3 000 倍液，或 22% 噻虫·高氯氟悬浮剂 4 000 倍液等。②根施 3% 克百威颗粒剂，根灌 22.4% 螺虫乙酯悬浮剂 1 500~2 000 倍液。

6. 桃粉蚜（附图 2-34）

【学名】*Hyalopterus arundimis* Fabricius

【寄主】红叶李、桃树、杏树、碧桃、榆叶梅、樱花、樱桃等多种植物。

【为害症状】成蚜、若蚜群集于新梢和叶背刺吸汁液受害叶片呈花叶状，增厚，叶片灰绿或变蓝，向叶背后对合至纵卷，卷叶内虫体被白色蜡粉。严重时叶片掉落，新梢不能生长。排泄蜜露常导致煤污病。

【形态特征】

无翅胎生雌蚜 体长约 2.3mm，宽约 1.1mm，长椭圆形，绿色，被覆白粉，腹管细圆筒形，尾片长圆锥形，上有长曲毛 5~6 根。

有翅胎生雌蚜 体长约 2.2mm，宽约 0.89mm，长卵形，头、胸部黑色，腹部橙绿色至黄褐色，被覆白粉，腹管短筒形，触角黑色，第 3 节上有圆形次生感觉圈数十个。

卵 椭圆形，长 0.5~0.7mm，初产时黄绿色，后变黑绿色，有光泽。

若虫 形似无翅胎生雌蚜，但体小，淡绿色，体上有少量白粉。

【发生规律】一年发生 20 代左右，生活周期类型属乔迁式。主要以卵在桃、李、杏、梅、樱花等枝条的芽腋和树皮裂缝处越冬。翌年当树木芽苞膨大时，越冬卵开始孵化，初孵蚜群集叶背和嫩尖处为害，5 月中上旬繁殖为害最盛，6—7 月大量产生有翅蚜，迁飞到第 2 寄主（如樱花、桃树等）为害；10—11 月又产生有翅蚜，迁回第 1 寄主，继续为害一段时间后，产生两性蚜，性蚜交尾产卵越冬。桃粉蚜扩大为害，主要靠无翅蚜爬行或借风吹扩散。

【防治方法】

（1）**物理防治** 采用黄色胶板诱杀有翅蚜。

（2）**药剂防治** 可喷洒 50%啶虫脒水分散粒剂 2 000~3 000 倍液，或 50%抗蚜威可湿性粉剂 2 000~4 000 倍液，或 10%吡虫啉可湿性粉剂 800~1 000 倍液，或 40%氧化乐果乳油 800~1 000 倍液，还可喷施 80%烯啶·吡蚜酮水分散粒剂 2 500~3 000 倍液，或 22%噻虫·高氯氟悬浮剂 3 500~4 000 倍液等药剂进行喷施，以上药剂交替使用，以免产生药害。喷药时间应掌握在蚜虫高峰期前，选择晴天的傍晚进行喷施，要求喷雾均匀。

（3）**保护和利用天敌** 蚜茧蜂、草蛉、食蚜蝇、捕食性瓢虫类等。

7. 朱砂叶螨

【学名】*Tetranychus cinnabarinus*（Boisduval）

【寄主】一串红、香石竹、樱花、白玉兰、月季等。

【为害症状】主要以成螨和幼螨在寄主叶背吸汁液，使叶面产生白色点状。盛发期在茎、叶上形成一层薄丝网，使植株生长不良，严重时导致整株死亡。

【形态特征】

成螨 体色变化较大，一般呈红色，也有褐绿色等；足 4 对；雌螨体长 0.38~0.48mm，卵圆形；体背两侧有块状或条形深褐色斑纹。斑纹从头胸部开始，一直延伸到腹末后端；有时斑纹分隔成 2 块，其中前一块大些。雄虫略呈菱形，稍小，体长 0.3~0.4mm。腹部瘦小，末端较尖。

卵 为圆形，直径约 0.13mm。初产时无色透明，后渐变为橙红色。

若螨 初孵幼螨体呈近圆形，淡红色，长 0.1~0.2mm，足 3 对；幼螨蜕 1 次皮后为第 1 若螨，比幼螨稍大，略呈椭圆形，体色较深，体侧开始出现较深的斑块。足 4 对，此后雄若螨即老熟，蜕皮变为雄成螨。雌性第 1 若螨蜕皮后成第 2 若螨，体比第 1 若螨大，再次蜕皮才成雌成螨。

【发生规律】 一年发生 10~20 代，以受精雌成螨在土块缝隙、树皮裂缝及枯枝落叶等处越冬。越冬螨少数散居。翌年春季，气温 10℃ 以上时开始活动，温室内无越冬现象，喜高温。雌成螨寿命 30 天，越冬期为 5~7 个月。该螨世代重叠，在高温干燥季节易暴发成灾。主要靠爬行和风进行传播。当虫口密度较大时螨成群集，吐丝串联下垂，借风吹扩散。主要是以两性生殖，也能孤雌生殖。

【防治方法】 参见白玉兰朱砂叶螨防治方法。

十五、红叶李

1. 红叶李细菌性穿孔病

【寄主】红叶李、桃树、杏树、樱花等。

【症状】初发病时，叶片开始出现水渍状小褐点，然后逐步扩展成直径 2cm 左右的紫褐色圆形或多角形病斑，病斑周边有浅黄色晕圈，最后病斑逐渐干枯并脱落呈孔状。有的多个病斑相连形成焦枯状大斑，干燥脱落后形成大的穿孔，严重时造成叶片脱落。枝条受害后形成溃疡，受害部位呈暗紫色病斑，病斑上常发生大小不同程度的裂纹。

【病原】甘蓝黑腐黄单胞菌桃穿孔致病型 *Xanthomonas campestris* pv. *pruni* (Smith) Dye，异名 *Xanthomonus pruni* (Smith) Dowson. 。

【发病规律】一般由细菌引起，病原菌在枝梢病斑和病芽内越冬。翌年春天气温上升时，潜伏的细菌开始活动，并释放出大量细菌，借风雨、露滴、露雾及昆虫传播，经叶片气孔、枝条的芽痕和果实的皮孔侵入。叶片一般于 5 月 24~28℃时发病，夏季干旱时病势进展缓慢，至秋季，雨季又发生后期侵染。在降雨频繁、多雾和温暖阴湿的天气下，病害严重，干旱少雨时则发病轻。树势弱，排水、通风不良的桃园发病重。虫害严重时，如红蜘蛛为害猖獗时，病菌从伤口侵入，发病严重。

【防治方法】

(1) **人工防治** 加强肥水管理，增强植株抗病性；春季合理修剪，增加植株透风、透光性；注意防治蚜虫、介壳虫等刺吸式害虫，减少传染概率；结合冬季清园修剪，剪除枯枝、病梢，及时清扫落叶等，集中烧毁，消灭越冬菌源。

(2) **药剂防治** 春季发芽前，喷施 5 波美度石硫合剂或 1∶1∶100 等量式波尔多液，消灭菌源；发病初期喷施 15%链霉素可湿性粉剂 500 倍液，或 65%代森锌可湿性粉剂 600 倍液，每 10 天喷施一次，连喷 2~3 次。

2. 红叶李流胶病 (附图 2-35)

【寄主】红叶李、桃树等。

【症状】该病主要为害枝、干，亦为害果实。枝干皮层表面以皮孔为中心隆起，渐生出黑色小点，后开裂，陆续溢出透明、柔软状树脂，由黄白色渐次变为褐色、红褐色至茶褐色硬块，树枝枯死时感染部位的皮层呈灰白色环状斑。果实受害，果面溢出黄色胶质。枝、干病部易被腐朽病菌侵染，使皮层和木质部变褐腐朽，树势衰弱，叶片稀疏变黄，严重时可造成全树枯死。

【病原】有性世代为子囊菌亚门茶藨子葡萄座腔菌 *Botryosphaeia ribis*；无性世代为半知菌亚门聚生小穴壳菌 *Dothiorella gregaria* Sacc.。

【发病规律】病菌以菌丝体和分生孢子器在被害枝、干部或病残体上越冬，翌春3—4月产生大量分生孢子，借风雨传播，从枝、干皮孔侵入造成新的侵染。当日气温达到15℃左右时，病部即开始渗出胶液，随气温上升，流胶点和流出的胶液量均增多。每年4月上旬至5月期间以及9月下旬为病害发生高峰期。至10月底，病害逐渐停止蔓延。该病对小树和大树均有为害。

【防治方法】

（1）**人工防治** 及时清除病死株、重病株，集中烧毁，病穴施药，以减少侵染源。

（2）**药物防治** ①涂抹：休眠期刮去胶块，再涂抹2.12%腐殖酸·铜水剂500~600倍液，或50%甲基硫菌灵可湿性粉剂600~1 000倍液等。②发病初期喷淋或浇灌：2.12%腐殖酸·铜水剂800~1 000倍液，或50%多菌灵可湿性粉剂700~800倍液，或70%甲基硫菌灵可湿性粉剂800~1 000倍液，或75%百菌清可湿性粉剂800倍液。

3. 膏药病

【寄主】西府海棠、红叶李、板栗、漆树、桃树、毛白杨、构树、檫树、李树等。

【症状】常见的有灰色膏药病、褐色膏药病两种。主要发生在枝条和根茎部，在枝干上形成厚菌膜。

灰色膏药病 初生白色棉毛状物，后转为暗灰色，中间暗褐色。稍厚，四周较薄，表面光滑。湿度大时，上面覆盖一层白粉状物。

褐色膏药病 在枝条或根茎部形成椭圆形至不规则形厚菌膜，像膏药一样贴在枝条上，栗褐色，较灰色膏药病稍厚，表面丝绒状，较粗糙，边缘有一圈窄灰白色带，后期表面龟裂，易脱落。

【病原】①灰色膏药病病原为柄隔担耳菌 *Septobasidium pedicellatum*（Schw.）Pat.，属担子菌亚门真菌。②褐色膏药病病原为田中隔担耳菌 *Septobasidium tanakae* Miyabe，属担子菌亚门真菌。

【发病规律】病菌以菌丝体在枝干上越冬，翌年春末夏初，湿度大时形成子实层，产生担孢子，担孢子借气流和介壳虫传播蔓延，菌丝迅速生长形成菌膜。土壤黏重或排水不良，隐蔽湿度大的易发病，蚧为害严重的发病重。

【防治方法】

（1）**人工防治** 剪除病枝或刮除病菌的子实体和菌膜，并喷洒1∶1∶100倍波尔多液或20%石灰乳。

（2）**药剂防治** ①灭除介壳虫、蚜虫是预防膏药病的重要措施，可用40%杀扑磷乳油1 000~1 200倍液，或40%氧化乐果乳油800~1 000倍液，或40%啶虫·毒死蜱乳油1 000~1 500倍液，喷雾防治刺吸式害虫。②初期刮除病斑，直接喷施或者涂抹50%

甲基硫菌灵可湿性粉剂 600~800 倍液，或用 50% 多菌灵可湿性粉剂 500~600 倍液，或 70% 代森锰锌可湿性粉剂 500 倍液于病部。

4. 草履蚧（附图 2-36）

【学名】*Drosicha contrahens*（Kuwana）

【寄主】白蜡、红叶李、樱花、海棠、紫薇、无花果树、红枫、柑橘、月季等。

【为害症状】若虫和雌虫常成堆聚集在芽腋、嫩梢、叶片和枝干上吸食汁液为害，造成植株生长不良，早期落叶。

【形态特性】

成虫 雌成虫无翅，体长约 10mm，椭圆形，扁平，体背面有皱褶和纵沟，形似草履，赭色，腹面及边缘枯黄色，体背有白色蜡粉；触角 8 节，节上多粗刚毛；足黑色，粗大。雄成虫长 5~6mm，紫红色，半透明，翅脉 2 条，后翅小，仅有三角形翅茎；触角 10 节，因缢缩并环生细长毛，似有 26 节，呈念珠状；头、胸、前翅淡黑色，翅面有许多伪横脉，后翅退化为平衡棒，腹部末端有 4 根根状凸起。

卵 椭圆形，初为白色，孵化前枯黄色，产于白色绵状卵囊内。

若虫 体形与雌成虫相似，但较小，色较深。初孵化时棕黑色，腹面较淡，触角棕灰色，唯第 3 节淡黄色，很明显。

蛹 仅雄虫有蛹。圆筒状，橘红色，有明显翅芽，外有白色绵状物。

【发生规律】一年发生 1 代，主要以卵在卵囊内于土中越冬。翌年 2 月越冬卵开始孵化，孵化期延续月余；2 月中旬后，随气温升高，陆续出土上树，若虫出土后沿树干爬至梢部、芽腋或初展新叶的叶腋刺吸为害；2 月底达盛期，3 月中旬基本结束。4—5 月为害加重，5 月中旬羽化为雄成虫，到 5 月下旬至 6 月上旬陆续下树，钻入树干周围石块下、土缝等处，先分泌白色蜡质絮状物形成卵囊，覆于腹末，一边产卵，一边继续分泌蜡质棉絮状层，依次重叠，一般 5~8 层，产卵期 3~6 天；卵有白色蜡丝包裹成卵囊，每囊有卵 100 多粒。产卵后雌虫体逐渐干瘪死亡，即以卵越夏过冬；草履蚧若虫、成虫的虫口密度高时，往往群体迁移，爬满附近墙面和地面。

【防治方法】参见白蜡草履蚧防治方法。

5. 桃粉蚜（附图 2-37）

【学名】*Hyalopterus arundimis* Fabricius

【寄主】红叶李、桃树、杏树、榆叶梅、樱花、樱桃等多种植物。

【为害症状】无翅胎生雌蚜和若蚜群集于新梢和叶背刺吸汁液受害叶片呈花叶状，增厚，叶片灰绿或变蓝，向叶背后对合至纵卷，卷叶内虫体被白色蜡粉；严重时叶片掉落，新梢不能生长，排泄蜜露常导致煤污病。严重时使枝叶呈暗黑色，影响植株生长和观赏价值。

【形态特征】

无翅胎生雌蚜 体长约 2.3mm，宽约 1.1mm，长椭圆形，绿色，被覆白粉，腹管细圆筒形，尾片长圆锥形，上有长曲毛 5~6 根。

有翅胎生雌蚜 体长约 2.2mm，宽约 0.89mm，体长卵形，头、胸部黑色，腹部橙绿色至黄褐色，被覆白粉，腹管短筒形，触角黑色，第 3 节上有圆形次生感觉圈数十个。

卵 椭圆形，长 0.5~0.7mm，初产时黄绿色，后变黑绿色，有光泽。

若虫 形似无翅胎生雌蚜，但体小，淡绿色，体上有少量白粉。

【发生规律】 一年发生 20 代左右，生活周期类型属乔迁式。主要以卵在寄主枝条的芽腋和树皮裂缝处越冬。翌年当树木芽苞膨大时，越冬卵开始孵化，初孵蚜群集叶背和嫩尖处为害，5 月中上旬繁殖为害最盛，6—7 月大量产生有翅蚜，迁飞到第 2 寄主（如樱花、桃树等）为害；10—11 月又产生有翅蚜，迁回第一寄主，继续为害一段时间后，产生两性蚜，性蚜交尾产卵越冬。桃粉蚜扩大为害，主要靠无翅蚜爬行或借风吹扩散。

【防治方法】

（1）**人工防治** 消灭越冬卵，结合冬季修剪，除去有虫卵的枝条，以减少越冬虫口基数。

（2）**物理防治** 采用黄色粘虫板诱杀有翅蚜。

（3）**药剂防治** 在卵量大的情况下，可于萌芽前喷洒 3~4 波美度的石硫合剂或 5%柴油乳剂。蚜虫发生期可喷洒 50%啶虫脒水分散粒剂 2 000~3 000 倍液，或 50%抗蚜威可湿性粉剂 2 000~4 000 倍液，或 10%吡虫啉可湿性粉剂 1 000~1 500 倍液，或 40%氧化乐果乳油 800~1 000 倍液，喷药时间掌握在蚜虫高峰期前，选择晴天的傍晚均匀喷洒。

（4）**保护和利用天敌** 蚜茧蜂、草蛉、食蚜蝇、捕食性瓢虫类等。

6. 双齿绿刺蛾（附图 2-38）

【学名】 *Latoia hilarata* Staudinger

【寄主】 海棠、紫叶李、桃树、山杏、柿树、白蜡、苹果树、梨树、樱桃、梅、黑刺李、枣、核桃、栗、柑橘等。

【为害症状】 低龄幼虫多群集叶背取食叶肉，3 龄后分散食叶成缺刻或孔洞，白天静伏于叶背，夜间和清晨活动取食，严重时常将叶片吃光。

【形态特征】

成虫 体长 7~12mm，翅展 21~28mm，头部、触角、下唇须褐色，头顶和胸背绿色，腹背苍黄色；前翅绿色，基斑和外缘带暗灰褐色，基斑在中室下缘呈角状外突，略呈五角；外缘带较宽与外缘平行内弯，其内缘在 Cu_2 处向内突，呈一大齿，在 M_2 上有一较小的齿突，故得名，这是本种与中国绿刺蛾区别的明显特征。后翅苍黄色，外缘略带灰褐色，臀色暗褐色，缘毛黄色；足密被鳞。雄虫触角栉齿状，雌虫丝状。

卵 长 0.9~1.0mm，宽 0.6~0.7mm，椭圆形扁平、光滑。初产乳白色，近孵化时淡黄色。

幼虫 体长约 17mm，蛞蝓型，头小，大部缩在前胸内，头顶有 2 个黑点，胸足退化，腹足小；体黄绿至粉绿色，背线天蓝色，两侧有蓝色线，亚背线宽杏黄色，各体节有 4 个枝刺丛，后胸和第 1、第 7 腹节背面的一对较大且端部呈黑色，腹末有 4 个黑色绒球状毛丛。

蛹 椭圆形，长约 10mm，肥大，初乳白至淡黄色，渐变淡褐色，复眼黑色，羽化前胸背淡绿，前翅芽暗绿，外缘暗褐，触角、足和腹部黄褐色。

茧 扁椭圆形，长 11~13mm，宽 6.3~6.7mm，钙质较硬，色多同寄主树皮色，一般为灰褐色至暗褐色。

【发生规律】 一年发生 2 代，以幼虫在枝干上结茧入冬。4 月下旬开始化蛹，蛹期 25 天左右，5 月中旬开始羽化，越冬代成虫发生期 5 月中旬至 6 月下旬；成虫昼伏夜出，有趋光性，对糖醋液无明显趋性；卵多产于叶背中部、主脉附近，块生，形状不规则，多为长圆形，每块有卵数十粒，单雌卵量百余粒。成虫寿命 10 天左右。卵期 7~10 天。第 1 代幼虫发生期 8 月上旬至 9 月上旬，第 2 代幼虫发生期 8 月中旬至 10 月下旬，10 月上旬陆续老熟，爬到枝干上结茧越冬。

【防治方法】

（1）**人工防治** ①秋冬季剪除虫茧或敲碎树干上的虫茧，集中烧毁，减少虫源。②初孵幼虫群集为害时，摘除虫叶，人工捕杀幼虫，捕杀时注意幼虫毒毛。

（2）**物理防治** 在成虫发生期，利用杀虫灯诱杀成虫。

（3）**药剂防治** 抓住幼虫 3 龄前群集为害期，喷施 40% 氧化乐果乳油 800~1 000 倍液，或 48% 毒死蜱乳油 1 000~1 200 倍液，或 20% 氰戊菊酯乳油 800~1 200 倍液，或 45% 丙溴·辛硫磷乳油 1 000~1 500 倍液防治，或 20% 甲维·茚虫威悬浮剂 1 200~1 500 倍液，或 100g/L 联苯菊酯乳油 2 000~3 000 倍液等药剂进行防治。

（4）**保护和利用天敌** 刺蛾紫姬蜂、螳螂、蟾等。

7. 小蓑蛾

【学名】 *Cydia trasias*（Meyrick）

【寄主】 龙柏、洒金柏、红叶李、香樟、悬铃木、重阳木、三角枫、紫薇、红叶石楠、复叶槭、海棠、木瓜、樱花等。

【为害症状】 该虫食性杂，幼虫在护囊中咬食叶片、嫩梢，或剥食枝干、果实皮层，低龄啃食叶肉残留叶面，3 龄后食叶成缺刻和孔洞，该虫喜集中为害，严重时将叶片吃光，影响树木的正常生长。

【形态特征】

成虫 体长约 5mm，黑褐色，胸部有蓝紫色闪光鳞片，前翅黑褐色。

卵 扁椭圆形，初产乳白色，渐变黑褐色。

幼虫 圆柱形，长约 9mm，黄色，有透明感，头部深褐色。

蛹 黄褐色，长约 8mm，臀刺 8 根。

【发生规律】一年发生 2 代，以老熟幼虫在果荚、枝条或树皮缝中越冬。翌年 3 月春季气温 10℃左右开始活动取食，成为早春的主要害虫之一。5 月中下旬后幼虫陆续化蛹，5 月下旬至 6 月中旬成虫羽化，成虫昼伏夜出，将卵产在树冠外围表层新发小枝的复叶叶柄基部，一般雌虫可产卵 109~266 粒，近期初孵幼虫从羽状复叶叶柄基部蛀入为害，受害处排出黑褐色粪末和木屑状物；有迁徙为害习性，第 1 代幼虫为害在 6 月至 8 月中旬，第 2 代幼虫为害在 8 月下旬至 9 月下旬。幼虫可借助风力扩散蔓延，8—9 月为害最为严重，大量取食叶片，至 11 月天气寒冷后进入冬眠。

【防治方法】

（1）**人工防治** 结合冬季修剪，剪除有虫枝条，消灭越冬虫源。

（2）**物理防治** 黑光灯诱杀成虫。

（3）**药剂防治** 6 月上旬幼虫孵化高峰期尚未扩散时喷洒药剂，可用 90% 晶体敌百虫 1 000~1 200 倍液，或 40% 氧化乐果乳油 800~1 000 倍液喷洒，或用 25% 灭幼脲 3 号悬浮剂 2 000~2 500 倍液，或 3% 高渗苯氧威乳油 2 000~3 000 倍液，或 20% 甲维·茚虫威悬浮剂 1 500 倍液，或 100g/L 联苯菊酯乳油 2 000~3 000 倍液等药剂进行防治。从上部枝条到茎基均匀喷雾。

（4）**保护和利用天敌** 肿腿蜂。

8. 朝鲜球坚蚧（附图 2-39）

【学名】*Didesmococcus koreanus* Borchsenius

【寄主】红叶李、海棠、三角枫、杜鹃、梅花、桃树、苹果树、杏树、榆叶梅等多种植物。

【为害症状】生长 2 龄以后的若虫和雌成虫聚集在枝干上刺吸枝、叶汁液，随着若虫的生长，虫体逐渐膨大，形成介壳，排泄蜜露常诱发煤污病，影响光合作用，削弱树势，重者枯死。

【形态特征】

成虫 雌体近球形，长约 4.5mm，宽约 3.8mm，高约 3.5mm，前、侧面上部凹入，后面近垂直。初期介壳软呈黄褐色，后期硬呈红褐至黑褐色，表面有极薄的蜡粉，背中线两侧各具一纵列不甚规则的小凹点，壳边平削与枝接触处有白蜡粉。雄体长 1.5~2mm，翅展约 5.5mm；头胸赤褐，腹部黄褐色；触角丝状 10 节，生黄白短毛；前翅发达白色半透明，后翅特化为平衡棒；性刺基部两侧各具 1 条白色长丝。

卵 椭圆形，长约 0.3mm，宽约 0.2mm，覆白蜡粉，初白色渐变粉红。

初孵若虫 长椭圆形，扁平，长约 0.5mm，淡褐至粉红色被白粉；触角丝状 6 节；眼红色；足发达；体背面可见 10 节，腹面 13 节，腹末有 2 个小凸起，各生 1 根长毛，固着后体侧分泌出弯曲的白蜡丝覆盖于体背，不易见到虫体。越冬后雌雄分化，雌体卵圆形，背面隆起呈半球形，淡黄褐色有数条紫黑横纹。雄体瘦小椭圆形，背稍隆起；赤褐色。

茧 长椭圆形，灰白半透明，扁平背面略拱，有2条纵沟及数条横脊，末端有一横缝。

【发生规律】一年发生1代，以2龄若虫在枝上越冬，外覆有蜡被；3月中旬开始从蜡被里脱出另找固定点，然后雌雄分化；雄若虫4月上旬开始分泌蜡茧化蛹，4月中旬开始羽化交配，交配后雌虫迅速膨大；5月中旬前后为产卵盛期，卵期7天左右；5月下旬至6月上旬为孵化盛期；初孵若虫分散到枝、叶背为害，落叶前叶上的虫转回枝上，以叶痕和缝隙处居多，此时若虫发育极慢，越冬前蜕1次皮，10月中旬后以2龄若虫于蜡被下越冬；全年4月下旬至5月上旬为害最盛。

【防治方法】

（1）**人工防治** 冬季剪除有虫枝条和清扫落叶，并集中销毁。

（2）**药剂防治** ①冬季或早春在寄主植物发芽前，可用5波美度石硫合剂液喷雾防治。②若虫孵化初期介壳尚未形成或未增厚时对药物敏感，可选用40%杀扑磷乳油800~1 000倍液，或40%氧化乐果乳油800~1 000倍液，或40%啶虫·毒死蜱乳油1 000~2 000倍液，或22.4%螺虫乙酯悬浮剂1 000~1 500倍液等内吸性、渗透性强的药剂喷洒。

（3）**保护利用天敌** 瓢虫、草蛉等。

十六、梧 桐

1. 星天牛

【学名】*Anoplophora chinensis* Forester

【寄主】梧桐、悬铃木、柳树、杨树等树木。

【为害症状】幼虫蛀干后有深褐色汁液从蛀孔流出。主要以幼虫蛀食梧桐近地面的树干基部及主根，树干下有成堆的虫粪，严重影响树体的生长发育，使植株生长衰退，甚至死亡。成虫咬食嫩枝皮层，形成枯梢，也会造成叶缺刻状。

【形态特征】

成虫 大中型，体长 19～39mm，漆黑色，触角超过体长，第 3～11 节基部有淡蓝色的毛环；鞘翅漆黑，基部密布颗粒，表面散布许多白色斑点。

幼虫 老熟时长 45～67mm，淡黄色，头部褐色，长方形，中部前方较宽，后方溢入；额缝不明显，上颚较狭长，单眼 1 对，棕褐色；触角小，3 节，第 2 节横宽，第 3 节近方形。前胸略扁，前胸背板前方左右各有 1 黄褐色飞鸟形斑纹，后方具同色的"凸"字形大斑块，略隆起；胸、腹足均退化。

蛹 纺锤形，长 30～38mm，初孵化时淡黄色，羽化前各部分逐渐变为黄褐色至黑色。翅芽超过腹部第 3 节后缘。触角细长、卷曲。

【发生规律】一年发生 1 代，跨年完成。以幼虫在树干基部或主根蛀道内越冬。越冬幼虫于翌年 3 月以后开始活动，翌年 4 月底 5 月初开始出现成虫，5—6 月为成虫羽化盛期。成虫出洞后啮食寄主细枝皮层或咬食叶片作补充营养，交尾后 10～15 天开始产卵，卵多产在树干离地面 5cm 的范围内，产卵处皮层有"L"或"⊥"形伤口，表面湿润，较易识别。每雌产卵约 70 余粒，卵期 9～14 天。幼虫孵出后，在树干皮下向下蛀食，一般进入地面下 17cm 左右，但亦有继续沿根而下，深可达 30cm；幼虫在皮下蛀食 3~4 个月后才深入寄主木质部，转而向上蛀食，形成隧道，隧道一般与树干平行，长 10～17cm，上端出口为羽化孔；幼虫咬碎的木屑和粪便，部分推出堆积在树干基部周围地面，容易被发现。幼虫于 11—12 月进入越冬，如果当年已成长，则翌年春天化蛹，否则仍需继续取食发育至老熟化蛹。整个幼虫期长达 300 多天。蛹期 20～30 天。

【防治方法】

（1）**幼虫孵化期** 在树干上喷洒 40% 氧化乐果乳油 800～1 000 倍液，或 90% 晶体敌百虫乳油 1 000～1 200 倍液，毒杀卵和初孵化幼虫。

（2）**幼虫为害期** 找新鲜虫孔，清理木屑，用注射器注入 80% 敌敌畏乳油 50 倍液，或 50% 杀螟硫磷乳油 100 倍液，或塞入磷化铝片剂，使药剂进入孔道，施药后可用胶泥封住虫孔，或 3.2% 甲维·啶虫脒乳剂插瓶，可毒杀其中幼虫。

（3）**成虫为害期** ①在成虫补充营养，啃食枝条上的树皮，可往树干、树冠上喷洒 45% 马拉硫磷乳油 800~1 000 倍液，或 50% 辛硫磷乳油 1 000~1 500 倍液，毒杀成虫。②人工捕捉成虫。

（4）**保护和利用天敌** 肿腿蜂、红头茧蜂、白腹茧蜂、柄腹茧蜂、跳小蜂等。

2. 梧桐木虱（附图 2-40）

【**学名**】*Psylla chinensis* Yang et Li
【**寄主**】梧桐、楸树、梓树等。
【**为害症状**】以若虫、成虫在梧桐叶背或幼嫩干上吸食树液，破坏输导组织，尤以幼树受害最大，严重时导致整株叶片发黄，顶梢枯萎；若虫分泌的白色棉絮状蜡质物，将叶面气孔堵塞，影响叶部正常的光合作用和呼吸作用，使叶面呈现苍白萎缩为害症状；起风时，白色蜡丝随风飘扬，形如飞雾，严重污染周围环境，影响市容市貌。

【**形态特征**】
成虫 体长 4~5mm，翅展 13mm，黄色或绿色，疏生细毛，头横宽，头顶裂深，额显露，颊锥短小，乳突状。复眼赤褐色，半球状凸起；单眼橙黄色，3 个呈倒"品"字形排列；触角 10 节，4~8 节上半部分深褐色，最后两节黑色，顶部有两根鬃毛，触角细长约为头宽的 3 倍，褐色，基部 3 节的基部黄色，端部 2 节为黑色；前胸背板拱起，前后缘黑褐色，中胸背面有浅褐色纵纹 2 条，中央有一浅沟；中胸盾片具有纵纹 6 条，中胸小盾片淡黄色，后缘色较暗；后胸盾片处有凸起 2 个，呈圆锥形；足淡黄色，跗节暗褐色，爪黑色。前翅无色透明，翅脉茶黄色；内缘室端部有一褐色斑。腹部背板浅黄色，各背板前缘饰以褐色横带。雄虫背板第 3 节及腹端黄色；雌虫腹面及腹端黄色，背瓣很大；雌成虫体长约 5mm，腹部背板可见 8 节，腹板可见 7 节；雄成虫体长 4~4.5mm，腹部背板可见 7 节，腹板可见 6 节。

卵 略呈纺锤形，一端稍长，长约 0.7mm；初产时淡黄色或黄褐色，孵化前便呈淡红褐色。

若虫 共有 3 龄，1 龄体较扁，略呈长方形，淡茶褐色，半透明，薄被蜡质；触角 6 节，末 2 节色较深，体长 0.4~0.6mm。2 龄虫体较前者色深；触角 8 节，前翅芽色深，体长约 2.9mm；3 龄体呈长圆筒形，体长 3.4~4.9mm；色泽加深，体上覆较厚的白色蜡质物，呈灰白色，略带绿色；触角 10 节，翅蚜发达，透明，淡褐色。

【**发生规律**】一年发生 2 代，以卵越冬，翌年 5 月初越冬卵开始孵化，若虫期 30 余天，6 月上旬开始羽化，下旬为羽化盛期；7 月中旬孵化为第 2 代若虫，8 月上中旬，第 2 代成虫出现，8 月下旬开始产卵，主要产于主枝下面近主干处，侧枝下面或表面粗糙处过冬。

【防治方法】

（1）**人工防治**　冬、春季节剪除带卵枝及清除枯枝落叶，减少虫源。

（2）**药剂防治**　木虱发生期，喷施药液的重点部位应在树木叶片背面。使用40%杀扑磷乳油800~1 000倍液，或10%吡虫啉可湿性粉剂1 000~1 500倍液，或20%甲氰菊酯乳油2 000~3 000倍液，或25%噻虫嗪水分散粒剂800~1 500倍液，或50%啶虫脒可水分散粒剂2 000~2 500倍液，喷雾防治。几种药物交替使用，以免对某一种农药产生抗药性。

（3）**保护和利用天敌**　大草蛉、七星瓢虫、二星瓢虫、食蚜蝇等。

3. 茶色金龟子

【学名】 *Anomala corpulenta* Motsch

【寄主】 刺槐、梧桐、银杏、枫杨、核桃等。

【为害症状】 成虫取食叶片与嫩枝，虫口密度大时，可将叶片吃光。幼虫（蛴螬）取食根系。

【形态特征】

成虫　体长10~11.5mm，长椭圆形，茶褐色；全身密被灰色绒毛，翅鞘上有4条纵线，并杂生灰白色小毛斑；腹面栗褐色，亦具绒毛。

卵　椭圆形，乳白色；长约1.5mm，宽约0.4mm。

幼虫　俗称"蛴螬"，又叫"土蚕"，乳白色，头部黄褐色，口器深褐色；触动时，全身蜷缩成马蹄状；体表多皱纹及体毛；臀片上刚毛不规则散生。老熟幼虫乳黄色，长3~6cm。

蛹　初为乳白色，后转为淡黄色，羽化前转变为黄褐色；腹末有1对凸起。

【发生规律】 一年发生1代，以老熟幼虫在土中越冬；越冬幼虫于翌年4月下旬化蛹并羽化，羽化后即外出为害各种植物的叶片与嫩枝；一般白天潜伏于土中，傍晚前后成群外出取食；6月初开始产卵。卵期10~15天，幼虫取食植物根部；越冬前，先筑土室，幼虫在土室中越冬；成虫具假死性。

【防治方法】

参见枫杨茶色金龟子防治方法。

十七、楸 树

1. 楸蠹野螟

【学名】 *Omphisa plagialis* Wileman

【寄主】 楸树、梓树、香樟等。

【为害症状】 幼虫钻蛀嫩梢、枝条和幼树干，被害部位呈瘤状虫瘿，造成枯梢、风折枝及干形弯曲。

【形态特征】

成虫 体长约 15mm，翅展约 36mm；体灰白色，头胸、腹各节边缘略带褐色；翅白色，前翅基有黑褐色锯齿状二重线，内横线黑褐色，中室及外缘端各有黑斑 1 个，下方有近方形的黑色大斑 1 个，外缘有黑波纹 2 条；后翅有黑横线 3 条。

卵 椭圆形，长约 1mm，初乳白色，后红色，透明，表面密布小刻纹。

幼虫 老熟时长约 22mm，灰白色，前胸背板黑褐色，2 分块，体节上毛片褐色。

蛹 纺锤形，长约 15mm，黄褐色。

【发生规律】 一年发生 2 代，以老熟幼虫在枝梢内越冬；翌年 3 月下旬开始活动，4 月上旬开始化蛹，5 月上旬出现成虫；雌雄交尾后产卵于嫩枝上端叶芽或叶柄基部，少数产卵于叶片上，卵期 6~9 天，幼虫孵化由嫩梢叶柄基部蛀入直至髓部，并排出黄白色虫粪和木屑，受害部位形成长圆形虫瘿，幼虫钻蛀虫道长 15~20cm。幼虫于 6 月下旬老熟，开始化蛹，7 月中旬始见 1 代成虫，2 代幼虫 7 月下旬出现，幼虫一直为害到 10 月中旬，10 月下旬老熟幼虫越冬。

【防治方法】

(1) **人工防治** 剪掉受害枝条灭幼虫，集中烧毁。

(2) **物理防治** 设置黑光灯诱杀成虫。

(3) **药剂防治** ①尽量选择在低龄幼虫期防治。此时虫口密度小，为害轻，且抗药性相对较弱；可使用 90% 晶体敌百虫 800~1 000 倍液，或 50% 辛硫磷乳油 1 000~1 200 倍液，或 50% 杀螟硫磷乳油 800~1 000 倍液，或 20% 杀灭菊酯乳油 2 500~3 000 倍液进行喷洒。也可喷施 25% 灭幼脲 3 号悬浮剂 2 000~2 500 倍液，或 45% 丙溴·辛硫磷乳油 1 000~1 500 倍液，或 20% 氰戊菊酯乳油 800~1 200 倍液。上述药剂可轮换使用，以免产生抗药性。②对于已经钻蛀到枝梢内部为害的幼虫，可以注射 40% 氧化乐果乳油 10 倍液、22.4% 螺虫乙酯悬浮剂 20 倍液等内吸性药剂。

2. 泡桐叶甲

【学名】*Basiprionota bisignata*（Boheman）

【寄主】泡桐、梓树、楸树。

【为害症状】取食叶片，将叶片咬食成网状，严重时整个树冠呈灰黄色，导致泡桐提早落叶，影响树势。

【形态特征】

成虫 体长约12mm，橙黄色，椭圆形，触角淡黄色，基部5节，端部各节黑色，前胸背板向外延伸；鞘翅背面凸起，中间有2条隆起线，鞘翅两侧向外扩展，形成边缘，近末端1/3处各有一个大的椭圆形黑斑。

卵 橙黄色，椭圆形，竖立成堆，外附一层胶质物。

幼虫 体长10mm，淡黄色，两侧灰褐色，纺锤形，体节两侧各有一浅黄色肉刺突，向上翘起。

蛹 体长9mm，淡黄色，体侧各有2个三角形刺片。

【发生规律】一年发生2代，仅有少数个体1代，部分个体3代或不完全3代。以成虫在石块、枯枝落叶层、土坑或杂草、灌木丛下越冬；翌年4月初成虫开始出蛰，5月上旬第1代幼虫开始化蛹，6月上旬始见成虫，成虫可多次交尾。多将卵产于叶片背面、嫩枝和叶柄上；第1代卵历期为9天，幼虫共5龄；每年有2次为害高峰期，即5月下旬至6月中旬和7月下旬至8月中旬；第2代幼虫6月下旬孵出，8月底开始化蛹，9月上旬可见成虫，第2代卵历期为7天；成虫10月底进入越冬期。

【防治方法】

（1）**人工防治** 利用成虫有假死性，早、晚在叶上栖息时，将其振落，集中消灭。加强植株的养护管理，增强树势，提高植株抵抗力，及时将病残物清除，减少虫源。

（2）**药剂防治** 幼虫、成虫盛发期，叶面喷洒45%丙溴·辛硫磷乳油1 000～1 500倍液，或40%氧化乐果乳油800～1 000倍液，或90%晶体敌百虫1 000～1 200倍液防治，或50%杀螟硫磷乳油800～1 000倍液，及时杀灭成虫、幼虫。

（3）**钻孔注药** 在树干基部30cm处钻孔，孔数与胸径大小成正比，孔距均等，孔深2～4cm，每孔注射上述药剂原液2～3mL。注药后黄泥封口。

（4）**保护利用天敌** 姬小蜂、啮小蜂、螳螂、大黑蚂蚁、七星瓢虫、异色瓢虫、苹褐卷蛾长尾小蜂、无脊大腿小蜂、猎蝽等。

十八、复叶槭

1. 枯枝病

【寄主】复叶槭、榆树、栎、桦、椴、核桃、刺槐、山毛榉、千金榆等。

【症状】初病时为害症状不显著，当皮层开始腐烂时，一般也无明显为害症状，只有小枝上的叶片白昼萎蔫、叶甚小；此时剥皮，可见腐烂病状，过一段时间后，病皮失水干缩，并在病皮上开始生出朱红色小疣，这是产生分生孢子的瘤座组织，成为该病的明显病症。若病皮绕枝干一周时，就出现枯枝和枯干病状。

【病原】朱红丛赤壳菌 *Nectria cinnabarina* （Tode.）Fr.。

【发病规律】本菌是常见的腐生菌，经常潜伏在树皮内，当树木生长衰弱或发生伤口时，便成为弱寄生菌分解皮层，引起溃疡及枝枯病状。过度修枝时，留下较多伤口，当年不易愈合，树木本身陷入衰弱，极易被病菌侵染。成片栽植过密郁闭后，树冠下部由于见不到光线而枯死。这些枯死枝成为病菌的栖息繁殖基地，并有可能获得弱寄生性，最终侵入枝干皮层中，引起溃疡与枯枝病状。受蚜虫、蚧类、木虱等害虫为害的树木易发病，以及受霜冻、受日灼伤的树木，都容易发生该病。

【防治方法】

（1）**人工防治**　及时对病枝条进行剪除，同时在修剪的伤口部位用波尔多液、石灰、硫酸铜等涂抹，以免伤口二次感染；日常修剪掉的病枝条以及地面上的枯枝、落叶应及时清理，并集中销毁。

（2）**药剂防治**　修剪后，应及时用27%碱式硫酸铜悬浮剂600~800倍液，或75%百菌清可湿性粉剂800~1 000倍液喷施保护；枝枯病的防治应以预防为主，在病害发生的高峰期，可每隔半个月用70%甲基硫菌灵可湿性粉剂800~1 000倍液，喷雾防治，连喷2~3次。

2. 黄斑星天牛

【学名】*Anoplophora nobilis* Ganglbauer

【寄主】复叶槭、杨树、柳树、榆树、法国梧桐、沙枣、胡杨等多种植物。

【为害症状】以幼虫蛀食韧皮部及形成层，后钻入木质部为害。蛀道初为横行，斜向上方，后钻成直立的"L"形蛀道，互不穿透，外排有木屑及虫粪，幼虫蛀食树干和枝干，造成树木折枝断头，甚至死亡。

【形态特征】

成虫 体长 20~39mm，宽 8~12mm；前胸两侧各有 1 个刺状凸起，鞘翅黑色或微带古铜色光泽，肩区有大或小的刻点，两鞘翅上各有 20 个左右大小不等的由白色、淡黄色、乳黄至黄色绒毛组成的斑纹。

卵 乳白色，长椭圆形，两端略弯曲，长 5.5~7mm，宽约 2mm。近孵化时，变为黄色。

幼虫 共有 5 个龄期。5 龄幼虫体长约 50mm，头部褐色，头壳 1/2 缩入胸腔中；前胸大而长，其背板后半部较深，呈"凸"字形；中胸最短，其腹面和后胸背腹面各具步泡突 1 个；腹部背面可见 9 节，第 10 节变为乳头状凸起，第 1 至第 7 腹节背腹面各有步泡突 1 个。

蛹 体乳白色至黄白色，体长 30~37mm；触角前端卷曲呈环形，置于前、中足及翅上；前胸背板两侧各有侧刺突 1 个；第 8 节背板上有 1 个向上生的棘状凸起。

【发生规律】两年发生 1 代，第 1 年以卵和卵内幼虫越冬；第 2 年以不同龄期的幼虫在树皮下和木质部内越冬。成虫于 7 月上旬开始羽化，飞翔力不强，一次最远只能飞 40m。树木径级越大，受害越重。

【防治方法】

（1）**幼虫孵化期** 在树干上喷洒 40%氧化乐果乳油 800~1 000 倍液，或 90%晶体敌百虫乳油 1 000~1 200 倍液，毒杀卵和初孵化幼虫。

（2）**幼虫为害期** 找新鲜虫孔，清理木屑，用注射器注入 80%敌敌畏乳油 50 倍液，或 50%杀螟硫磷乳油 100 倍液，或塞入磷化铝片剂，使药剂进入孔道，施药后可用胶泥封住虫孔，或 3.2%甲维·啶虫脒乳剂插瓶，可毒杀其中幼虫。

（3）**成虫为害期** ①在成虫补充营养，啃食枝条上的树皮，可往树干、树冠上喷洒 45%马拉硫磷乳油 1 000 倍液，或 50%辛硫磷乳油 1 000~1 500 倍液，毒杀成虫。②人工捕捉成虫。

（4）**保护和利用天敌** 肿腿蜂、红头茧蜂、白腹茧蜂、柄腹茧蜂、跳小蜂等。

3. 皱大球坚蚧（附图 2-41）

【学名】*Eulecanium kuwanai* Kanda

【寄主】白榆、柳树、杨树、复叶槭、桃树、紫穗槐、国槐等植物。

【为害症状】春季寄主萌芽时，初孵化若虫喜集中固定在叶背面主脉两侧吸食汁液，体表分泌蜡被，排泄蜜露诱致煤污病发生。

【形态特征】

雌成虫 体半球形或馒头形，初成熟虫黄色或黄白色，体缘黑色、整齐，两侧黄斑中有不规则形、大小不等的黑色小斑点 5~6 个或更少；产卵后死体硬化，暗黄或光亮褐色，高度皱缩，甚至尾裂 2 叶外翻；触角 7 节；体背缘硬化而有不明显网纹及粗短顶尖缘刺 1 列；气门洼和气门刺与体缘刺很难区分；肛板小，合成正方形，后缘长刚毛成

1列6根，后角毛2根；大杯状腺在腹面亚缘成宽带，多孔腺分布于腹面中部，尤以腹部丰富，五孔腺少。

雄成虫 体长约1.7mm，翅展约3.5mm，体紫红色，触角丝状，10节，腹末交尾器针状，其两侧各有长约2mm的白色蜡毛1根。

卵 圆形，初产淡粉红色，渐变黄褐色。

蛹 长椭圆形，长约1.7mm，棕褐色，体被半透明蜡壳。

【发生规律】 一年发生1代，以2龄若虫在1~2年生枝条上或芽附近越冬，翌年春季寄主萌芽时开始为害，进行雌雄分化；4月中旬至5月初雌蚧虫体膨大成半球形，体皮软，并开始流胶，5月初雄虫羽化，进行交配，可行孤雌生殖；5月中旬雌虫开始产卵，6月上旬开始孵化，初孵化若虫喜集中固定在叶背面主脉两侧吸食汁液，体表分泌蜡被，发育极慢；9月中旬至10月上旬若虫迁至枝条下方固着越冬。

【防治方法】

（1）**人工防治** 冬季剪除有虫枝条和清扫落叶，或刮除枝条上越冬的虫体，并集中销毁。

（2）**药剂防治** ①冬季或早春，在寄主植物发芽前，可用5波美度石硫合剂液喷雾防治。②若虫孵化初期，可选用40%杀扑磷乳油800~1 000倍液，或40%氧化乐果乳油1 000倍液，或40%啶虫·毒死蜱乳油1 000~2 000倍液，或22.4%螺虫乙酯悬浮剂1 000~1 500倍液等内吸性、渗透性强的药剂喷洒。

（3）**保护利用天敌** 刷盾跳小蜂、球蚧花角跳小蜂等。

4. 白蜡绵粉蚧

【学名】 *Phenacoccus fraxinus* Tang

【寄主】 白蜡、柿树、核桃、重阳木、悬铃木、复叶槭、臭椿等多种植物。

【为害症状】 虫孵化后从卵囊下口爬出，在叶背叶脉两侧固定取食并越夏，雌虫取食期分泌黏液，布满叶面和枝条，如油渍状，招致煤污病发生；雌虫分泌的白色蜡丝，树皮上像有一层白色棉絮；为害严重可造成树势衰弱，生长停滞，枝条枯死。

【形态特征】

成虫 雌虫体长4~6mm，宽2~5mm；紫褐色，椭圆形，腹面平，背面略隆起，分节明显，被白色蜡粉，前、后背孔发达，刺孔群18对，腹脐5个；雄成虫黑褐色，体长约2mm，翅展4~5mm；前翅透明，1条分叉的翅脉不达翅缘，后翅小棒状，腹末圆锥形，具2对白色蜡丝。

卵 圆形，橘黄色，长0.2~0.3mm，宽0.1~0.2mm。

若虫 椭圆形，淡黄色，各体节两侧有刺状凸起。

蛹 长椭圆形，淡黄色，长1.0~1.8mm，宽0.5~0.8mm。

茧 长椭圆形，灰白色，丝质，长3~4mm，宽0.8~1.8mm。

卵囊 灰白色，丝质，长椭圆形。分为长短和短型：前者长7~55mm，宽2~8mm，表面有3条波浪形纵棱；后者长4~7mm，宽2~3mm，长椭圆形，表面无棱纹。

【**发生规律**】一年发生1代，以若虫在树皮缝、翘皮下、芽鳞间、卵囊内越冬。翌年3月上中旬若虫开始活动取食，3月中下旬雌雄分化，雄若虫分泌蜡丝结茧化蛹，4月上旬为盛期，3~5天后雄虫羽化、交尾；4月初雌虫开始产卵，4月下旬为盛期，4月底至5月初产卵结束。4月下旬至5月底是若虫孵化期，5月中旬为盛期，若虫为害至9月以后开始越冬。越冬若虫于春季树液流动时开始吸食为害，雄若虫老熟后体表分泌蜡丝结白茧化蛹，成虫羽化后破孔爬出，傍晚常成群围绕树冠盘旋飞翔，觅偶交尾，寿命1~3天。雌虫产卵量大，常数百粒产在卵囊内，卵期20天左右。若虫孵化后从卵囊下口爬出，在叶背叶脉两侧固定取食并越夏，秋季落叶前转移到枝干皮缝等隐蔽处越冬。

【**防治方法**】

（1）**人工防治**　冬季剪除有虫枝条和清扫落叶，或刮除枝条上越冬的虫体，并集中销毁。

（2）**药剂防治**　①冬季或早春在寄主植物发芽前，可用5波美度石硫合剂液喷雾防治。②若虫孵化初期可选用40%杀扑磷1 000倍液，或22.4%螺虫乙酯悬浮剂1 000~1 500倍液，或40%啶虫·毒死蜱乳油1 000~2 000倍液等内吸性、渗透性强的药剂喷洒。

（3）**保护利用天敌**　圆斑弯叶瓢虫、绵粉蚧长索跳小蜂、绵粉蚧刷盾长线跳小蜂、长盾金小蜂等。

十九、千头椿

1. 臭椿沟眶象（附图2-42）

【学名】*Eucryp torrhynchus brandti*（Harold）

【寄主】臭椿、千头椿等植物。

【为害症状】初孵幼虫先为害皮层，导致被害处薄薄的树皮下面形成一小块凹陷，稍大后钻入木质内部为害；幼虫主要蛀食枝、干的韧皮部和木质部，因切断了树木的输导组织可造成树木衰弱以至死亡。成虫羽化大多在夜间和清晨进行，有补充营养习性，取食顶芽、侧芽或叶柄，成虫很少起飞、善爬行，喜群聚为害，为害严重的树干上布满了羽化孔，受害树常有流胶现象。

【形态特征】

成虫 体长约11.5mm，宽约4.6mm，体黑色；额部窄，中间无凹窝；头部布有小刻点；前胸背板和鞘翅上密布粗大刻点；前胸前窄后宽。前胸背板、鞘翅肩部及端部布有白色鳞片形成的大斑，稀疏掺杂红黄色鳞片。

卵 长圆形，黄白色。

幼虫 长10~15mm，头部黄褐色，胸、腹部乳白色，每节背面两侧多皱纹。

蛹 长10~12mm，黄白色。

【发生规律】一年发生2代，以幼虫或成虫在树干内或土内越冬。翌年4月下旬至5月上中旬越冬幼虫化蛹，6—7月成虫羽化，7月为羽化盛期；幼虫为害4月中下旬开始，4月中旬至5月中旬为越冬代幼虫翌年出蛰后为害期；7月下旬至8月中下旬为当年孵化的幼虫为害盛期；虫态重叠，很不整齐，至10月都有成虫发生。成虫有假死性，羽化出孔后需补充营养取食嫩梢、叶片、叶柄等，成虫为害1个月左右开始产卵，卵期7~10天，幼虫孵化期上半年始于5月上中旬，下半年始于8月下旬至9月上旬；幼虫孵化后先在树表皮下的韧皮部取食皮层，钻蛀为害，稍大后即钻入木质部继续钻蛀为害。蛀孔圆形，熟后在木质部坑道内化蛹，蛹期10~15天。

【防治方法】

（1）人工防治 ①利用成虫多在树干上活动，不善飞和有假死性的习性，5月上中旬及7月底至8月上中旬捕杀成虫；及时清除严重受害株并销毁。②4月中旬，逐株检查可能有虫的植株，发现树下有虫粪、木屑，树干上有虫眼处，就用螺丝刀拨开树皮，幼虫即在蛀坑处，用螺丝刀拧杀刚开始活动的幼虫。一定要掌握好防治时间，应在幼虫刚开始活动，还未蛀入木质部之前进行防治。

（2）**药剂防治** ①在幼虫为害处，注入80%敌敌畏50倍液，并用药液与黄泥涂抹于被害处。还可用40%氧化乐果乳油3～5倍液树干涂环防治。②成虫盛发期，可向树干喷50%辛硫磷乳油800～1 000倍液，90%敌百虫晶体1 000倍液，或50%辛硫磷乳油1 000～1 200倍液，或2.5%溴氰菊酯1 200～1 500倍液。阻止成虫上树取食或产卵为害。③根部灌根：可用50%辛硫磷乳油1 000～1 200倍液，或者使用70%吡虫啉+助剂100mL稀释2 000～3 000倍液，或50%吡虫·杀虫单水分散粒剂1 200～1 500倍液，对植物进行灌根，以灌透为准。④也可于此时在树干基部撒25%甲萘威可湿性粉剂毒杀。

2. 斑衣蜡蝉（附图2-43）

【学名】*Lycorma delicatula*

【寄主】臭椿、千头椿、楝树、香椿、梓树、石楠、桂花、合欢、珍珠梅、海棠、桃树、葡萄、石榴等。

【为害症状】以成虫、若虫群集在叶背、嫩梢上刺吸为害，引起被害植株发生煤污病或嫩梢萎缩、畸形等，影响植株的生长和发育，严重时引起茎皮枯裂，甚至死亡。

【形态特征】

成虫 体长14～20mm，翅展40～50mm，全身灰褐色；前翅革质，基部约2/3为淡褐色，翅面具有20个左右的黑点；端部约1/3为深褐色；后翅膜质，基部鲜红色，具有7～8个黑点；端部黑色，体翅表面覆白色蜡粉；头角向上卷起，呈短角凸起。

卵 长约5mm，长圆形，褐色，排列成块，被有褐色蜡粉。

若虫 体形似成虫，初孵时白色，后变为黑色，体有许多小白斑，1～3龄为黑色斑点，4龄体背呈红色，具有黑白相间的斑点。

【发生规律】一年发生1代；以卵在树干或附近建筑物上越冬；翌年4月中下旬若虫孵化为害，5月上旬为盛孵期；若虫稍有惊动即跳跃而起；经3次蜕皮，6月中下旬至7月上旬羽化为成虫，活动为害至10月；8月中旬开始交尾产卵，卵多产在树干的南方，或树枝分叉处；一般每块卵有40～50粒，多时可达百余粒，卵块排列整齐，覆盖白蜡粉；成虫、若虫均具有群栖性，飞翔力较弱，但善于跳跃。斑衣蜡蝉喜干燥炎热气候。

【防治方法】

（1）**人工防治** 结合冬季修剪，去除卵块。

（2）**药剂防治** 若虫、成虫发生期，可选择40%氧化乐果乳油800～1 000倍液，或90%晶体敌百虫1000～1 200倍液，或50%辛硫磷乳油1 200～1 500倍液，或22.4%螺虫乙酯悬浮剂1 000～1 500倍液，或40%啶虫·毒死蜱乳油1 000～2 000倍液进行喷雾防治。

3. 樗蚕蛾（附图2-44）

【学名】*Philosamia cynthia* Walker et Felder

【寄主】鹅掌楸、乌桕、喜树、臭椿、银杏、槐树、柳树、核桃、石榴树、马褂木等。

【为害症状】樗蚕蛾具有体型大、食量大的特点，幼虫食叶和嫩芽，轻者食叶成缺刻或孔洞，严重时把叶片吃光。

【形态特征】

成虫　体长25～30mm，翅展110～130mm；体青褐色；头部四周、颈板前端、前胸后缘、腹部背面、侧线及末端都为白色；腹部背面各节有白色斑纹6对，其中间有断续的白纵线；前翅褐色，前翅顶角后缘呈钝钩状，顶角圆而凸出，粉紫色，具有黑色眼状斑，斑的上边为白色弧形；前后翅中央各有1个较大的新月形斑，新月形斑上缘深褐色，中间半透明，下缘土黄色；外侧具1条纵贯全翅的宽带，宽带中间粉红色、外侧白色、内侧深褐色、基角褐色，其边缘有1条白色曲纹。

卵　长约1.5mm；灰白色或淡黄白色，有少数暗斑点，扁椭圆形。

幼虫　幼龄幼虫淡黄色，有黑色斑点；中龄后全体被白粉，青绿色；老熟幼虫体长55～75mm，体粗大，头部、前胸、中胸对称蓝绿色棘状凸起，此凸起略向后倾斜；亚背线上的比其他两排更大，凸起之间有黑色小点；气门筛淡黄色，围气门片黑色；胸足黄色，腹足青绿色，端部黄色。

茧　长约50mm，呈口袋状或橄榄形，上端开口，两头小中间粗，用丝缀叶而成，土黄色或灰白色；茧柄长40～130mm，常以一张寄主的叶包着半边茧。

蛹　棕褐色，长26～30mm，宽约14mm；椭圆形，体上多横皱纹。

【发生规律】一年发生2代，越冬蛹于4月下旬开始羽化为成虫，成虫有趋光性，并有远距离飞行能力，飞行可达3 000 m以上；羽化出的成虫当即进行交配。成虫寿命5～10天。卵产在寄主的叶背和叶面上，聚集成堆或成块，每雌产卵300粒左右，卵历期10～15天；初孵幼虫有群集习性，3～4龄后逐渐分散为害；在枝叶上由下而上，昼夜取食，并可迁移。第1代幼虫在5月为害，幼虫历期30天左右；幼虫蜕皮后常将所蜕之皮食尽或仅留少许；幼虫老熟后即在树上缀叶结茧，树上无叶时，则下树在地被物上结褐色粗茧化蛹；第2代茧期约50天，7月底8月初是第1代成虫羽化产卵时间；9—11月为第2代幼虫为害期，以后陆续作茧化蛹越冬，第2代越冬茧，长达5～6个月，蛹藏于厚茧中。

【防治方法】

（1）人工防治　①秋冬季剪除虫茧或敲碎树干上的虫茧，集中烧毁，减少虫源。②初孵幼虫群集为害时，摘除虫叶，人工捕杀幼虫，捕杀时注意幼虫毒毛。

（2）物理防治　成虫有趋光性，掌握好各代成虫的羽化期，安装黑光灯进行诱杀。

（3）药剂防治　幼虫发生期，喷施40%氧化乐果乳油800～1 000倍液，或48%毒死蜱乳油1 000～1 200倍液，或20%氰戊菊酯乳油800～1 200倍液，或45%丙溴·辛硫磷乳油 1 000~1 500 倍液防治，或 20% 甲维·茚虫威悬浮剂 1 200~1 500 倍液，或 100g/L 联苯菊酯乳油 2 000~3 000 倍液等药剂进行防治。

（4）**保护和利用天敌**　绒茧蜂、聚瘤姬蜂、黑瘤姬蜂、樗蚕黑点瘤姬蜂等。

4. 云斑天牛

【学名】*Batocera horsfieldi*（Hope）

【寄主】大叶女贞、乌桕、栗（栎）类、泡桐、杨树、柳树、榆树、桑、梨等树种。

【为害症状】成虫啃食新枝嫩皮、使新枝枯死。幼虫蛀食韧皮部，后钻入木质部、蛀成斜向或纵向隧道，蛀道内充满木屑与粪便，轻者树势衰弱，重者整株干枯死亡。还会导致木蠹蛾为害，木腐菌寄生。

【形态特征】

成虫　体长 35~65mm，体底色为灰黑或黑褐色，密被灰绿或灰白色绒毛。头中央有 1 条纵沟，前胸背面有 1 对肾形白斑，翅基有颗粒状瘤突，头至腹末两侧有 1 条白色绒毛组成的宽带。

卵　长约 8mm，淡黄色，长卵圆形。

幼虫　体长 70~80mm，乳白色至淡黄色。

蛹　长 40~70mm，乳白色至淡黄色。

【发生规律】2 年或 3 年发生 1 代，以幼虫、蛹及成虫越冬。成虫 5—6 月出现，以晴天出现为多，在离地 30~150cm 高的树干或粗枝上咬 1 个蚕豆大的产卵痕，在痕内上方产卵 1 粒，1 株树被产卵多达 10 余粒，每雌一生产卵 40 粒；卵经 12 天孵化，初孵幼虫在韧皮部取食，后蛀入木质部，并排出虫粪木屑，被害部分树皮外胀，纵裂、变黑，树液流出，木屑外露。蛀孔梢弯曲，排泄孔大，老熟幼虫在虫道末端做蛹室化蛹。

【防治方法】参见白蜡云斑天牛防治方法。

二十、黄 栌

1. 黄栌白粉病（附图 2-45）

【寄主】黄栌等多种植物。

【症状】白粉病主要为害叶片；发病初期，感病叶片上产生白色针尖状斑点，逐渐扩大形成近圆形斑；病斑周围呈放射状，至后期病斑连成片，叶面上布满了白粉；受白粉病为害的叶片组织褪绿，影响叶片的光合作用，使叶片干枯早落。

【病原】漆树钩丝壳菌 *Uncinula vernieiferae* P. Henn。

【发病规律】病原菌以闭囊壳在落叶上或枝条上越冬，亦可以菌丝形式在芽内越冬。翌年夏初闭囊壳吸水开裂放出子囊孢子，菌丝体直接产生分生孢子进行初传染，生长季节以分生孢子进行再传染；一般 5—6 月降雨早，发病亦早，反之则延迟；7—8 月降水量的多少，决定当年病害的轻重，黄栌白粉病多从植株下部叶片开始发病，之后逐渐向上蔓延；发病初期至 8 月上旬，病情发展缓慢，8 月中旬至 9 月上中旬，病情发展迅速；黄栌白粉病由下而上发生，病斑首先出现在 1m 以下枝条的叶片上，之后逐渐向树冠蔓延；黄栌植株根部往往萌生许多分蘖，幼嫩组织多，下部叶片离越冬菌源最近；植株密度大，通风不良发病重；生长在山顶的树比生长在窝风山谷中的树发病轻；黄栌生长不良发病重；分蘖多的树发病重。

【防治方法】

（1）人工防治　秋季结合清园清除病落叶、病枯枝条并烧毁，减少侵染来源。

（2）药剂防治　发病初期，喷洒 15% 三唑酮可湿性粉剂 800~1 000 倍液，或 70% 甲基硫菌灵可湿性粉剂 1 000~1 200 倍液，或 12.5% 烯唑醇可湿性粉剂 3 000~4 000 倍液喷雾防治，或 45% 戊唑·咪鲜胺水乳剂 1 000 倍液喷叶防治，或 50% 腐霉·福美双（40% 福美双+10% 腐霉利）600~800 倍液进行叶面喷雾，连用 2~3 次，间隔 10~15 天。

2. 黄栌枯萎病

【寄主】黄栌。

【症状】感病叶部表现为 2 种萎蔫类型。黄色萎蔫型：感病叶片自叶缘起叶肉变黄，逐渐向内发展至大部或全叶变黄，叶脉仍保持绿色，部分或大部叶片脱落。绿色萎蔫型：发病初期，感病叶表现失水状萎蔫，自叶缘向里逐渐干枯并卷曲，但不失绿，不落叶，2周后变焦枯，叶柄皮下可见黄褐色病线；根、枝横切面上边材部分形成完整或不完整的褐色条纹；剥皮后可见褐色病线，重病枝条皮下水渍状；花序萎蔫、干缩，花梗皮下可见褐色病线，种皮变黑。

【病原】 大丽轮枝孢菌 *Verticillium dahlia* Kleb.，为半知菌亚门丝孢纲丝孢目真菌。

【发病规律】 病原菌是植物土传病菌，通过健康植物的根与先前受侵染的残体接触传播，在土壤中的病体上存活至少2年；病原菌可直接从苗木根部侵入，也可通过伤口侵入，病害发展速度及严重程度，与黄栌主要根系分布层中的病原菌数量成正相关；种植在含水量低的土壤中的树木以及边材含水量低的树木，萎蔫程度和边材变色的量都有所增加；过量的氮会加重病害，而增施钾肥可缓解病情。

【防治方法】

（1）**人工防治** 挖除重病株并烧毁，以减少侵染源。

（2）**药剂防治** ①土壤处理：用20%二氯异氰尿酸钠可湿性粉剂250g/亩，翻地时拌细土撒施；40%五氯硝基苯，用药量6~8g/m²，撒入播种土拌匀。②发病初期，用30%噁霉灵水剂1 000倍液，或70%敌磺钠可溶性粉剂800~1 000倍液，或30%苯醚甲环唑·嘧菌酯悬浮剂（18.5%苯醚甲环唑+11.5%嘧菌酯）1 500倍液进行均匀喷雾，用药时尽量采用浇灌法，让药液接触到受损的根茎部位，根据病情，可连用2~3次，间隔7~10天。③根系受损严重时，配合使用促根调节剂以及促根肥一起使用，恢复效果更佳；对该病诱发的干部腐烂，应该刮掉病斑，用愈合膏剂涂抹伤口，杀菌促进伤口愈合。

3. 木橑尺蠖

【学名】 *Culcula panterinaria* Bremer et Grey

【寄主】 黄栌、杨树、柳树、合欢、刺槐、皂角、元宝枫、千头椿、石榴树、月季、樱花、山楂树和紫叶李等100多种植物。

【为害症状】 木橑尺蠖是一种暴食性的杂食性害虫，初孵幼虫一般在叶尖取食叶肉，留下叶脉，将叶食成网状；稍大幼虫食叶呈孔洞和缺刻，严重时将叶吃光。

【形态特征】

成虫 体长18~22mm，翅展45~72mm；复眼深褐色，雌蛾触角丝状，雄蛾触角羽状。翅白色，散布灰色或棕褐色斑纹，外横线呈一串断续的棕褐色或灰色圆斑。前翅基部有一深褐色大圆斑；雌蛾体末有黄色绒毛。足灰白色，胫节和跗节具有浅灰色的斑纹。

卵 长约0.9mm，扁圆形，绿色。卵块上覆有一层黄棕色绒毛，孵化前变为黑色。

幼虫 老熟时体长约70mm，通常幼虫的体色与寄主的颜色相近似，体表粗糙；头部密布白和褐色小粒点，额面有个下凹"∧"形纹，头顶及前胸背板两侧有褐色凸起，中胸至腹末各节有4个灰白色小圆点；体色因食料不同而有差异，常为绿色、褐色、灰褐色等。

蛹 长24~32mm，纺锤形，棕褐或棕黑色，有刻点，臀棘分叉；雌蛹较大；翠绿色至黑褐色，体表光滑，布满小刻点；头部有2个耳状凸起。

【发生规律】 一年发生1~3代，以蛹在浅土层、根际松土中、碎石堆等处越冬。由于成虫羽化不整齐，越冬蛹在5月上旬羽化，7月中下旬为羽化盛期，成虫于6月下旬产卵，7月中下旬为盛期；幼虫于7月上旬孵化，孵化适宜温度为25℃，相对湿度为50%~70%；有利于成虫羽化。成虫不活泼，但有趋光性。产卵前需补充营养，于傍晚或清晨，在山泉、水池边易发现其成虫活动。雌蛾产卵多呈块状，卵粒多者可达千余粒，上覆盖有棕黄色毛，卵多产在叶背、石块下或粗皮缝间。产卵粒虽然很多，但由于受到环境的影响，其年孵化率高低不均，所以该虫有时突然大发生成灾。卵期一般10天左右。初孵幼虫较活泼，喜光，常在树冠外围食叶肉为害，造成网叶，可吐丝下垂转移为害。幼虫共6龄，3龄后的幼虫较迟钝，但食量猛增。7—8月为害最重，易暴食成害。8月中下旬幼虫老熟开始化蛹，可拖延到10月下旬。

【防治方法】

(1) **人工防治** 虫害发生严重时，在成虫发生期每天清晨进行人工灭蛾；于晚秋或早春季节进行人工挖蛹，以消灭虫源。

(2) **物理防治** 由于成虫发生期较长，使用黑光灯诱杀成虫效果较好。

(3) **药剂防治** 幼虫发生期及时喷施25%灭幼脲3号悬浮剂2 000~2 500倍液，或3%高渗苯氧威乳油3 000倍液，或90%晶体敌百虫1 000倍液，或20%氰戊菊酯乳油800~1 200倍液防治。

二十一、枫 香

1. 乌桕黄毒蛾（附图 2-46）

【学名】*Euproctis bipunctapex*（Hempson）

【寄主】乌桕、柿树、枇杷、杨树、女贞、桃树、李树、梅、重阳木、樟树、枫香等多种植物。

【为害症状】初孵幼虫群集于叶片背面取食下表皮与叶肉，被害叶呈网状，数日后变枯黄，受惊扰即吐丝坠地；3龄开始蚕食全叶，啃食幼芽、嫩枝外皮及果皮，常群聚于树冠上部为害，并吐丝结网，若受惊则吐丝坠地；4龄后食量猛增，幼虫常将几枝小叶以丝网缠结一团，隐蔽在内取食为害。5~6龄食量大增，能很快食完一棵枫香上的树叶嫩枝，然后迁移到另外一株为害。影响树木生长，造成枝条干枯死亡。

【形态特征】

雄成虫 体长8~10mm，翅展20~26mm；前、后翅棕褐色，稀布黑色鳞片；前翅前缘橙黄色，顶角、臀角各有一块橙黄色斑，顶角黄斑内有2个黑色圆点，内横线橙黄色，微波浪形，外弯；外横线橙黄色，从前缘外伸至 M_3 后折角内斜至后缘；缘毛橙黄色。第2代以后的雄蛾翅黄色与雌蛾相似。

雌成虫 体长10~12mm，翅展30~35mm；体黄褐色，前翅橙黄至黄褐色，除前翅前缘，顶角和臀角外，余均布稀疏的黑褐色鳞片，顶角黄斑内有2个黑色圆点；前胸中部有2条黄白色横带；后翅浅橙黄色，或浅黄褐色，外缘与缘毛橙黄色。

幼虫 老熟体长20~25mm，圆筒形，头部黄棕色，胸、腹部浅黄色，气门上线褐色，上有白线1条，伸达第8腹节，胴部各节均具毛瘤8个，毛瘤上有白色细毛；老熟时体长约28mm；头黑褐色，体黄褐色；体背部有成对黑色毛瘤，其上长有白色毒毛。

卵 扁圆形，直径约0.7mm；淡绿或黄绿色；卵块椭圆形，中央2~3层重叠排列，边缘为单层排列；外覆深黄色绒毛。

蛹 棕色，臀刺有钩刺；长8~12mm，圆锥形，黄褐色，有光泽；体被黄褐色细毛，臀棘末端有20余根小钩。

茧 长10~14mm；黄褐色，较薄，覆有白色毒毛。

【发生规律】一年发生2~3代，以3~4龄幼虫作薄丝群集在树干向阳面树腋或凹陷处越冬。翌年4月中下旬开始取食，5月中下旬化蛹，6月上中旬成虫羽化、产卵；6月下旬至7月上旬第1代幼虫孵化，8月中下旬化蛹；9月上中旬第1代成虫羽化产卵，成虫羽化以夜间为多；交尾多于黄昏至次日清晨，高峰期于早晨 6:00—8:00 时，交尾后当日或次日产卵，卵多产于生长较矮或茂盛及树基有萌芽条的寄主上产卵；卵历期第1代约13天。9月中下旬第2代幼虫孵化；孵化幼虫多于上午进行，孵化盛期集中在始孵后5天。1~2龄幼虫群集于叶片背面取食下表皮与叶肉，被害叶呈网状，数日后变枯黄，这是初孵幼虫为害的明显标志；初孵幼虫受惊扰即吐丝坠地；3龄开始蚕食全叶，常群聚于树冠上部为害，并吐丝结网，若受惊则吐丝坠地；4龄后食量猛增，幼虫怕高温，中午迁至树冠中下部或树干上休息，傍晚又迁返为害；幼虫常将几枝小叶以丝网缠结一团，隐蔽在内取食为害。5~6龄食量大增，食完一株就迁于别株。11月幼虫进入越冬期；幼虫老熟后爬至地面枯枝落叶下或土缝中结茧越冬。成虫白天静伏不动，常在夜间活动，趋光性强。

【防治方法】

（1）**人工防治** 利用幼虫群集越冬习性，摘除虫叶，人工捕杀幼虫，人工捕杀幼虫时注意幼虫毒毛；结合秋季、冬季养护管理，消灭越冬幼虫。

（2）**物理防治** 成虫有趋光性，掌握好各代成虫的羽化期，利用新型高压黑光灯诱杀成虫。

（3）**药剂防治** 幼虫初孵期喷施40%氧化乐果乳油800~1 000倍液，或20%氰戊菊酯乳油800~1 200倍液，或3%高渗苯氧威乳油2 500~3 000倍液，或45%丙溴·辛硫磷乳油1 000~1 500倍液，或20%甲维·茚虫威悬浮剂1 200~1 500倍液，或100g/L联苯菊酯乳油2 000~3 000倍液等药剂进行喷雾防治。

（4）**保护和利用天敌** 幼虫期天敌有绒茧蜂、黄茧蜂，捕食性天敌有蜻蜓、螳螂等。

2. 绿尾大蚕蛾

【学名】 *Actias selene ningpoana* Felder

【寄主】 枫香、乌桕、枫杨、木槿、樱花、垂柳、香樟、海棠、樱桃、苹果树、胡桃、桤木、梨树、沙果、杏树、石榴树、喜树、紫薇、桂花、玉兰、银杏、悬铃木、杜仲等。

【为害症状】 初孵幼虫群集取食，以幼虫取食叶片，低龄幼虫食害叶片呈缺刻或孔洞，稍大便把全叶吃光，仅留叶柄或粗脉。

【形态特征】

成虫 体长32~38mm，翅展100~130mm；体表具浓厚白色绒毛，前胸前端与前翅前缘具一条紫色带，前、后翅粉绿色，中央具一透明眼状斑，后翅臀角延伸呈燕尾状。

卵 球形稍扁，直径约2mm，初产为米黄色，孵化前淡黄褐色，卵面具胶质，粘连成块。

幼虫 一般为5龄，少数6龄；老熟幼虫体长平均73mm，1~2龄幼虫体黑色，3龄幼虫全体橘黄色，毛瘤黑色，4龄体渐呈嫩绿色，化蛹前夕呈暗绿色。气门上线由红、黄两色组成；体各节背面具黄色瘤突，其中第2、第3胸节和第8腹节上的瘤突较大，瘤上着生深褐色刺及白色长毛；尾足特大，臀板暗紫色。

茧 长 45~50mm，长卵圆形，丝质粗糙，灰黄或灰褐色。

蛹 长 45~45mm，红褐色，额区有一浅白色三角形斑；蛹体外有灰褐色厚茧，茧外黏附寄主的叶片。

【发生规律】一年发生 2~3 代，以老熟幼虫在寄主枝干上或附近杂草丛中结茧化蛹越冬。各代幼虫为害盛期是：第 1 代 5 月中旬至 6 月上旬，第 2 代 7 月中下旬，第 3 代 9 月下旬至 10 月上旬；成虫具趋光性，昼伏夜出，日落后开始活动，夜间 21：00—23：00 时最活跃；虫体大都笨拙，但飞翔力强；卵喜产在叶背或枝干上，有时雌蛾跌落树下，把卵产在土块或草地上，常数粒或偶见数十粒产在一起，成堆或排开，每雌可产卵 200~300 粒；成虫寿命 7~12 天；初孵幼虫群集取食，2~3 龄后分散，取食时先把 1 叶吃完再为害邻叶，残留叶柄；幼虫行动迟缓，食量大，每头幼虫可食 100 多片叶子；幼虫具避光蜕皮习性，蜕皮多在傍晚和夜间，在阴雨天、白天光线微弱处也有幼虫蜕皮现象；幼虫老熟后于枝上贴叶吐丝结茧化蛹；第 2 代幼虫老熟后下树，附在树干或其他植物上吐丝结茧化蛹越冬。在 3 个世代中，以第 2、第 3 代为害较重，尤其第 3 代为害最为严重。

【防治方法】参见枫杨绿尾大蚕蛾防治方法。

3. 日本纽绵蚧

【学名】*Takahashia iaponica* Cockerell

【寄主】合欢、黄山栾、火棘、重阳木、红花檵木、枫香、朴树、榆树、天竺葵、三角枫、刺槐、山核桃、桑树等。

【为害症状】若虫和雌成虫用针状的刺吸式口器在寄主植株枝上，尤其在嫩枝刺吸枝条和叶片的养分、水分，并吐出白色絮团状物，远观像一簇簇白花；其排泄物可引起霉污病；日本纽绵蚧常常能造成树木衰竭和梢枝的枯萎。此外，还可能使寄主植物开花程度和生长势明显下降。

【形态特征】

成虫 雌成虫卵圆形或圆形，体表有黑色短毛，体长约 8mm，宽约 5mm；体背有红褐色纵条，体黄白色，带有暗褐色斑点；背部隆起，呈半个豌豆形，背腹体壁柔软，膜质；老熟产卵时体背分泌蜜露，腹部慢慢产生白色卵囊，向后延伸，随着卵量增加卵囊向上弓起，逐渐形成扭曲的"U"形；雄成虫较小，体长 2~3mm；胸部黑色，腹部橘红色，翅狭长，深紫色；前翅 1 对，后翅退化成平衡体。

卵 卵囊伸长 45~50mm，宽约 3mm；椭圆形，橙黄色，表面有蜡粉。卵囊较长可达 17mm；棉絮状，质地密实；具纵行细线状钩纹，一端固着在植株上，另一端固着在虫体腹部，中段悬空呈扭曲状。

若虫 椭圆形，长约 0.6mm，肉红色。

蛹 橘红色，长 3~4mm；背有白色蜡质薄粉，外裹白色蜡质丝。

【发生规律】一年发生 1 代，以受精雌成虫在枝条上越冬，越冬期虫体较小且生长缓慢；3 月初开始活动，生长迅速，3 月下旬虫体膨大，4 月上旬隆起的雌成体开始产卵，出现白色卵囊，平均每头雌成虫可产卵 1 000 粒，多的可达 1 600 多粒；5 月上旬末若虫开始孵化，5 月中旬进入孵化盛期。卵期为 36 天左右；孵化的小若虫在植物上四处爬行，数小时后寻觅适合的叶片或枝条固定取食；5 月下旬为孵化末期；若虫主要寄生在 2~3 年生枝条和叶脉上；叶脉上的 2 龄若虫很快便转移到枝条上寄生；1 龄若虫自然死亡率很高，孵化期遇大雨可冲刷掉 80% 以上若虫；11 月下旬、12 月上旬进入越冬期。

【防治方法】参见合欢日本纽绵蚧防治方法。

4. 刺角天牛（附图 2-47）

【寄主】枫香、杨树、柳树、梨树、柑橘等。

【为害症状】幼虫初龄时在皮下蛀食，树皮表面便有汁液流出，在皮层和边材形成宽而不规则的平坑，使树木输导系统受到破坏。

【形态特征】

成虫 体黑褐色，体长 35~50mm，宽 8~13mm；触角、足及眼呈黑蓝色，头、前胸、背有金色光泽。

卵 长椭圆形，初为乳白色，后渐变为乳黄色。

幼虫 体长约 50mm，口器大，黑色；第 1 腹节稍呈方形，其前半有 3 条褐色纹，后半则呈桃红色。

蛹 长 30~52mm，乳黄色，雌蛹触角垂于胸前，雄蛹触角卷曲，发条状。

【发生规律】刺角天牛每一世代经 2~3 年，幼虫在虫道末端越冬；翌年春天化蛹，6—7 月羽化为成虫；成虫以啃食嫩枝、树皮补充自身营养，并为害树体，当成虫性成熟后，在树皮上咬一眼状刻槽，然后于其中产 1 粒至数粒卵；幼虫孵出后即蛀入皮下，幼虫初龄时在皮下蛀食，树皮表面便有树汁流出，在内皮层和边材形成宽而不规则的平坑，使树木输导系统受到破坏，坑道内充满褐色虫粪和白色纤维状蛀屑，秋天穿凿扁圆形侵入木质部，即向上或下方蛀纵向坑道，在坑道末端筑蛹室化蛹。

【防治方法】

（1）人工防治 ①人工捕杀成虫：在 5—6 月成虫发生期，组织人工捕杀；对树冠上的成虫，可利用其假死性振落后捕杀；也可在晚间利用其趋光性诱集捕杀。②人工杀灭虫卵：在成虫产卵期或产卵后，在树干基部寻找产卵刻槽，用刀将被害处挖开；也可用锤敲击，杀死卵和幼虫。③清除虫源树：对于受害严重的树，及时处理树干内的越冬幼虫和成虫，消灭虫源。④饵木诱杀：利用天牛等蛀干害虫喜欢在新伐倒木上产卵繁殖的特性，在 6—7 月繁殖期，在刺角天牛为害严重的植株下面，选适当地点设置一些饵木，供成虫大量产卵，等新一代幼虫全部孵化后，剥皮捕杀，或直接对饵木进行集中处理。

（2）药剂防治 ①幼虫期防治：用高压注射器每孔注射 0.3% 氯氰菊酯水乳剂 20mL 或 50% 敌敌畏乳油原液进行防治。②成虫期防治：特别是羽化高峰期补充营养时进行防治，主要用 40% 氧化乐果乳油 800~1 000 倍液，或 48% 毒死蜱乳油 1 000 倍液，或 40%丙溴·辛硫磷 1 000~1 500 倍液喷干或补充营养时喷树冠和树干，在成虫羽化前喷 22%噻虫·高氯氟悬浮剂稀释 3 000 倍液。③涂白：秋季、冬季至成虫产卵前，树干涂白粉剂与水按 1∶1 比例混配好，可加入多菌灵、甲基硫菌灵等药剂防腐烂，做到有虫治虫，无虫防病。同时，还可以达到防寒、防日灼的效果。

5. 银杏大蚕蛾

【学名】*Dictyoploca japonica* Butler

【寄主】核桃、银杏、漆树、杨树、柳树、樟树、枫香、喜树、枫杨、柿树、李树、梨树、樱花、梅花、紫薇等植物。

【为害症状】幼虫取食银杏等寄主植物的叶片成缺刻或食光叶片，严重影响植物生长。

【形态特征】

成虫　体粗大，属大型蛾类；体长 25~60mm，翅展 90~150mm，体灰褐色或紫褐色；雌蛾触角栉齿状，雄蛾羽状；前翅内横线紫褐色，外横线暗褐色，两线近后缘外汇合，中间呈三角形浅色区，中室端部具月牙形透明斑；后翅从基部到外横线间具较宽红色区，亚缘线区橙黄色，缘线灰黄色，中室端处生一大眼状斑，斑内侧具白纹。后翅臀角处有一白色月牙形斑。

卵　长约 2.2mm，椭圆形，灰褐色，一端具黑斑。

末龄幼虫　体长 80~110mm，圆筒形，体黄绿色或青蓝色；背线黄绿色，亚背线浅黄色，气门上线青白色，气门线乳白色，气门下线、腹线处深绿色，各体节上具青白色长毛及凸起的毛瘤，其上生黑褐色硬长毛。

蛹　长 30~60mm，纺锤形，多为黄褐色和深褐色。

茧　长 60~80mm，黄褐色，网状。

【发生规律】一年发生 1 代。蛹在蚕茧中越冬。翌年的 2~3 月羽化为成虫；成虫有趋光性，部分品种喜腐臭味，幼虫喜食叶片，一生蜕变 5 次，幼虫老熟后在枝条间或叶片上结茧；卵期由 9 月中旬开始到翌年 5 月，约 240 天；3 月底至 4 月初为幼虫活动期；幼虫期约 60 天，7 月中旬开始结茧，经 1 周左右化蛹，蛹期约 40 天，9 月上旬为成虫期，成虫羽化期约 10 天，羽化后交尾产卵，从 9 月上旬开始到中旬产卵完成。一般产卵 3~4 次，一头雌蛾可产卵 250~400 粒。卵集中成堆或单层排列，多产于老龄树干表皮裂缝或凹陷地方，位置在树干 1~3m 处；幼虫孵化很不整齐，初孵幼虫群集在卵块处，1 小时后开始上树取食，幼虫 3 龄前喜群集，4~5 龄时开始逐渐分散；5~7 龄时单独活动，一般都在白天取食。一天中，以上午 10：00 时至下午 14：00 时取食量大。

【防治方法】

（1）人工防治　6—7 月结合枫香的日常养护管理，摘除茧蛹。冬季结合树木修剪，清除树皮缝隙内的越冬虫卵。

（2）药剂防治　掌握雌蛾到树干上产卵、幼虫孵化盛期，上树为害之前和幼虫 3 龄前的有利时机，用 4.5%高效氯氰菊酯乳油 4 000~8 000 倍液，或 45%丙溴·辛硫磷乳油 1 000~1 500 倍液，或 20%氰戊菊酯乳油 800~1 200 倍液，或 3%高渗苯氧威乳油 2 500~3 000 倍液，或 20%甲维·茚虫威悬浮剂 1 200~1 500 倍液，或 100g/L 联苯菊酯乳油 2 000~3 000 倍液等药剂进行喷杀幼虫。

（3）**保护和利用天敌**　平腹小蜂、黑卵蜂、螳螂、绒茧蜂等。

二十二、毛白杨

1. 杨树黑斑病 （附图 2-48）

【寄主】毛白杨、小叶杨、馒头柳等。

【症状】该病一般发生在叶片及嫩梢上，以为害叶片为主，发病初期在表面出现黄褐色小点，逐渐扩大，边缘颜色较浅而整齐，到后期病斑中心变为褐色，上面生有黑点。黑点破裂 5~6 天后病斑（叶正、反面）中央出现乳白色凸起的小点，即病原菌的分生孢子堆，以后病斑扩大连成大斑，多成圆形，经风吹到其他叶片上进行再侵染，以 7—8 月发病为害最严重，发病严重时，整个叶片变成黑色，病叶可提早脱落 2 个月。

【病原】杨生褐盘二孢菌 *Marssonina brunnea*，属半知菌亚门腔孢纲黑盘孢目盘二孢属。

【发病规律】病菌以菌丝体在落叶或枝梢的病斑中越冬，翌年 5—6 月病菌新产生的分生孢子借风力传播，落在叶片上，由气孔侵入叶片，3~4 天出现病状，5~6 天形成分生孢子盘，进行再侵染；7 月初至 8 月上旬若高温多雨、地势低洼、种植密度过大，发病最为严重；7 月末停止发病，8 月以后再度发病，直至落叶。发病轻重与雨水多少有关，雨水多发病重，雨水少发病轻。在气温和降雨适宜时，很快产生分生孢子堆，又能促进新的侵染。

【防治方法】

（1）人工防治　加强养护管理，减少发病条件，清扫处理病叶、落叶，并集中烧毁减少侵染源。

（2）药剂防治　发病初期，喷施 50%多·锰锌可湿性粉剂 400~600 倍液，或 30%苯醚甲环唑·嘧菌酯（18.5%苯醚甲环唑+11.5%嘧菌酯）可湿性粉剂 1 500 倍液，或 30%戊唑·吡唑醚菌酯悬浮剂 1 000~1 200 倍液，50%代森铵水溶剂 500~600 倍液，或 50%多菌灵可湿性粉剂 1 000 倍液，或 70%甲基硫菌灵可湿性粉剂 800~1 000 倍液，或 80%代森锰锌 600~800 倍液进行喷雾，连喷 2~3 次，每次间隔 10 天。

2. 毛白杨锈病 （附图 2-49）

【寄主】毛白杨、杨树。

【症状】春季杨树展叶期，在越冬病芽和萌发的幼叶上布满黄色粉堆，形似一束黄色绣球花的畸形病芽。严重受侵的病芽经 3 周左右便干枯；叶展开后易感病，背面散生黄粉堆，为病菌的夏孢子堆，嫩叶皱缩、畸形，甚至枯死；叶片硬化的就很少感病；叶柄和嫩梢上生椭圆形病斑，也产生黄粉；病落叶在翌年春季有时可生赭色疤状小点，为病菌的冬孢子堆，可造成病叶提前脱落。

【病原】病原菌为担子菌亚门的马格栅锈菌 *Melampsora magnusiana* Wagner。该菌的转主寄主在我国尚不清楚。

【发病规律】病菌以菌丝的状态在冬芽中越冬；春季在病冬芽上形成夏孢子堆，作为初侵染的中心，在自然条件下形成数量有限的冬孢子的作用不大；病害在 5—6 月和 9 月有两个发病高峰，以 5—6 月最重；7—8 月由于气温较高，不利于夏孢子的萌发侵染，故病害进入平缓期；幼树叶片受感染后不但潜育期短，而且发病严重；该菌只侵染白杨树种，发病也重。

【防治方法】

（1）**人工防治**　春季萌芽时，若发现病芽特殊的颜色和形状，及早摘除病芽，剪病枝并将其烧毁或深埋，以减少再侵染。

（2）**药剂防治**　发病初期，喷 15%三唑酮可湿性粉剂 1 000~1 500 倍液，或 20%粉锈唑乳油 1 500~1600 倍液，或 12.5%烯唑醇可湿性粉剂 1 500~2 000 倍液，或 50%腐霉·福美双（40%福美双+10%腐霉利）600~800 倍液进行叶面喷雾，或 30%戊唑·吡唑醚菌酯悬浮剂 1 000 倍液，均匀喷雾，每隔 10~15 天喷 1 次，喷 1~2 次。

3. 毛白杨破腹病（附图 2-50）

【寄主】毛白杨、杨树、柳树。

【症状】主要为害树干，有时也为害主枝；常从树干平滑处及皮孔处开裂，皮层先裂，裂缝可深达木质部；翌春树液传送后，自伤口流出树液，干后呈锈色；树势壮被害轻时可自然愈合，一般裂缝逐年加深加长，有时长达 3~4m。被害状：一种为开放型，冻裂后愈伤组织逐年向外翻裂，不能愈合；另一种为开裂型，愈伤组织不向外翻裂，木质部开裂深而长。树木被害后造成树木的芯材腐烂、空心，病树的生长及其利用价值均受到严重影响，甚至失去利用价值。

【病原】属生理性病害。

【发病规律】破腹病是冻裂所致，树干西南面自基部向上开裂，木质部裸露，常自裂口流出红褐色汁液，俗称"破肚子"。发病原因是冬季或早春树干受日晒，昼夜温差过大，使树皮开裂。病部树皮干腐或湿腐，最后脱落，露出木质部；发生程度较轻的纵裂，在生长季节可产生愈伤组织，裂缝可以愈合，但翌年又重新开裂，极易引起霉变和心腐；病害发生集中在早春的 2 月中旬至 4 月上旬，秋末冬初也偶有发生；发病部位有明显的方向性，绝大多数发生在树干的向阳面，破腹病发病部位多在距地面 20~45cm 的树干基部；病树的树皮纵裂向上方发展很快，长度可达数米；树木生长过快，木质部含水量高时易发生；同一林分裂缝常发生在同一方向，多数受害树仅在干基部产生一个纵裂，极少产生两个；品种之间生长速度快的发病较重，管理粗放、土壤干旱瘠薄、病虫害较重的树木受害较重。

【防治方法】

（1）**人工防治**　冬季寒流到来之前树干 1.5~2m 高以下涂白（涂白剂配方：生石灰 10 份+硫黄粉 1 份+水 10 份+适量盐作黏着剂）或包草防冻。加强病虫害的防治，并保护好树干，避免人畜或其他原因造成的机械损伤。

（2）**药剂防治**　春季用 50%多菌灵可湿性粉剂 200~300 倍液，或 70%甲基硫菌灵可湿性粉剂 300 倍液，或 3%甲霜·噁霉灵（2.5%噁霉灵+0.5%甲霜灵）100~200 倍液涂抹病部周围，可促进产生愈伤组织。涂药前用消毒过的小刀，将病害组织划破或刮除老皮可提高防治效果。

4. 杨树根癌病（附图 2-51）

【寄主】毛白杨、加杨、大青杨、柳树等多个品种的杨树和柳树。

【症状】主要发生在树木的根颈处，有时主根、侧根以及地上部分的主干及枝条上也发生。受害处长出癌瘤，其形状大小不一，叠生或串生。初期，小瘤为灰白色或肉色，质地柔软，表面光滑，后逐渐增大，呈不规则块状，变为褐色至深褐色，质地坚硬，表面粗糙，并有龟裂，呈菜花状；外皮常脱落，露出许多凸起的小木瘤，由于根系和主干受到破坏，发病轻的造成植株生长缓慢或停止，叶色不正；严重时，重则引起全株死亡。

【病原】_Agrobaterium tumefaciens_（Smith & Towns）Conn，由细菌农杆菌属的根癌土壤杆菌引起。

【发病规律】杨树根癌病的病原是薄壁菌门中的根癌土壤杆菌，病菌随癌瘤存活在土壤中的病残体上，病残体在土壤上可以存活 1 年以上，2 年内没有侵染机会便失去活力。病菌经灌溉水、雨水和根部害虫传播，靠苗木和种条进行远距离传播，病菌从伤口入侵，经过数周或 1 年以上可出现症状。细菌侵入寄主后主要在皮层细胞中定植，其致病因子 Ti 质粒部分整合到寄主细胞的 DNA 上，刺激细胞分裂、组织增生，致使皮层细胞迅速大量增殖，产生癌瘤。细菌生长的最适温度为 27℃ 左右，最低为 10℃，最高为 34℃；最适 pH 值为 7.3，在偏碱性的沙壤土中发病较重；土壤湿度大易发病，苗木根部伤口多有利于病害的发生；雄株发病重，雌株发病轻，根蘖苗发病轻。

【防治方法】

（1）**人工防治**　及时拔除病株，立即烧毁。

（2）**药剂防治**　①及时防治地下害虫，如蝼蛄、蛴螬、地老虎等，可用 50%辛硫磷乳油 0.5kg 拌入 50kg 煮至半熟或炒香的饵料（麦麸、米糠等）作毒饵，傍晚均匀撒于杨树根际周围的土层，或者在受害植株根际用 15%毒死蜱·辛硫磷颗粒直接撒施，具体用量为 5~7kg/亩（拌沙撒施：4~6kg/亩）；尽量保护树根和根颈不受损伤，减少伤口；可减少杨树根癌发生。②根冠的瘤，可先用刀切除，再用 1 000 单位的农用链霉素或土霉素或 0.1%汞水进行伤口消毒后，涂波尔多液保护伤口，也可用甲醇、冰醋酸及碘片按 50：25：12 配制成混合液，涂抹根瘤病患处数次；亦可用 3%甲霜·噁霉灵

（2.5%噁霉灵+0.5%甲霜灵）300倍液进行灌根或喷干。

5. 毛白杨蚜虫（附图2-52）

【学名】*Chaitophorus populeti*

【寄主】毛白杨、河北杨、北京杨、大官杨、箭杆杨等。

【为害症状】以成蚜或若蚜群集于植株上，用针状刺吸口器吸食植株的汁液，使细胞受到破坏，生长失去平衡。被为害的树木枝条长势较弱，蚜虫分泌物不断从树上落下，形成一层黑油状黏液。

【形态特征】

无翅孤雌蚜 体卵圆形，长约2.2mm，宽约1.3mm，水绿色，有黑绿不规则形大斑；腹管截断状，尾片瘤状，黑色，体多毛，触角第4节端部以后为黑色。

有翅孤雌蚜 体长卵形，长约2.3mm，宽约1.0mm；头、胸黑色，腹部有黑或深绿色斑，在毛白杨嫩梢和幼叶反面为害。

无翅雌蚜 体卵圆形，长约1.9mm，宽约1.1mm；体蜡白至浅绿色，胸、腹部背面有深翠绿至绿色斑，胸部2个，腹部前面2个，中央1个，后面2个；触角第5节端部以后为黑色；第6鞭节约是基部长度的2倍。

有翅雌蚜 体卵圆形，长约1.9mm、宽约0.86mm；体浅绿色，有黑斑；触角黑色，腹管淡色。

【发生规律】1年发可生10多代，以卵在芽腋等处越冬；翌年春季杨树叶芽萌发时，越冬卵孵化；干母多在新叶背面为害，以后产生有翅孤雌胎生蚜扩大为害，尤其叶背面发生量大，受害严重；6月后易诱发煤污病。

【防治方法】

（1）**人工防治** 可以利用高压喷水枪来冲洗掉大量的蚜虫，春季如遇到干旱的情况下，可利用补充水分的机会连续喷水，控制虫口密度，减少蚜虫的发生。

（2）**物理防治** 采用黄色粘虫板诱杀有翅蚜。

（3）**药剂防治** 可喷洒50%啶虫脒水分散粒剂2 000~3 000倍液，或50%抗蚜威可湿性粉剂2 000~4 000倍液，或10%吡虫啉可湿性粉剂1 000~1 500倍液，或40%氧化乐果乳油800~1 000倍液，为防止用药产生抗性，轮换用药。喷药时间掌握在蚜虫高峰期前，选择晴天的傍晚均匀喷洒。

（4）**保护和利用天敌** 七星瓢虫、异色瓢虫、龟纹瓢虫、中华草蛉、杨腺溶蚜茧蜂、食蚜蝇等。

6. 黄斑星天牛

【学名】*Anoplophora nobilis* Ganglbauer

【寄主】复叶械、杨树、柳树、榆树、法国梧桐、沙枣、胡杨等。

【为害症状】是一种蛀干类害虫；以幼虫蛀食韧皮部及形成层，后钻入木质部为害；蛀道初为横行，斜向上方，后钻成直立的"L"形蛀道，互不穿透，外排有木屑及虫粪。幼虫蛀食树干和枝干及根部；造成树木折枝断头，甚至死亡。

【形态特征】

卵 乳白色，长椭圆形，两端略弯曲，长 5.5~7mm，宽约 2mm；近孵化时，变为黄色。

幼虫 共有 5 个龄期。老熟 5 龄幼虫体长 40~50mm，前胸最宽处 8~10mm；圆筒形，淡黄色；头小，褐色，横宽，半缩于前胸之内；触角 3 节，从侧面只能看见 2 节；上唇椭圆形，向上微翘，外缘毛被密集，下唇密生褐色短刚毛，有 1 条中纵沟；前胸背板"凸"字形锈色斑纹的前缘拐弯处有深色细边，角度较大，第 4 至第 9 节背面各有 1 个"回"字形步泡突。

蛹 体乳白色至黄白色，体长 30~37mm；触角前端卷曲呈环形，置于前足、中足及翅上；前胸背板两侧各有侧刺突 1 个；第 8 节背板上有 1 个向上生的棘状凸起。

成虫 体长 14~39mm，宽 6.8~12mm；雌虫较雄虫肥大；全体黑色，前胸背板和鞘翅具较强光泽，有的略带古铜或青绿等光泽，小盾片、鞘翅上绒毛斑呈乳黄色至姜黄色，少数为污白色；翅面上毛斑大小不等，排成不规则的 5 横行，第 1、第 2、第 3、第 5 行常各为 2 斑，第 4 行 1 斑，第 1、第 5 行斑较小，第 3 行 2 个斑接近或连合为最大斑；此外还散生许多小毛斑，翅面毛斑大小、形状、位置、数量变异较大。腹面及足密被青灰色绒毛，触角第 3 节基部及以后各节基半部青灰色，头部额及后头具稀疏细刻点，复眼下叶稍短于下颊部；前胸背板光滑，两侧基部具稀疏细刻点，基部中央有小凸起，两侧刺突末端尖锐；鞘翅肩部内侧几无明显刻点，仅肩隆脊上有少数刻点，翅表光滑；中胸腹板凸片极不显著，向前均匀弧形倾斜；雌虫触角超出体长 3~4 节；雄虫触角超出体长 5 节以上；外生殖器的中基较瘦，长厚比值为 7.5，弯度较大，末端较圆，略呈乳突状，中基突较狭，阳茎侧突端部狭长，基部弯度不深。

【发生规律】 两年发生 1 代，第 1 年以卵和卵内幼虫越冬。初孵幼虫在韧皮部取食，钻入木质部为害；蛀道初为横行，斜向上方，后钻成直立的"L"形蛀道，互不穿透，外排有木屑并排出虫粪，被害部分树皮外胀、纵裂、变黑，流出树液，木屑外露；老熟幼虫在虫道末端做蛹室化蛹。翌年以不同龄期的幼虫在树皮下和木质部内越冬；成虫于 7 月上旬开始羽化，飞翔力不强，一次最远只能飞 40m。树木径级越大，受害越重。

【防治方法】

（1）**幼虫孵化期防治** 在树干上喷洒 40%氧化乐果乳油 800~1 000 倍液，或 90%晶体敌百虫乳油 1 000~1 200 倍液，毒杀卵和初孵化幼虫。

（2）**幼虫为害期防治** 找新鲜虫孔，清理木屑，用注射器注入 80%敌敌畏乳油 50 倍液，或 50%杀螟硫磷乳油 100 倍液，或塞入磷化铝片剂，使药剂进入孔道，施药后可用胶泥封住虫孔，或 3.2%甲维·啶虫脒乳剂插瓶，可毒杀其中幼虫。

（3）**成虫为害期防治** ①在成虫补充营养，啃食枝条上的树皮，可往树干、树冠上喷洒 45%马拉硫磷乳油 1 000 倍液，或 50%辛硫磷乳油 1 000~1 500 倍液，毒杀成虫。②人工捕捉成虫。

（4）**保护和利用天敌**　肿腿蜂、红头茧蜂、白腹茧蜂、柄腹茧蜂、跳小蜂等。

7. 杨白潜叶蛾（附图 2-53）

【学名】*Leuoptera susinella* Herrich-shaffer

【寄主】杨树、柳树、毛白杨等。

【为害症状】幼虫孵化后从卵壳底部蛀入叶肉，幼虫不能穿过主脉，老熟幼虫可以穿过叶片正面咬孔而出，在侧脉取食，虫斑内充满粪便，因而呈黑色，几个虫斑相连形成一个棕黑色坏死大斑，致使整个叶片焦枯脱落；发生严重时大部分叶片变黑、焦枯，往往提前脱落。

【形态特征】

成虫　体长 3~4mm，翅展 8~9mm；体腹面及足银白色；头顶有 1 丛竖立的银白色毛；触角银白色，其基部形成大的"眼罩"；前翅银白色，近端部有 4 条褐色纹，1~2 条、3~4 条呈淡黄色，2~3 条为银白色，臀角上有 1 黑色斑纹，斑纹中间有银色凸起，缘毛前半部褐色，后半部银白色；后翅披针形，银白色，缘毛极长。

卵　扁圆形，长约 0.3mm，暗灰色，表面具网眼状刻纹。

幼虫　老熟幼虫体长约 6.5mm，体扁平，黄白色；头部及胴部每节侧方生有长毛 3 根；前胸背板乳白色；体节明显，腹部第 3 节最大，后方各节逐渐缩小。

蛹　浅黄色，梭形，长约 3mm，藏于白色丝茧内。

【发生规律】一年发生 3~4 代，以蛹在树干皮缝等处越冬。成虫具趋光性，成虫羽化时，先咬破蛹壳，在蛹壳表面出现 1 个小口，然后成虫钻出蛹壳爬行，通常先停留在杨树叶片基部腺点上，可吸食腺点上的汁液；成虫有趋光性；羽化当天即可交尾产卵；雌虫交尾后在叶面静止约半小时，然后来回爬行，寻找适宜的产卵部位；一般产卵于叶面主、侧脉两边，与叶脉平行排列，数粒成行；每个卵块 2~3 行，每行 2~5 粒，每块卵 5~15 粒；卵粒很小，一般肉眼不易发现；每头雌虫产卵量最少约 23 粒，最多约有 74 粒，平均为 49 粒；卵的孵化率很高，每个卵块所有卵粒都在同一天孵化；幼虫孵出后从卵底咬孔潜蛀叶内蛀食叶肉，幼虫不能穿过主脉，老熟幼虫可以穿过侧脉取食；虫斑内充满粪便，因而呈黑色，几个虫斑相连形成一个棕黑色坏死大斑，致使整个叶片焦枯脱落。幼虫老熟后从叶片正面咬孔而出，生长季节多在叶背吐丝结"H"形白色茧化蛹，经过 1 天左右化蛹；越冬茧大多分布在树皮缝、疤痕等处；很少数在叶片上；树干光滑的幼树树干则很少被结茧。

【防治方法】

（1）**人工防治**　在越冬成虫羽化前，及时清扫落叶，集中处理。冬末春初在大树干基部涂白，以杀死树皮下的越冬蛹。

（2）**物理防治**　利用成虫有趋光性，灯光诱杀成虫。

（3）**药剂防治**　于成虫活动期，或虫斑出现盛期以前，喷洒 45% 丙溴·辛硫磷乳油 1 000~1 500 倍液，或 40% 氧化乐果乳油 800~1 000 倍液，或 90% 晶体敌百虫

1 000~1 200 倍液,或 100g/L 联苯菊酯乳油 2 000~3 000 倍液,或 48%毒死蜱乳油 1 000~1 200 倍液,或 20%氰戊菊酯乳油(阿维·高氯)800~1 200 倍液进行喷雾防治。

(4)**生物防治** 初孵幼虫用 25%复方苏云金杆菌(Bt)乳剂 200 倍液进行喷雾防治。

(5)**保护和利用天敌** 寄生蜂和寄生蝇等。

二十三、元宝枫

1. 元宝枫白粉病

【寄主】 元宝枫、杨树、臭椿、化香树、冬青等。

【症状】 元宝枫白粉病多发生于叶背，发生初期，叶上表现为褪绿斑，严重时白色粉霉布满叶片，后期病叶上出现黑色小点，即病原菌的闭囊壳。感病叶片硬化，引起提早落叶，影响树木生长。

【病原】 病原菌为子囊菌亚门球针壳属的榛球针壳菌 *Phyllactinia corylea* （Pers.）Karst.。

【发病规律】 病菌以闭囊壳在病叶或病梢上越冬，一般在秋季生长后期形成，以度过严寒冬季；白粉霉层后期易消失。翌年4—5月释放子囊孢子，侵染嫩叶及新梢，在病部产生白粉状的分生孢子，生长季节里分生孢子通过气流传播和雨水溅散，进行多次侵染为害，9—10月形成闭囊壳。

【防治方法】

（1）**人工防治** 及时清除枯枝落叶（病叶病株），集中烧毁，减少侵染源。

（2）**药剂防治** 发病初期，喷洒20%三唑酮乳油1 500~2 000倍液，或15%三唑酮可湿性粉剂1 500~2 000倍液，或70%甲基硫菌灵可湿性粉剂1 000倍液，或12.5%烯唑醇可湿性粉剂3 000~4 000倍液喷雾防治，或45%戊唑·咪鲜胺水乳剂1 000倍液喷叶防治，或50%腐霉·福美双（40%福美双+10%腐霉利）600~800倍液进行叶面喷雾，连用2~3次，间隔10~15天。以上药剂交替使用，以免产生抗药性。

2. 黑蚱蝉 （附图2-54）

【学名】 *Cryptotympana atrata* Fabricius

【寄主】 杨树、樱花、元宝枫、槐树、榆树、桑树、白蜡、桃树、梨树、樱桃、柳树等。

【为害症状】 黑蚱蝉以成虫刺吸夏、秋枝嫩梢汁液；雌成虫产卵在小枝条上，产卵时产卵器刺破枝梢皮层，直达木质部，成锯齿状2排，使枝条开裂，失水干枯，造成大量落叶，嫩梢干枯，卵产在挂果的结果母枝上，使幼果干枯脱落；若虫生活于地下，吸取根部汁液，使根生长受损，影响水分和养分吸收，削弱树势。

【形态特征】

成虫 雄虫体长 44~48mm，雌虫体长 38~44mm，翅展 22~125mm；黑色或黑褐色，有光泽，被金色细毛；复眼发达凸出淡黄褐色；单眼 3 个、琥珀色，呈三角形排列于复眼之间；头部中央及颊的上方各有 1 块黄褐色的斑纹；触角短、刚毛状；前胸背板短于中胸背板，微凸起，中胸甚发达，背面宽大中央高，上有极明显的 "X" 形红褐色隆起，前角有 1 条暗色斑；前后翅均透明；基部 1/3 黑褐色，脉纹黄褐色；前足腿节发达，粗壮，基节隆线及腿节背面红褐色，腿节有锐利的刺，后足腿节有黄褐色的脉纹；腹部各节侧缘黄褐色，背面及腹面各有 1 对瓣片状；背瓣将发音器全部盖住，酱褐色，腹瓣大，舌状，长达腹部 1/2，边缘红褐色；雄虫第 1~2 腹节两侧有发音器；膜状透明，能振动发出鸣叫声。雌虫无发音器，有听音器及发达的产卵器。

卵 长 2.0~2.4mm，宽 0.5mm，乳白色，细长；椭圆形，稍弯曲，两端渐尖，有光泽。

若虫 初孵若虫乳白色，体软，细小如蚁，体长约 2mm；体色随虫龄增大，逐渐加深；末龄若虫黄褐色，有翅芽，体长约 35mm，形似成虫；额显著膨大，触角和喙发达；无复眼，在复眼部位置上有 1 个凸出的单眼。前胸背板很大，前足腿节，胫节发达。有齿适于开掘。老龄时体较硬，前胸背板缩小，中胸背板大，头顶至后胸背板中央有一蜕皮线，腹部缩小，翅芽发达，老熟时可达腹部中央。

【发生规律】 多年发生 1 代，以若虫在土壤中或以卵在寄住枝干内越冬。若虫在白天孵化，初孵若虫落地入土，若虫在土壤中刺吸植物根部，不大活动，并随龄期的增加，分别筑成大小、形状不同，外表粗糙、内壁光滑的土室，壁的一侧附着在根上，栖居其中吸食生活；一般 5 月下旬成熟若虫出土，傍晚以后破室而出，从树干基部爬至枝条叶背，固定后从背部破皮羽化；成虫晚间有趋光的习性；成虫栖息在树干上，夏季不停地鸣叫，6 月初成虫开始产卵为害枝条，6—8 月是黑蚱蝉为害的高峰期，8 月为产卵盛期；以卵越冬者，翌年 5 月底孵化若虫，并落入土中生活，秋后向深土层移动越冬，来年随气温回暖，上移刺吸为害；会为害数年。

【防治方法】 参见柳树黑蚱蝉防治方法。

3. 小线角木蠹蛾 （附图 2-55）

【学名】 *Holcocerus insularis* Staudinger

【寄主】 白蜡、柳树、国槐、龙爪槐、银杏、悬铃木、樱花、紫薇、白玉兰、元宝枫、丁香、海棠等。

【为害症状】 幼虫蛀食植株枝干木质部，几十至几百头群集在蛀道内为害，造成千疮百孔，与天牛为害症状有明显不同（天牛 1 蛀道 1 虫），木蠹蛾蛀道相通，蛀孔外面用丝连接球形虫粪。轻者造成风折枝干，重者植株逐渐死亡，严重影响城市绿化效果。

【形态特征】

成虫 体长 18~22mm，翅展 45~50mm；雄蛾较小，体灰褐色，触角线状，前胸后缘为深褐色毛丛线纹；翅面上密布黑色短线纹，前翅中室至前缘为深褐色体灰褐色。

卵 椭圆形，黑褐色，卵表有网状纹。

幼虫 幼虫老熟时体长 35~40mm；体背鲜红色，腹部节间乳黄色，前胸背板有斜"B"字形黑褐色斑。

蛹 被蛹型，初期黄褐色渐变深褐色，略弯曲，腹背有刺列，腹尾有臀棘。

【发生规律】 两年发生 1 代（跨 3 个年度），以幼虫在枝干蛀道内越冬。翌年 3 月幼虫开始复苏活动；幼虫化蛹时间很不整齐，5 月下旬至 8 月上旬为化蛹期，蛹期约 20 天；6—8 月为成虫发生期，成虫羽化时，蛹壳半露在羽化孔外，成虫有趋光性，日伏夜出；将卵产在树皮裂缝或各种伤疤处，卵呈块状，粒数不等，卵期约 15 天。幼虫喜群栖为害，每年 3—11 月幼虫为害期，低龄幼虫与老龄幼虫均在树内蛀道内越冬。老龄幼虫在第 3 年于 5 月下旬化蛹。成虫羽化时，蛹壳半露在羽化孔外。

【防治方法】

（1）**物理防治** 用环保防护型农林杀虫灯或黑光灯诱杀成虫。

（2）**药剂防治** ①幼虫为害期，树干注药防治，在树干上打孔注射 40%氧化乐果乳油 10~20 倍液，或 50%杀螟硫磷乳油 10 倍液等内吸药剂。②成虫为害期，可用 90%晶体敌百虫 1 000~1 200 倍液，或 50%杀螟硫磷乳油 1 000 倍液，或 20%甲维·茚虫威悬浮剂 1 200~1 500 倍液，或 100g/L 联苯菊酯乳油 2 000~3 000 倍液等药剂，对树干进行喷淋防治。

（3）**保护和利用天敌** 姬蜂、寄生蝇、蜥蜴、燕、啄木鸟、白僵菌和病原线虫等。

二十四、皂荚

1. 皂荚褐斑病

【寄主】皂荚、海棠等。

【症状】褐斑病属于一种真菌性病害。主要侵害叶片，并且通常是下部叶片开始发病，后逐渐向上部蔓延；发病初期病斑为大小不一的圆形或近圆形，少许呈不规则形；病斑为褐色斑点，边缘颜色较淡，随后病斑颜色逐渐加深，呈暗褐色，边缘细微放射状，与健康部分分界明显；后期病斑中心颜色转淡，并着生灰黑色小霉点；发病严重时，病斑连接成片，整个叶片变黄，并提前脱落。

【病原】半知菌类叶点菌 *Phyllosticta* sp.。

【发病规律】病菌在寄主植物病残体上越冬，借风雨和灌溉水传播；褐斑病一般初夏开始发生，秋季为害严重。在高温多雨，尤其是暴风雨频繁的年份或季节易暴发；通常下层叶片比上层叶片易感染；8—10月严重，常使叶片枯黄脱落。

【防治方法】

（1）人工防治 及时清除病残落叶，集中烧毁。冬季休眠期喷洒2~3波美度石硫合剂。

（2）药剂防治 发病期喷洒70%甲基硫菌灵可湿性粉剂800~1 000倍液，或75%百菌清可湿性粉剂800倍液，或80%代森锌可湿性粉剂600~800倍液，或30%苯醚甲环唑·嘧菌酯（18.5%苯醚甲环唑+11.5%嘧菌酯）1 200~1 500倍液进行均匀喷雾，连续喷施2~3次，每次间隔7~10天。

2. 皂荚干腐病

【寄主】刺槐、皂荚等。

【症状】该病为害幼树至大树的枝干，引起枝枯或整株枯死；该病在大树上主要发生在干基部，少数发生在上部枝梢的杈上。大树基部被害，外部无明显为害症状，剥开树皮内部已变色腐烂，有臭味，木质部表层产生褐色至黑褐色不规则斑；病斑不断扩展，包围树干一周，造成病斑以上枝干枯死，叶片即发黄凋萎；枝梢或幼树的主茎受害，病组织呈水渍状腐烂，产生明显的溃疡斑，稍凹陷，边缘紫褐色，随着病斑的扩展，不久病斑以上部位即枯死。

【病原】肉桂疫霉菌 *Phytophththora cinnamomi* Rands，鞭毛菌亚门卵菌纲霜霉目真菌。

【发病规律】病原菌常自干基部侵入，也有从干部开始发病的。地下害虫的伤口是侵染主要途径；土壤含水量过高或大风造成的伤口，以及人、畜活动造成的机械伤，都能成为侵染途径；病害盛发期在5—9月，气温25℃以上，相对湿度85%以上时，病斑扩展迅速。

【防治方法】

（1）人工防治　及时清除死株或残桩，集中处理，秋冬对树干进行涂白。

（2）药剂防治　①用50%多菌灵可湿性粉剂300倍液，或溃腐灵50倍液，或50%甲基硫菌灵可湿性粉剂500~600倍液，或1.8%辛菌胺醋酸盐可湿性粉剂200~300倍液，或3%甲霜·噁霉灵（2.5%噁霉灵+0.5%甲霜灵）100~200倍液对病部进行涂抹。②涂抹步骤：首先切除腐烂部位或刮除病疤，再将上述药剂根据要求的倍数进行稀释，对已发病部位进行涂抹，10天后进行第二次涂抹。其次4月初或9月初在腐烂病未发生时，用以上药品使用毛刷均匀涂抹树干，或对树体进行全面喷雾，使树干充分着药，以不滴药为宜，10天后再重复一次。

3. 日本白盾蚧

【学名】*Lopholeucaspis japonica*（Cockerell）

【寄主】李树、杨树、皂荚、丁香、榆树、葡萄、枫树、海桐、牡丹、木兰、柑橘、苹果树等。

【为害症状】以若虫和雌成虫群集固着在2~5年生枝干刺吸液汁。在树上的分布趋势为上部多于中部，中部多于下部，阴面多于阳面，分杈处多于其他地方；受害严重植株上介壳密集重叠，似覆盖一层棉絮，严重削弱树势，使被害枝发育不良；受害植株一般上部枝叶开始萎缩、变黄、干枯，然后扩散至中部、下部，进而导致全株死亡。

【形态特征】

雌成虫　介壳长棒或长纺锤形，长约1.7mm，暗棕色或深褐色；覆盖一厚层白色不透明分泌物，直或略弯曲，侧缘几乎平行，两端稍变狭长成圆形，背面隆起；壳点2个，暗棕色或深褐色，第2壳点几乎占介壳的全部，盖住成虫；第1壳点凸出在前端。虫体长纺锤形，长约1mm，淡紫色，腹末黄色；臀叶2对，发达，中叶大，远离，镖状，长过于宽，端尖，两侧在中部有深凹切，第2叶和中叶同形，较小，细长，中叶间及第2叶内外侧均各2个，以上板缘每侧短而不发达，背腺小，每侧25~35个，缘腺大小同背腺，每侧约12个；臀板中后部背面每侧有细皮纹组成的圆硬化斑8个；围阴腺5群，前2腹节之两侧还各有额外阴腺2小群。

雄成虫　介壳长形，长约1mm，白色；壳点1个，凸出在前端。

【发生规律】一年发生2~3代，以老龄若虫和前蛹在枝干上越冬，寄生在枝、叶上；各代若虫孵化盛期分别是5月下旬、7月中旬和9月中旬；影响第1代卵盛孵末期的主导因子是3—4月平均气温之和。4月中旬和7月下旬至8月上旬各代成虫羽化，

5月上旬和8—9月产卵，每头雌虫产卵30余粒，有陆续和分批产卵习性，同一壳内卵需经5~21天才能陆续孵化完毕；8月出现雌、雄成虫。

【防治方法】

（1）**人工防治**　冬季剪除有虫枝条和清扫落叶，或刮除枝条上越冬的虫体，并集中销毁。

（2）**药剂防治**　①冬季或早春在寄主植物发芽前，可用5波美度石硫合剂液喷雾防治。②若虫孵化初期，对药物较敏感，可选用40%杀扑磷1 000~1 000倍液，或22.4%螺虫乙酯悬浮剂1 000~1 500倍液，或40%啶虫·毒死蜱乳油1 000~2 000倍液等内吸性、渗透性强的药剂喷洒。

（3）**保护和利用天敌**　瓢虫、大草蛉、寄生蜂等天敌。

二十五、杏　树

1. 杏仁蜂

【学名】*Eurytoma samaonovi*

【寄主】杏树。

【为害症状】雌蜂产卵于初形成的幼果内，以幼虫在杏核内蛀食杏核；虫果表面有半月形稍凹陷的产卵孔，有时产卵孔出现流胶；虫果易脱落，也有的干缩在结果枝上。

【形态特征】

成虫　雌虫体长约6mm，翅展约10mm；头宽大，黑色；复眼暗赤色；触角膝状，基部第1节长，第2节最短，均为橙黄色；其余各节较粗大，黑色。胸部黑色，较粗壮，背面隆起，密布刻点；翅膜质，透明，翅脉色。腹部橘红色，有光泽，基部缢缩；产卵管深棕色。雄虫体长约5mm，触角第3节以后呈念珠状，各节环生长毛；腹部黑色，第2节细长如柄，其余部分略呈圆形。

卵　长圆形，长约1mm，一端稍尖，另一端圆钝，中间稍弯曲；初产时白色，近孵化时变为乳黄色。

幼虫　初孵幼虫白色，头黄白色；老熟幼虫体长7~12mm，头、尾稍尖而中间肥大，稍向腹面弯曲；头褐色，具1对发达的上颚；胴部乳黄色，足退化；其后显现出红色的复眼。

蛹　裸蛹，体长6~8mm；初为乳白色，近孵化时变为褐色。

【发生规律】一年发生1代，以幼虫在被害的杏核内、枯干上越冬；4月下旬羽化成虫，在杏果指头大时成虫大量出现，飞到枝上交尾产卵，将卵产于幼果果肉内，每果一般产卵1粒，卵经20~30天孵化为幼虫，在核硬化前蛀入杏仁，孵化的幼虫在核内食害杏仁，蜕4次皮，在6月上旬老熟，即在杏核内越夏、越冬。被害果开始脱落或在树上干缩。成虫的活动时间一般以中午前后最为活跃；5月为害最重，常引起大量落果。幼虫孵化后在6月上旬老熟，即在杏核内越夏。

【防治方法】

（1）**人工防治**　结合冬季果园耕翻，将受害落果、干果及杏核埋于20cm深的土层内，或将集中销毁，即可防止成虫羽化出土。

（2）**药剂防治**　杏果如豆粒大时（5月），为幼虫产卵期，喷40%氧化乐果乳油

1 000~1 200 倍液，或 50%辛硫磷乳油 1 000~1 500 倍液，或 20%甲氰菊酯乳油 2 000~3 000 倍液，进行防治。

2. 桑白蚧

【学名】*Pseudaulacaspis pentagona*（Targioni Tozzetti）

【寄主】杏、桃树、梅、桑、茶、柿树、枇杷、无花果树、杨树、柳树、丁香、苦楝等。

【为害症状】以雌成虫和若虫群集固着在枝干上吸食养分，以刺吸式口器针插入新皮，吸食树体汁液；发生严重时，植株枝干随处可见片片发红的若虫群落，虫口难以计数；介壳形成后，枝干上介壳密布重叠，枝条灰白，凹凸不平；被害树树势严重下降，枝芽发育不良，甚至引起枝条或全株死亡。

【形态特征】

雌成虫 橙黄色或橘红色，体长约 1mm，体扁平卵圆形，介壳圆形，腹部分节明显，直径 2~2.5mm；略隆起有螺旋纹，灰白至灰褐色，壳点黄褐色，在介壳中央偏旁。

雄成虫 体长 0.65~0.7mm，翅展约 1.32mm，橙色至橘红色，体略呈长纺锤形；介壳长约 1mm，细长，白色，壳点橙黄色，位于壳前端。

卵 椭圆形，长径 0.25~0.3mm，初产淡粉红色，渐变淡黄褐色，孵化前为橘红色。

若虫 初孵若虫淡黄褐色，扁卵圆形，体长约 0.3mm，可见触角、复眼和足，能爬行，腹末端具尾毛两根，体表有棉毛状物遮盖；蜕皮之后眼、触角、足、尾毛均退化或消失，开始分泌蜡质形成介壳，蜕皮覆于壳上，称壳点。

【生活习性】一年可发生 4~5 代；以受精雌成虫在杏树枝干上越冬。翌年 2 月下旬越冬成虫开始取食为害，虫体迅速膨大并产卵，卵产于雌介壳下，卵期 10 天左右，每头雌虫可产卵数百粒；4 月上旬产卵结束。第 1 代若虫于 3 月下旬始见，初孵若蚧先在壳下停留数小时，后逐渐爬出分散活动，1~2 天后固定在枝干上为害；5~7 天后开始分泌灰白色和白色蜡质，覆盖体表并形成介壳；5 月下旬始见第 2 代若虫；6 月上旬为第 2 代若虫盛发高峰期，6 月下旬进入成虫期；7 月中旬始见第 3 代若虫，7 月下旬至 8 月上旬为第 3 代若虫高峰期，8 月中旬进入成虫期，由于世代重叠，成虫期可延续到 9 月初；9 月中旬始见第 4 代若虫，9 月下旬至 10 月上旬为第 4 代若虫发生高峰期，10 月中旬陆续进入成虫期，10 月下旬始见第 5 代若虫，但发生极不整齐，高峰期不明显，多以第 4 代成虫进入越冬状态。

【防治方法】

(1) **人工防治** ①冬季防治：做好冬季清园，结合修剪，剪除受害枝条，刮除枝干上的越冬雌成虫，并喷一次波美 3 度石硫合剂或 0.5%烟·参碱水剂 500~600 倍液，消灭越冬虫源，减少翌年为害。②抓住第 1 代若蚧发生盛期，趁虫体未分泌蜡质时，用硬毛刷或细钢丝刷刷掉枝干上若虫。

(2) **药剂防治** ①加强虫情预报，掌握在第 1 代卵孵化盛期和各代若虫分散转移、分泌蜡粉、形成介壳之前喷药。药剂可选用 0.5%烟·参碱水剂 700~1 000 倍液，或 40%毒死蜱（或 48%毒死蜱）乳油 1 000~2 500 倍液，或 52.25%毒·氯乳油 1 000~2 000 倍液，或 10%吡虫啉可湿性粉剂 1 500 倍液。②喷药时采取淋洗式喷雾，保证树体上下，枝干四周，树冠内外喷匀喷透，不留死角。同时，可在药液中适当添加中性洗衣粉，增加药剂的展布性和渗透性，提高防治效果。

（3）**保护利用天敌** 红点唇瓢虫、黑缘红瓢虫、异色瓢虫、深点食螨瓢虫、日本方头甲、软蚧蚜小蜂和丽草蛉等。

3. 梨星毛虫

【学名】*Illiberis prunii*

【寄主】梨树、海棠、李树、杏树、桃树、樱桃、枇杷、苹果树、沙果等。

【为害症状】该虫是主要食叶性害虫。幼虫出蛰后，蛀食花芽和叶芽，被害花芽流出树液；展叶期幼虫吐丝将叶片纵卷成饺子状，幼虫居内为害，啃食叶肉，留下表皮和叶脉成网状；夏季刚孵出的幼虫不包叶，在叶背面食叶肉呈现许多虫斑。

【形态特征】

成虫 体长 9~13mm，翅展 21~32mm；全体黑色，翅黑色，半透明，有光泽；前翅和后翅中室有 1 根中脉通过；翅面分布黑色绒毛，翅缘浓黑色，略生细毛；触角锯齿状；雄成虫翅展 18~25mm，触角短，羽状，触角也具锯齿状。

卵 扁平圆形，长约 0.7mm，初产乳白色，成块产于叶背面；初龄幼虫紫褐色。

幼虫 体长 18~20mm，淡黄色，每节背侧有 6 个星状毛瘤和 2 个黑色圆斑点。

蛹 长约 12mm，纺锤形，初淡黄色，后期黑褐色；腹部第 3~9 节背面前缘有 1 列短齿，腹部末端有 5 对白色钩状刚毛。

【发生规律】一年发生 1~2 代，以 2~3 龄幼虫在树干裂缝和粗皮间结白色薄茧越冬。翌年早春萌芽时开始出蛰活动，虫在枝条上为害芽、花和嫩叶，展叶后，幼虫吐丝缀叶呈饺子状，潜伏叶苞为害；幼虫一生为害 7~8 张叶片，老熟幼虫身体笨重，5 月中下旬老熟后在叶苞内结茧化蛹，蛹期约 10 天；6 月上中旬羽化为成虫，成虫飞翔力不强；白天静伏，晚上交配产卵，卵多产于叶背面呈不规则块状；6 月下旬孵化为幼虫，幼虫在叶内取食叶肉，先群集为害叶片，不久即分散；7 月中旬后长至 2~3 龄转移到树干粗皮裂缝处结茧越冬。

【防治方法】参见枇杷梨星毛虫防治方法。

4. 梨冠网蝽（附图 2-56）

【学名】*Stephanitis nashi* Esaki et Takeya

【寄主】梨树、海棠、山楂树、桃树、李树、杏树、樱桃等植物。

【为害症状】以成虫、若虫在叶背吸食汁液，被害叶背呈现许多黑褐色小斑点，是害虫的分泌物和排泄物，使叶背呈现黄褐色锈斑，引起煤污。叶正面初期产生黄白色小斑点，虫量大时斑点扩大连片，导致叶片苍白，局部发黄，影响光合作用，严重时叶片变褐，甚至全叶枯黄，容易脱落。

【形态特征】

成虫 体长 2.8~3.0mm，宽 1.6~1.8mm；体扁暗褐色，头小红褐色，头上 5 根头刺黄白色，触角丝状浅黄褐色，4 节，其中第 3 节特长，第 4 节端部呈扁球状；复眼暗褐色，前胸背板黄褐色，向后延伸呈三角形盖住中胸，两侧缘及背中央各具一耳状突；表面具与前翅类似的网纹。前翅中央具一纵隆起，翅脉网纹状，两翅合拢时，翅面黑褐色斑纹常呈 "X" 形。

卵 长椭圆形，长约 0.6mm，透明稍弯，初淡绿后淡黄色。

若虫 初龄乳白近透明，后变浅绿至深褐色；3 龄翅芽明显可见，腹侧及后缘有一圈黄褐色刺状突，并群集叶背为害。老熟若虫头部、胸部、腹部均具刺突，头部 5 根，前方 3 根，中部两侧各 1 根，胸部两侧各 1 根，腹部各节两侧与背面各具 1 根。

【发生规律】 一年发生 3~5 代；各地均以成虫在枯枝、落叶、枝干翘皮裂缝处、杂草及土、石缝中越冬。翌年 4 月上中旬初孵若虫开始陆续活动，飞到寄主上取食为害；先集中于树冠底部叶背为害，以后逐渐向全树扩散，被害处叶面呈现黄白色斑点，叶背和下边叶面上常落有黑褐色带黏性的分泌物和粪便；成虫产卵于叶背主脉旁的组织内，每次产卵 1 粒，几粒甚至几十粒相邻产入组织内。卵上覆盖有黑色胶状物；单雌卵量平均 40 粒，卵期约 15 天；各代发生不整齐，5 月中旬以后各虫态同时出现，世代重叠；以 7—8 月为害最严重；8 月中下旬全部羽化为成虫，成虫多静伏于叶背吸食，受惊则飞；为害至 10 月中下旬以后，成虫寻找适当场所越冬。

【防治方法】

（1）人工防治 清除病虫叶，集中烧毁，刮树皮涂白，深翻松土和树干束草，减少虫源。

（2）药剂防治 成虫、若虫发生期，可喷施 40% 氧化乐果乳油 800~1 000 倍液，或 50% 杀螟硫磷乳油 1 000~1 500 倍液，或 50% 啶虫脒水分散粒剂 2 000~3 000 倍液。虫口密度大时，可喷施 80% 烯啶·吡蚜酮水分散粒剂 2 500~3 000 倍液，或 22% 噻虫·高氯氟悬浮剂 4 000 倍液喷雾毒杀。也可用 50% 吡虫·杀虫单水分散粒剂 1 200~1 500 倍液灌根。

（3）保护和利用天敌 如瓢虫、草蛉、食蚜蝇等。

5. 铜绿丽金龟

【学名】 *Anomala corpulenta* Motschulsky

【寄主】 海棠、梨树、杏树、桃树、柿树、杨树、核桃、柳树、苹果树、榆树、山楂树等。

【为害症状】 幼虫为害植物根系，可将根部咬断，使寄主植物叶子萎黄甚至整株枯死；成虫群集为害取食植物叶片，常造成大片幼龄杏树叶片残缺不全，甚至全树叶片被吃光，仅留叶柄。

【形态特征】

成虫　体长 17~21mm，宽 8~11.3mm；触角黄褐色，体背铜绿色有金属光泽，复眼黑色；唇基褐绿色且前缘上卷；前胸背板及鞘翅侧缘黄褐色或褐色；触角 9 节；有膜状缘的前胸背板，前缘弧状内弯，侧、后缘弧形外弯，前角锐、后角钝，密布刻点；鞘翅黄铜绿色且纵隆脊略见，合缝隆明显；雄虫腹面棕黄色，密生细毛，雌虫腹面乳白色且末节横带棕黄色；臀板黑斑近三角形；足黄褐色，胫、跗节深褐色，前足胫节外侧 2 齿、内侧 1 棘刺。初羽化成虫前翅淡白色，后逐渐变化。

卵　长 1.65~1.94mm，白色，初产时长椭圆形，后逐渐膨大近球形，卵壳光滑。

幼虫　3 龄幼虫体长 30~33mm，头部近圆形黄褐色，前顶刚毛每侧 6~8 根，排一纵列；脏腹片后部腹毛区正中有 2 列黄褐色长的刺毛，每列 12~18 根，2 列刺毛尖端大部分相遇和交叉；在刺毛列外边有深黄色钩状刚毛；腹部末端两节自背面观为浅褐色且带有微蓝色；臀腹面具刺毛列，多由 13~14 根长锥刺组成，肛门孔横裂状。

蛹　长约 18mm，略呈扁椭圆形，黄色；腹部背面有 6 对发音器；雌蛹末节腹面平坦有 1 皱纹；羽化前，前胸背板、翅芽、足变绿。

【发生规律】 一年发生 1 代，以 3 龄或 2 龄幼虫在土中越冬。翌年 4 月越冬幼虫开始活动为害，5 月下旬至 6 月上旬化蛹，6—7 月为成虫活动期，直到 9 月上旬停止；成虫趋光性及假死性，昼伏夜出，白天隐伏于地被物或表土，出土后在寄主上交尾、产卵，寿命约 30 天。在气温 25℃以上、相对湿度为 70%~80% 时为害较严重。将卵散产于根系附近 5~6cm 深的土壤中，卵期 10 天；7—8 月为幼虫活动高峰期，10—11 月进入越冬期。

【防治方法】

（1）**人工防治**　利用成虫的假死习性，早晚振落捕杀成虫。

（2）**物理防治**　黑光灯诱杀成虫。

（3）**药剂防治**　在成虫发生期，可喷洒 50% 杀螟硫磷乳油或 45% 丙溴·辛硫磷乳油 1 000~1 500 倍液，或 50% 对硫磷乳油 1 500 倍液。也可在树盘内或表土层撒施 5% 辛硫磷颗粒剂，施后浅锄入土，可毒杀大量潜伏在土中的成虫。幼虫（蛴螬）为害期用 5% 辛硫磷颗粒剂撒到地面，再翻入幼虫活动的土层中，毒杀幼虫。

6. 小绿叶蝉（附图 2-57）

【学名】 *Empoasca boninensis*（Matsumura）

【寄主】 木芙蓉、桃树、杏树、李树、樱桃、杨梅、葡萄、苹果树、梨树、柑橘、山楂树、油桐等。

【被害状】 以成虫、若虫刺吸杏树嫩梢汁液，消耗养分与水分；雌虫产卵于嫩梢组织内，使芽生长受阻。初现黄白色斑点渐扩成片，严重时全叶苍白早落。

【形态特征】

成虫　体长 3.3~3.7mm，淡黄绿至绿色，复眼灰褐至深褐色，无单眼，触角刚毛状，末端黑色；前胸背板、小盾片浅鲜绿色，常具白色斑点；前翅半透明，略呈革质，淡黄白色，周缘具淡绿色细边；后翅透明膜质，胸、腹部腹面为淡黄绿色各足胫节端部以下淡青绿色，爪褐色；跗节3节；后足跳跃足。腹部背板色较腹板深，末端淡青绿色；头冠前伸，前翅端部第1、第2分脉在基部接近但向端部伸出，其间形成一个三角形端室，后翅具亚缘脉，仅一端室；头背面略短，向前突，喙微褐，基部绿色。

卵 长椭圆形，乳白色，略弯曲，长径约0.6mm，短径约0.15mm，孵化前出现红色眼点。

若虫 似成虫，老熟幼虫体长2.5~3.5mm，体鲜绿微黄，复眼灰褐色。具翅芽，头冠与腹部各节疏生细毛，除翅尚未形成外，体形和体色与成虫相似。

【发生规律】 一年发生4~6代，以成虫在落叶、杂草或低矮绿色植物中越冬。翌春寄主植株发芽后出蛰，飞到树上刺吸汁液，经取食后交尾产卵，卵多产在新梢或叶片主脉内；卵期5~20天；若虫期10~20天，非越冬成虫寿命30天；完成1个世代40~50天。因发生期不整齐，导致世代重叠。6月虫口数量增加，8—9月最多且为害重；秋后以末代成虫越冬。成虫、若虫喜白天活动，在叶背刺吸汁液或栖息；成虫善跳，可借风力扩散，气温15~25℃适其生长发育，28℃以上及连阴雨天气虫口密度下降。

【防治方法】

（1）**人工防治** 成虫出蛰前，清除落叶及杂草，减少越冬虫源。

（2）**药剂防治** 掌握在越冬代成虫迁入后，各代若虫孵化盛期，喷洒20%异丙威乳油800倍液，或10%吡虫啉可湿性粉剂1 000~1 500倍液，或50%啶虫脒水分散粒剂2 000~3 000倍液，或50%杀螟硫磷乳油1 000~1 500倍液，或喷施80%烯啶·吡蚜酮水分散粒剂2 500~3 000倍液，或22%噻虫·高氯氟悬浮剂4 000倍液喷雾毒杀。

7. 桃六点天蛾（附图2-58）

【学名】 *Marumba gaschkewitschii*

【寄主】 碧桃、樱花、海棠、葡萄、梨树、杏树、桃树等多种植物。

【为害症状】 以幼虫为害叶片。幼龄幼虫将叶片吃成孔洞或缺刻，稍大的幼虫常将叶片吃掉大部分甚至吃光，仅剩下叶柄；被害寄主树势受到影响，观赏性有所降低。

【形态特征】

成虫 体长36~46mm，翅展82~120mm，体肥大，深褐色至灰紫色；头细小；触角栉齿状，米黄色，复眼紫黑色；前翅狭长，灰褐色，有数条较宽的深浅不同的褐色横带，相当于内横线、外横线、亚基线至翅基部、亚端线至外缘；外缘有一深褐色宽带，后缘臀角处有一块黑斑，其前方有一黑斑，近中室端有一不甚明显的暗色斑纹；前翅反面具紫红色长鳞毛。后翅近三角形，上有红色长毛，翅脉褐色，后缘臀角有一灰黑色大斑，后翅反面灰褐色，有3条深褐色条纹；复眼黑褐色；触角短。栉齿状，浅灰褐至黄褐色，头、胸背面有一条深色纵纹。

卵 扁圆形，近半透明，绿色；长径约1.6mm，短径约1.1mm；似大谷粒，一端有胶质可黏附叶面上，孵化前转为绿白色。

幼虫 老熟幼虫体长80mm，黄绿色，体光滑，头部呈三角形，第1至第8腹节侧面有黄白色斜线7对，通过气门上方，胸部各节有黄白色颗粒，气门黑色，胸足淡红色，尾角较长。

蛹 长约45mm，纺锤形，黑褐色，臀棘锥状，尾端有短刺。

【发生规律】一年发生1~2代，以蛹在地下5~10cm深处的蛹室中越冬；一年发生1代地区，成虫于6月孵化，7月上旬出现幼虫，为害至9月幼虫陆续老熟沿树干爬下或直接坠入地面入土化蛹，进行越冬。一年发生2代地区，越冬代成虫于5月中旬至6月中旬发生，第1代幼虫于5月下旬至7月发生为害，6月下旬开始陆续老熟化蛹。7月发生第1代成虫，7月下旬出现第2代幼虫，为害至9月开始陆续老熟入土化蛹，以蛹越冬。成虫昼伏夜出，有趋光性，卵多散产于枝干皮缝、剪锯口、树洞等处，间或也产于叶片上。单雌产卵170~500粒，卵期第1代10天左右，第2代7天左右，初龄幼虫常将叶片食成缺刻与孔洞，稍大后则将全叶吃光，仅留叶柄，老熟后于树冠下根际附近或疏松土内化蛹，间或也有于树冠下及其附近地被物内化蛹者。成虫寿命5天左右。

【防治方法】

（1）**人工防治** 幼虫发生期，利用幼虫受惊易掉落的习性，人工捕杀幼虫。

（2）**物理防治** 利用天蛾成虫的趋光性，在成虫发生期用黑光灯、频振式杀虫灯等诱杀成虫。

（3）**药剂防治** ①尽量选择在低龄幼虫期防治。此时虫口密度小，为害小，且虫的抗药性相对较弱。可用45%丙溴·辛硫磷乳油1 000~1 500倍液，或90%晶体敌百虫800~1 000倍液，或45%丙溴·辛硫磷乳油800~1 000倍液，或20%氰戊菊酯乳油800~1 000倍液，喷雾防治。喷雾时完全喷湿叶面，连喷2~3次，每次间隔1周。②幼虫入土后或成虫羽化前，在树木周围地面撒施5%辛硫磷颗粒剂，以毒杀土中虫、蛹。

（4）**保护和利用天敌** 螳螂、胡蜂、绒茧蜂等。

二十六、梨 树

1. 梨桧锈病（附图 2-59）

【寄主】梨树、海棠、桧柏、圆柏。

【症状】发生在梨、桧柏的叶、嫩枝、果实上。初期病斑在梨叶上为黄绿色，渐变橙黄色圆形斑，边缘红色，后变成黑色粒状物，在叶背面相应处形成黄白色隆起，并着生黄色毛状物（锈孢子器）。桧柏受害后于针叶腋处出现黄色斑点，渐成锈褐色角状凸起，潮湿条件下形成黄褐色胶质鸡冠状冬孢子角。梨桧锈病是梨树的重要病害之一，在栽植梨树的附近栽有桧柏、龙柏等转主寄主的地方，该病发生严重，尤其是在春季多雨年份发病普遍，为害严重，常引起叶片早枯、脱落、幼果畸形、早落。

【病原】梨胶锈菌 *Gymnosporangium asiaticum* Miyabe ex Yamada。

【发病规律】病菌是以多年生菌丝体在桧柏或龙柏枝上形成菌瘿越冬，翌年 3 月在潮湿条件下形成黄褐色胶质鸡冠状冬孢子角，4—5 月冬孢子角遇雨吸水膨胀破裂，产生担孢子，并借气流传播到梨树叶片上，5 月下旬病叶开始产生性孢子器，6 月下旬开始叶背病斑上产生锈孢子器，8—9 月锈孢子成熟，并借气流传播到桧柏上，侵染针叶或嫩枝越冬。该菌在其生活史中不形成夏孢子，故无再侵染发生。

【防治方法】

（1）人工防治　梨、海棠等与桧柏的栽植间距要在 5km 以上。初春向桧柏树枝上喷 4~5 波美度的石硫合剂，或 45%石硫合剂 100 倍液，喷施 1~2 次。

（2）药剂防治　用 15%三唑酮可湿性粉剂 800~1 000 倍液，或 20%三唑酮乳油 1 500~2 000 倍液，或 80%代森锌可湿性粉剂 600~800 倍液，或 12.5%烯唑醇可湿粉剂 3 000~4 000 倍液，或 30%苯醚甲环唑·嘧菌酯（18.5%苯醚甲环唑+11.5%嘧菌酯）1 500 倍液，或 50%腐霉·福美双（40%福美双+10%腐霉利）600~800 倍液，喷雾防治。连用 2~3 次，间隔 15 天。注意轮换用药。

2. 梨白粉病

【寄主】梨树、桑、柿等。

【病原】梨球针壳菌 *Phyllactinia pyri*（Cast）Homma。

【症状】此病多为害老叶，发生在叶背面，初期病斑为白色霉状小点，逐渐扩展为近圆形白色粉斑；每片叶上霉斑数目不等，数斑相连形成不规则粉斑，甚至扩及全叶，上覆白色粉状物（分生孢子）；后期在白色粉状物上，长出很多初为黄色逐渐变为黑色的小点（闭囊壳），严重时造成早期落叶。

【发病规律】病原菌以闭囊壳在落叶上及黏附在枝梢上越冬。翌年病菌产生子囊孢子，借风雨传播，于7月开始初次侵染，8月出现病叶，8—9月为发病盛期；被害叶片的叶色变黄、卷缩；一般在偏施氮肥梨园发病重，密植、低洼的梨园，通风透差，排水不良，易发白粉病。

【防治方法】参见枫杨白粉病防治方法。

3. 梨小食心虫（附图2-60）

【学名】*Grapholitha molesta*（Busck）

【寄主】木瓜、梨树等多种植物。

【为害症状】幼虫为害果多从萼、梗洼处蛀入，早期被害果蛀孔外有虫粪排出，晚期被害多无虫粪；幼虫蛀入直达果心，蛀孔周围常变黑腐烂且逐渐扩大，俗称"黑膏药"；幼果被害易脱落，寄主嫩梢多从上部叶柄基部蛀入髓部，向下蛀至木质化处便转移，蛀孔流胶并有虫粪，被害嫩梢渐枯萎。

【形态特征】

成虫 成虫体长5~7mm，翅展11~14mm，暗褐或灰黑色；下唇须灰褐上翘。触角丝状；前翅灰黑，前缘有10组白色短斜纹，中央近外缘1/3处有一明显白点，翅面散生灰白色鳞片，后缘有一些条纹，近外缘约有10个小黑斑；后翅浅茶褐色，两翅合拢，外缘合成钝角；足灰褐色，各足跗节末灰白色；腹部灰褐色。

卵 卵扁椭圆形，中央隆起，直径0.5~0.8mm，表面有皱折，初乳白色，后淡黄色，孵化前变黑褐色。

幼虫 幼虫体长10~13mm，淡红至桃红色，腹部橙黄，头黄褐色，前胸盾浅黄褐色，臀板浅褐色；胸、腹部淡红色或粉色；臀栉4~7齿，齿深褐色；腹足趾钩单序环30~40个，臀足趾钩20~30个；前胸气门前片上有3根刚毛。

蛹 体长6~8mm；黄褐色，纺锤形，腹部背面有两短刺，外被有灰白色丝茧。

【发生规律】一年发生2~3代，以老熟幼虫在树干翘皮下、剪锯口处结茧越冬；越冬代成虫发生在4月下旬至6月中旬；第1代成虫发生在6月末至7月末；第2代成虫发生在8月初至9月中旬；第1代幼虫主要为害梨芽、新梢、嫩叶、叶柄，极少数为害果；有一些幼虫从其他害虫为害造成的伤口蛀入果中，在皮下浅层为害；还有和梨大食心虫共生的。第2代幼虫为害果增多，第3代果为害最重，第3代卵发生期8月上旬至9月下旬，盛期8月下旬至9月上旬在桃、梨兼植的果园，梨小食心虫第1代、第2代主要为害桃梢，第3代以后才转移到梨园为害。

【防治方法】

（1）人工防治 ①春季刮除树上的翘皮，可消灭越冬幼虫，及时剪除被害枝梢，减少虫源，减轻后期对梨的为害。②及时摘除全部受害梨果，集中销毁，可有效压低当年虫口数量。③利用束草或麻袋片诱杀脱果越冬的幼虫。④在果园中设置糖醋液（红糖：醋：白酒：水＝1：4：1：16）加少量敌百虫，诱杀成虫。

（2）**物理防治** 设置黑光灯诱杀成虫。

（3）**药剂防治** ①当卵果率达到1%时，可用50%杀螟硫磷乳油1 000~1 500倍液，或20%甲氰菊酯乳油2 000~3 000倍液进行喷雾防治。雾滴均匀喷洒于枝、干、叶、果上。②在成虫发生期，可用20%杀灭菊酯乳油2 000~2 500倍液，喷雾防治。

（4）**保护和利用天敌** 赤眼蜂。

4. 梨娜刺蛾

【学名】*Narosoideus flavidorsalis*

【寄主】梨树、桃树、李树、杏树、樱花、柿树、枫杨、杨树等。

【为害症状】以幼虫取食为害植物，幼龄幼虫喜群集于叶背啃食叶肉，可将叶片吃成很多孔洞，残留表皮呈纱网状；幼虫长大后逐渐分散，且食量逐渐增加，将叶片吃光，残留叶柄、主脉；影响树势和翌年结果。

【形态特征】

成虫 体长14~16mm，翅展30~35mm；触角双栉齿状分枝到末端；全体褐黄色；前翅外线以内的前半部褐色较浓，有时有浓密的黑褐色鳞片，后半部黄色较明显，外缘较明亮；外线清晰暗褐色，无银色端线；后翅褐黄色，有时有较浓的黑褐色鳞片。雄性外生殖器：背兜狭长，侧缘密布长毛；爪形突末端中部有1枚小齿突；颚形突大钩状，末端钝；抱器瓣狭长，末端较圆；阳茎端基环中等骨化，末端无凸起。阳茎细，比抱器瓣长，端部有1枚小齿突。无明显的囊形突。雌性外生殖器：第8腹节稍长；后表皮突细长，末端尖；前表皮突只比后表皮突稍短；囊导管细长，端部呈螺旋状扭曲；交配囊圆形，囊突较小，圆形，上有微齿突。

卵 扁圆形，初淡黄白色，后渐变深色；数十粒至百余粒排列成块状。

幼虫 老熟幼虫体长22~25mm，暗绿色，有黑白相间的线条拼成的花纹；各体节有4个横列小瘤状凸起，其上生刺毛；其中前胸、中胸和第6、第7腹节背面刺毛较大而长，形成枝刺，伸向两侧，黄褐色；体前、后各有4个枝刺。腹末具4个黑色毛瘤。

蛹 黄褐色，体长约12mm。

茧 椭圆形，土褐色，长约10mm。

【发生规律】一年发生1代，以老熟幼虫在土中结茧，以前蛹越冬，翌春化蛹；7—8月出现成虫；成虫昼伏夜出，有趋光性，产卵于叶片背面靠近主脉附近。幼虫具群集为害习性，食害叶肉残留表皮呈纱网状，成长至3龄后边分散为害，将叶吃成缺刻与孔洞，严重时食光叶片，仅留叶柄，发生盛期在8—9月；幼虫老熟后从树上爬下，入土结茧越冬。

【防治方法】

（1）**人工防治** ①秋冬季剪除虫茧或敲碎树干上的虫茧，集中烧毁，结合松土，破坏地下的蛹茧，减少虫源。②初孵幼虫群集为害时，摘除虫叶，捕杀幼虫，捕杀时注意幼虫毒毛。

（2）**物理防治**　在成虫发生期，利用杀虫灯诱杀成虫。

（3）**药剂防治**　幼虫发生期，喷施40%氧化乐果乳油，或90%晶体敌百虫，或48%毒死蜱乳油1 000倍液，或45%丙溴·辛硫磷乳油1 000~1 500倍液防治。

（4）**保护和利用天敌**　紫姬蜂、寄生蝇等。

5. 梨木虱

【学名】*Psylla chinesis* Yang et Li

【寄主】梨树、石楠等。

【为害症状】是梨树主要害虫之一，常群集为害梨树的嫩芽、新梢和花蕾；春季成虫、若虫多集中于新梢、叶柄为害，夏秋季则多在叶背吸食为害；成虫及若虫吸食芽、叶及嫩梢，受害叶片叶脉扭曲，叶面皱缩，产生枯斑，并逐渐变黑，提早脱落；若虫在叶片上分泌大量黏液，常使叶片粘在一起或粘在果实上，诱发煤污病，污染叶和果面。

【形态特征】

成虫　分冬型和夏型：冬型体长2.8~3.2mm，体褐至暗褐色，具黑褐色斑纹；夏型成虫体略小，黄绿色，翅上无斑纹。复眼黑色，胸背有4条红黄色或黄色纵条纹。

卵　长圆形，一端尖细，具一细柄。

若虫　扁椭圆形，浅绿色，复眼红色，翅芽淡黄色，凸出在身体两侧。

【发生规律】一年发生3~7代，以冬型成虫在落叶、杂草、土石缝隙及树皮缝内越冬；南北方虫态出现早晚不一，中原地带在早春2—3月出蛰，3月中旬为出蛰盛期，在梨树发芽前即开始产卵于枝叶痕处，发芽展叶期将卵产在幼嫩组织茸毛内叶缘锯齿间、叶片主脉沟内等处；若虫多群集为害，在果园内及树冠间均为聚集型分布；若虫有分泌胶液的习性，在胶液中生活、取食及为害；直接为害盛期为6—7月，因各代重叠交错，全年均可为害；到7—8月，雨季到来，由于梨木虱分泌的胶液招致杂菌，在相对湿度大于65%时，发生霉变；致使叶片产生褐斑并坏死，造成严重间接为害，引起早期落叶。

【防治方法】参见梧桐木虱防治方法。

6. 梨黄粉蚜（附图2-61）

【学名】*Aphanostigma jakusuiense* Kishida

【寄主】梨树。

【为害症状】以成虫和若虫群集在梨果实萼洼处为害，果面上可见堆堆黄粉，周围有黄褐环，为产下的卵和初孵化的小若虫；梨果受害处，先产生黑点，后被害果面呈凹陷小斑，逐渐扩大，变黑，严重时萼洼处变黑腐烂，形成龟裂的大黑斑，俗称"膏药顶"，随着虫量的增加逐渐蔓延至整个梨果。严重影响果实的品质及耐贮性。

【形态特征】

成虫 体卵圆形，体长约 0.8mm，全体鲜黄色，有光泽，腹部无腹管及尾片，无翅，孤雌卵生；性母均为雌性，喙均发达；有性型体长卵圆形，体型略小，体色鲜黄，口器退化。

卵 越冬卵（孵化为干母的卵）椭圆形，长 0.25～0.40mm，淡黄色，表面光滑；产生普通型和性母的卵，体长 0.26～0.30mm，初产淡黄绿，渐变为黄绿色；产生有性型的卵，雌卵长约 0.4mm，雄卵长约 0.36mm，黄绿色。

若虫 淡黄色，形似成虫，仅虫体较小。

【发生规律】 一年发生 10 余代，以卵在树皮裂缝或枝干上残附物内越冬。翌年梨树开花时卵孵化，若虫先在翘皮或嫩皮处取食为害，以后转移至果实萼洼处为害，并继续产卵繁殖；孤雌生殖，雌蚜和性蚜都为卵生，生长期干母和普通型成虫产孤雌卵，过冬时性母型成虫孤雌产生雌、雄不同的两种卵，雌、雄蚜交配产卵，以卵过冬。

【防治方法】

（1）**人工防治** 早春刮除树皮及清除残附物，减少虫源。对梨树进行修剪，增加通风透光，适量施有机肥，增强梨树的抗病虫能力。

（2）**物理防治** 采用黄色粘虫板诱杀有翅蚜。

（3）**药剂防治** 可喷洒 50%啶虫脒水分散粒剂 2 000～3 000 倍液，或 50%抗蚜威可湿性粉剂 2 000～4 000 倍液，或 10%吡虫啉可湿性粉剂 1 000～1 500 倍液，或 40%氧化乐果乳油 800～1 000 倍液等药剂，喷药时间掌握在蚜虫高峰期前，选择晴天的傍晚均匀喷洒。

（4）**保护和利用天敌** 蚜茧蜂、草蛉、食蚜蝇、瓢虫类等。

7. 梨眼天牛

【学名】 *Bacchisa fortunei* (Thomson)

【寄主】 梨树、梅树、杏树、桃树、李树、海棠、石榴树、苹果树、山楂树等。

【为害症状】 以成虫、若虫为害；成虫活动力不强，常栖息叶背或小枝上，咬食叶背主脉基部的侧脉，呈褐色伤疤，也可咬食叶柄、叶缘、细嫩枝表皮。幼虫蛀食枝条木质部，在被害处有很细的木质纤维和粪便排出，树下堆有虫粪，枝干上冒出虫粪是典型特征，被害枝衰弱，受害枝条易被风折断。

【形态特征】

成虫 体长 8～10mm，体小略呈圆筒形，橙黄或橙红色；鞘翅呈金属蓝色或紫色，有金属光泽；触角丝状 11 节，基节数节淡棕黄色，每节末端棕黑色；雄虫触角与体等长，雌虫略短。

卵 长约 2mm，宽约 1mm；长椭圆略弯曲，初乳白色后变黄白色。

幼虫 老熟体长 18～21mm，体呈长筒形，背部略扁平，前端大，向后渐细，无足，淡黄至黄色；头大部缩在前胸内，外露部分黄褐色；上额大，黑褐色。前胸大，前胸背板方形，前胸盾骨化，呈梯形；后胸和第 1～7 腹节背面及中后胸和第 1～7 腹节的腹面均具步泡突。

蛹 体长 8~11mm，稍扁略呈纺锤形；初乳白色，后渐变黄色，羽化前体色似成虫；触角由两侧伸至第 2 腹节后弯向腹面；体背中央有一细纵沟；足短，后足腿、胫节几乎全被鞘翅覆盖。

【发生规律】 二年发生 1 代，以幼虫于被害枝隧道内越冬。第 1 年以低龄幼虫越冬，翌春树液流动后，越冬幼虫开始活动继续为害；至 10 月末，幼虫停止取食，于近蛀道端越冬。第 3 年春季以老熟幼虫越冬者不再食害，开始化蛹，部分未老熟者则继续取食为害一段时间，尔后陆续化蛹；化蛹期为 4 月中旬至 5 月下旬，4 月下旬至 5 上旬为化蛹盛期，蛹期 15~20 天；5 月上旬成虫开始羽化出孔，5 月中旬至 6 月上旬为羽化盛期，6 月中旬为末期；产卵部位多于枝条背光的光滑处，产卵前先将树皮咬成"三三"形伤痕，然后产 1 粒卵于伤痕下部的本质部与韧皮部之间；外表留小圆孔，极易识别；初孵幼虫先于韧皮部附近取食，到 2 龄后开始蛀入木质部，深达髓部，并多顺枝条生长方向蛀食，间或向枝条基部取食者；幼虫常有出蛀道啃食皮层的习性，常由蛀孔不断排出烟丝状粪屑，并黏于蛀孔外不易脱落。

【防治方法】

（1）**幼虫孵化期** 在树干上喷洒 40% 氧化乐果乳油 800~1 000 倍液，或 50% 杀螟硫磷乳油 1 000~1 200 倍液，毒杀卵和孵化幼虫。

（2）**幼虫为害期** 找新鲜虫孔，清理木屑，用注射器注入 80% 敌敌畏乳油 100 倍液，或塞入磷化铝片剂，使药剂进入孔道，施药后可用胶泥封住虫孔，可毒杀其中幼虫。

（3）**成虫为害期** ①在成虫补充营养，啃食枝条上的树皮的时期，可往树干、树冠上喷洒 40% 氧化乐果乳油 800~1 000 倍液，或 50% 马拉硫磷乳油 1 000~1 200 倍液，或 50% 辛硫磷乳油 1 000 倍液。②人工捕捉成虫。

（4）**保护和利用天敌** 肿腿蜂、红头茧蜂、柄腹茧蜂、跳小蜂等。

8. 金缘吉丁虫

【学名】 *Lampra limbata* Gebler

【寄主】 梨树、桃树、杏树、山楂树、樱桃等。

【为害症状】 初龄幼虫先蛀入皮层，逐渐蛀入形成层，沿形成层纵横串食，在形成层钻蛀横向弯曲隧道，破坏输导组织；成虫白天活动，取食梨树叶片呈不规则缺刻，遇振动有下坠假死习性；幼虫、成虫为害造成树势衰弱，枝干逐渐枯死，甚至全树死亡。

【形态特征】

成虫 体长 13~16mm，翠绿色，有金属光泽，前胸背板上有 5 条蓝黑色条纹，翅鞘上有 10 多条黑色小斑组成的条纹，两侧有金红色带纹。

卵 长约 2mm，乳白色，长圆形。

幼虫 幼虫老熟后长约 30mm，由乳白色变为黄白色，全体扁平，头小；前胸第 1 节扁平肥大，上有黄褐色人字纹，腹部逐渐细长，节间凹进。

蛹 长 15~19mm，乳白色、黄白色至淡绿色。

【发生规律】一年发生 1 代，以老熟幼虫在木质部越冬。翌年 3 月开始活动，4 月开始化蛹，5 月中下旬是成虫出现盛期；成虫羽化后，在树冠上活动取食，有假死性；6 月上旬是产卵盛期，多产于树势衰弱的主干及主枝翘皮裂缝内；幼虫孵化后，即咬破卵壳而蛀入皮层，逐渐蛀入形成层后，沿形成层取食，8 月幼虫陆续蛀进木质部越冬幼虫孵化后蛀入树皮，初龄幼虫仅在蛀入处皮层下为害，3 龄后串食，多在形成层钻蛀横向弯曲隧道，待围绕枝干一周后，整个侧枝或全树就会枯死。秋后老熟幼虫蛀入木质部越冬，当年或 1 年以上的幼虫多在皮层或形成层越冬。

【防治方法】

（1）**人工防治**　①及时清除死树，死枝，减少虫源。在成虫补充营养、产卵期利用其假死性，于清晨振树捕杀。②刮除初孵幼虫，根据被害处有流胶溢出，用消毒后的小刀刮除或横向划 2~3 刀，可将幼虫杀死。

（2）**药剂防治**　成虫羽化初期可往树冠、树干上喷洒 90%晶体敌百虫 1 000~1 200倍液，或 40%氧化乐果乳油 800~1 000 倍液，或 45%丙溴·辛硫磷乳油 1 000~1 500 倍液。每隔 15 天喷施 1 次，连续喷施 2~3 次。

9. 梨大叶蜂

【学名】*Cimbex nomurae* Marlatt

【寄主】山楂、梨树、樱桃、木瓜等。

【为害症状】幼虫食叶成圆弧形缺刻，严重时把叶片吃光；成虫咬伤嫩梢的上部吸食汁液，致梢头枯萎断落，影响幼树成型。

【形态特征】

成虫　体长 22~25mm，翅展 48~55mm，粗壮，红褐色；头黄色，单眼区和额两侧暗黑色；复眼椭圆形黑色；触角棒状，两端黄褐色，中间黑褐色；前胸背板黄色，中胸小盾片和后胸背板后缘黄褐色；前翅前半部暗褐色，不透明，后半部和后翅透明，淡黄褐色；腹部第 1~3 节及第 4~6 节的后缘黑褐色，其他部位黄色至黄褐色；背线黑褐色。

卵　椭圆形，略扁，长约 3.5mm，初淡绿色，孵化前变黄绿色。

幼虫　体长约 50mm；头半球形，杏黄色，单眼区周围黑色；胸足 3 对，腹足 8 对，生于第 2~8 腹节及第 10 腹节上；体鲜黄色或稍带绿色；背线中央为淡黄色细线，从前胸至腹部第 7 腹节两侧有 2 纵列黑斑；1 龄幼虫黑色，体表被白粉；2 龄幼虫头黑色，体灰白色，背线及气门上线由黑斑组成；3 龄幼虫头黑色，体淡黄白色；4 龄幼虫头暗黑色，体白色。

蛹　体长 25~30mm，裸蛹。

茧　长 30~35mm，长椭圆形，中部收缢，极似花生果褐色，质地坚硬，外覆泥土。

【发生规律】一年发生 1 代，以老熟幼虫在距地表约 6cm 处的土中做茧越冬；4 月下旬至 5 月中旬成虫羽化；5 月上中旬幼虫出现，6 月上中旬幼虫陆续老熟，落地入土做茧越夏、越冬；成虫喜食寄主嫩梢，将嫩梢顶端 5~10cm 处咬伤，致使梢头萎蔫垂落，幼树受害较重；卵产于叶片表皮下；幼虫取食叶片呈缺刻状，静止时常栖息于叶背面，身体弯曲侧卧，姿态特殊，受惊时，体表能喷射出浅黄色液体。

【防治方法】

（1）**人工防治** 翻树盘挖茧，成虫为害期在幼树上进行网捕成虫。

（2）**药剂防治** 幼虫为害期，用45%丙溴·辛硫磷乳油1 000~1 500倍液，或20%氰戊菊酯乳油1 000~2 000倍液，或100g/L联苯菊酯乳油2 000~3 000倍液，或48%毒死蜱乳油1 000~1 200倍液进行喷雾防治。

10. 梨剑纹夜蛾（附图2-62）

【学名】 *Acronicta rumicis* Linnaeus

【寄主】 梨树、桃树、李树、杏树、梅树、杨树、柳树等。

【为害症状】 以幼虫为害叶片。初孵幼虫啃食叶片叶肉残留表皮，稍大食叶成缺刻和孔洞；甚至将叶脉吃掉，严重时仅留叶柄；削弱树势。

【形态特征】

成虫 体长14~17mm，翅展32~46mm；头胸部棕灰色杂黑白色，额棕灰色，有一黑条，足跗节褐色，有浅褐色环；腹背浅灰色带棕褐色，基部毛簇微黑；前翅暗棕色间有白色，基线为一黑且短的粗条，后端弯向内横线，内横线双线黑色波曲，环纹灰褐色具黑边，肾纹半月形，浅褐色，前缘脉至肾纹有一黑条；外横线双线黑色，锯齿形，在中脉处有一条白色新月形纹，亚背线白色，缘线白色，外侧具一列三角形黑斑；后翅棕黄色，边缘较暗，缘毛白褐色；翅反面黄褐色。

卵 半球形。乳白色，渐变为赤褐色。

幼虫 体长约33mm，头黑色，体褐色至暗褐色，具大理石样花纹，背面有1列黑斑，斑中央有橘红色点；各节毛瘤较大，橘黄色，其上生有褐色长毛；第1腹节背面的毛长而黑。第8腹节背面微隆起。

蛹 长约16mm，初为红褐色，羽化前变为黑褐色

【发生规律】 一年发生2代，以蛹在土中越冬。越冬代成虫于翌年5月羽化，成虫有趋光性，产卵于叶背或叶芽上；卵排列成块状，卵期9~10天；6—7月为幼虫发生期，初孵幼虫先吃掉卵壳后，再取食嫩叶；幼虫早期群集取食，后期分散为害；6月中旬即有幼虫老熟，老熟幼虫在叶片上吐丝结黄色薄茧化蛹，蛹期10天左右；第1代成虫在6月下旬发生，仍产卵于叶片上；卵期约7天，幼虫孵化后为害叶片；8月上旬出现第2代成虫，9月中旬幼虫老熟后入土结茧化蛹。

【防治方法】

（1）**人工防治** 秋末、早春翻树盘，消灭越冬蛹；冬季剪除虫茧或敲碎树干上的虫茧，集中烧毁，减少虫源。初孵幼虫群集为害时，摘除虫叶，人工捕杀幼虫。

（2）**物理防治** 成虫发生期，设置黑光灯诱杀成虫。

（3）**药剂防治** 幼虫发生初期，可选用90%晶体敌百虫1 000倍液，或40%氧化乐果乳油800~1 000倍液，或45%丙溴·辛硫磷乳油1 000~1 500倍液，或48%毒死蜱乳油1 000~1 200倍液，或100g/L联苯菊酯乳油2 000~3 000倍液，或20%甲维·茚虫

威悬浮剂 1 200~1 500 倍液，或 20%氰戊菊酯乳油 1 000~2 000 倍液等药剂进行喷雾防治。

11. 梨星毛虫 （附图 2-63）

【学名】*Illiberis pruni*

【寄主】梨树、海棠、李树、杏树、桃树、樱桃、枇杷等。

【为害症状】越冬的幼虫出蛰后，蛀食花芽和叶芽，使被害花芽流出树液；为害叶片时把叶边用丝粘在一起，呈饺子形，幼虫于其中吃食叶肉；夏季刚孵出的幼虫不包叶，在叶背面取食叶肉，留下叶脉，呈现许多虫斑，叶片形成网格状。

【形态特征】

成虫 体长 9~13mm，全身灰黑色，翅半透明，暗灰黑色；前翅和后翅中室有一主干通过；雌成虫翅展 24~34mm，触角锯齿状。雄成虫翅展 18~25mm，触角短，羽状。

卵 椭圆形，长径 0.7~0.9mm，初为白色，后渐变为黄白色，孵化前为紫褐色。

幼虫 体长 18~20mm，从孵化到越冬出蛰期的小幼虫为淡紫色；老熟幼虫白色或黄白色，体背两侧各节有 2 个黑色圆斑点和 6 个星状毛瘤。

蛹 体长约 12mm，初为黄白色，近羽化时变为黑色；腹部第 3~9 节背面前缘有 1 列短齿，腹部末端有 5 对白色钩状刚毛。

【发生规律】一年发生 1~2 代，以幼龄幼虫潜伏在树干及主枝的粗皮裂缝下结茧越冬，也有低龄幼虫钻入花芽中越冬。翌年当梨树发芽时，越冬幼虫开始出蛰，向树冠转移，一般喜食嫩叶，由嫩梢下部叶片开始，然后转向其他新叶。6 月中下旬，夏季初孵幼虫开始为害。成虫白天潜伏在叶背不活动，多在傍晚或夜间交尾产卵，卵多产在叶片背面。

【防治方法】参见枇杷梨星毛虫的防治方法。

12. 梨冠网蝽

【学名】*Stephanitis nashi* Esaki et Takeya

【寄主】月季、桃树、海棠、杜鹃、梅花、樱花、含笑、蜡梅、桑、杨树、梨等。

【为害症状】成虫、若虫在叶背吸食汁液，被害叶正面形成苍白点，叶片背面有褐色斑点状虫粪及分泌物，使整个叶背呈锈黄色，严重时叶片枯黄脱落，不再形成花芽，影响树势。

【形态特征】

成虫 体长 3.3~3.5mm，扁平，暗褐色；头小、复眼暗黑，触角丝状，翅上布满网状纹。前胸背板隆起，向后延伸呈扁板状，盖住小盾片，两侧向外凸出呈翼状；前翅合叠，其上黑斑构成 "X" 形黑褐斑纹；虫体胸腹面黑褐色，有白粉。腹部金黄色，有黑色斑纹；足黄褐色。

卵 长椭圆形，长约 0.6mm，稍弯，初淡绿后淡黄色。

若虫 暗褐色，翅芽明显，外形似成虫，头、胸、腹部均有刺突。

【发生规律】一年发生 4~5 代，以成虫在枯枝落叶、翘皮缝、杂草及土石缝中越冬。翌年梨树展叶时成虫开始活动，世代重叠；10 月中旬后成虫陆续寻找适宜场所越冬；产卵在叶背叶脉两侧的组织内，卵上覆黄褐色胶状物，卵期约 15 天；若虫孵出后群集在叶背主脉两侧为害。

【防治方法】参见杏树梨冠网蝽防治方法。

13. 梨潜皮蛾

【学名】*Acrocercops astaurota* Mey.

【寄主】梨树、李树、木瓜、海棠等。

【为害症状】以幼虫潜入枝条表皮层下串食为害，偶尔也为害果皮，留下弯曲的线状虫道，虫道内塞满虫粪，稍鼓起，虫量大时很多虫道串通连片，致表皮枯死爆裂翘起，影响树势。

【形态特征】

成虫 体长 4~5mm，翅展约 11mm，头部白色，体银白色，具有褐色花纹；复眼红褐色，触角丝状，长达前翅末端，基部第 2 节具黑环；胸部背面白色，有褐色鳞片；前翅狭长白色，具 7 条褐色横带；后翅狭长灰褐色；前后翅均有极长的缘毛；腹部背面灰黄色，腹面白色。

卵 扁椭圆形，长 0.5~0.8mm，水青色，半透明，背面稍隆起具网状花纹，腹部扁平。

幼虫 共 8 龄，前期幼虫（1~6 龄）体扁平，头部三角形，黄褐色，体乳白色，胸部 3 节特别宽阔，前胸前缘有数排细密横刻纹，中后胸背腹板的前缘均有 2 个黄褐色半圆形斑；腹部纺锤形，第 1 节显著收缩，各腹节向两侧凸出呈齿状，胸腹足退化。后期幼虫（7~8 龄）体长 7~9mm，体近圆筒形，略扁；头壳褐色近半圆形，中后胸背腹面前缘具小刺数列，胸足 3 对，无腹足，各节腹面中央较骨化。

蛹 体长 5~6mm，离蛹，由淡黄色变为深黄色，近羽化时有黑褐色花纹；复眼为橙红色至红褐色；触角超过腹末；雌蛹翅芽长，超过腹部第 6 节，后足长达第 10 节以上。

【发生规律】每年发生 1~2 代。以 3~4 龄幼虫在枝条表皮下虫道越冬。春季树体萌动时开始活动，在 5 月幼虫老熟，并在潜皮下作茧化蛹，蛹期约 20 天；6 月中下旬羽化成虫并产卵，成虫寿命为 5~7 天，卵期 5~7 天；7 月第 1 代幼虫为害，8 月出现第 1 代成虫，第 2 代幼虫 9 月发生，11 月准备过冬；成虫在夜间羽化并在夜间交尾和产卵，卵散产，产在表皮光滑无毛的幼嫩枝条上；以 1~3 年生枝上为多；初孵幼虫以汁液为食，随幼虫龄期增加，虫体增大造成的虫道加宽，幼虫体扁平白色；所在部位稍高；老幼虫在虫道内做一肾形、红褐色蛹室化蛹；成虫羽化时将蛹皮带出虫道外；成虫羽化期阴雨、湿度大，成虫寿命长，产卵多，孵化率高；低洼地、靠近水源，果园生长旺盛，枝多茂密，为害重，而干旱年份则轻；梨幼树壮树上的梨潜皮蛾幼虫发育快，个体大；高温干旱对梨潜皮蛾发育不利。

【防治方法】

（1）**人工防治** 结合冬季修剪，刮除越冬幼虫，剪除虫害枝梢。

（2）**药剂防治** 在成虫羽化期，卵期，可用50%吡虫·杀虫单水分散粒剂600~800倍液，或90%晶体敌百虫1 000~1 200倍液，或50%杀螟硫磷乳油1 000~1 500倍液，或45%丙溴·辛硫磷乳油1 000~1 500倍液，或20%氰戊菊酯乳油1 000~2 000倍液等药剂喷雾防治。

（3）**保护和利用天敌** 姬小蜂。

14. 斑喙丽金龟

【学名】 *Adoretus tenuimaculatus*

【寄主】 葡萄、柿树、梨树、桃树、枫杨、柳树等。

【为害症状】 该虫食性较杂且食量较大，成虫群集于树木枝叶，取食叶片成缺刻或孔洞；成虫食量较大，在短时间内可将叶片吃光，严重时仅剩叶脉及枝条，幼虫为害植株的根部，化蛹深度浅；成虫、幼虫均影响植株生长发育。

【形态特征】

成虫 体长10~10.5mm，宽4.5~5.2mm，长椭圆形，褐色至棕褐色，全身密生黄褐色披针形鳞片；头大，复眼大，唇基半圆形，前缘上卷，上唇下方中部向下延长似喙；触角10节，前胸背板宽短，前缘弧形内弯，侧缘弧形外扩，后侧角接近直角；小盾片三角形。鞘翅具白斑成行，端凸及侧下具鳞片组成的大、小白斑各1个，为本种明显特征；腹面栗褐色，具黄白色鳞毛。前足胫节外缘具3齿，后足胫节外缘具齿突1个。

卵 长1.7~1.9mm，椭圆形，乳白色。

幼虫 体长19~21mm，乳白色，头部黄褐色，肛腹片有散生的刺毛21~35根。

蛹 长约10mm，前端钝圆，后渐尖削，初乳白色，后变黄色。

【发生规律】 该虫年发生1~2代，均以幼虫越冬。翌年5月中旬化蛹，6月初出现成虫，开始产卵，直到秋季均可为害；7月为第1代幼虫期，8月中旬可见卵，8月中下旬幼虫孵化，10月下旬开始越冬。成虫昼伏夜出，取食、交配、产卵，黎明陆续潜土。产卵延续时间11~43天，平均为21天，一般将卵产于土中；10月开始越冬；成虫有假死和群集为害习性，阴雨大风天气对成虫出土数量和飞翔能力有较大影响；为害程度与天气有关。

【防治方法】

（1）**人工防治** 该成虫具有假死性，可在树下振落捕杀。

（2）**物理防治** 成虫大多有趋光性，设置黑光灯诱杀成虫。

（3）**药剂防治** ①成虫羽化期，可喷洒45%丙溴·辛硫磷乳油1 000~1 500倍液，或40%氧化乐果乳油1 000~1 500倍液，或90%晶体敌百虫1 000~1 200倍液，或100g/L联苯菊酯乳油2 000~3 000倍液等药剂毒杀成虫。②注意防治幼虫，可施用5%辛硫磷颗粒剂撒入地面翻入幼虫活动的土层中。或用22%噻虫·高氯氟悬浮剂5 000倍液灌根，以毒杀幼虫。

（4）**保护利用天敌**　益鸟、刺猬、青蛙、步行虫等。

15. 茶翅蝽（附图2-64）

【学名】*Halyomorpha picus* Fabricius

【寄主】梨树、桃树、李树、樱桃、梅树、无花果树、柿树、石榴树、樟树、海棠、丁香等。

【为害症状】成虫、若虫吸食叶、嫩梢及果实汁液，梨果被害，常形成疙瘩梨，果面凹凸不平，受害处变硬、味苦；或果肉木栓化。桃、李受害，常有胶滴溢出。

【形态特征】

成虫　体长12~16mm，宽6.5~9.0mm，扁椭圆形，淡黄褐至茶褐色，略带紫红色，前胸背板、小盾片和前翅革质部有黑褐色刻点，前胸背板前缘横列4个黄褐色小点，小盾片基部横列5个小黄点，两侧斑点明显；腹部侧接缘为黑黄相间。

卵　短圆筒形，直径约0.7mm，初灰白色，孵化前黑褐色。

若虫　初孵体长约1.5mm，近圆形；腹部淡橙黄色，各腹节两侧节间各有1长方形黑斑，共8对；腹部第3、第5、第7节背面中部各有1个较大的长方形黑斑；老熟若虫与成虫相似，无翅。

【发生规律】一年发生1~2代，以受精的雌成虫在果园中或在果园外的室内、室外的屋檐下、树洞、土缝、石缝及草堆等处越冬。翌年4月下旬至5月上旬，成虫陆续出蛰；在造成为害的越冬代成虫中，大多数为在果园中越冬的个体，少数为由果园外迁移到果园中；越冬代成虫一直为害至6月，然后多数成虫迁出果园，到其他植物上产卵，多产于植物叶背，块产，每块20~30粒；卵期10~15天；6月中下旬为卵孵化盛期；7月上旬出现若虫；在6月上旬以前所产的卵，可于8月以前羽化为第1代成虫；第1代成虫可很快产卵，并发生第2代若虫；而在6月上旬以后产的卵，只能发生一代。在8月中旬以后羽化的成虫均为越冬代成虫；越冬代成虫平均寿命为301天，最长可达349天；在果园内发生或由外面迁入果园的成虫，于8月中旬后出现在园中，为害后期的果实；成虫和若虫受到惊扰或触动时，即分泌臭液，并逃逸；10月后成虫陆续潜藏越冬。

【防治方法】

（1）**人工防治**　成虫产卵期，查找卵块摘除。清除落叶、杂草，刮除枝干粗翘皮，集中烧毁，可消灭部分越冬虫源。冬季、早春捕杀越冬成虫。

（2）**药剂防治**　①发生期，抓住初孵若虫群集未分散之前，可喷施40%杀扑磷乳油或1 000倍液，或80%烯啶·吡蚜酮水分散粒剂3 000倍液，或50%杀螟硫磷乳油1 000~1 500倍液，或5%吡虫啉乳油2 000~3 000倍液，或22%噻虫·高氯氟悬浮剂4 000倍液，或50%啶虫脒水分散粒剂2 000~3 000倍液等进行喷施。上述药剂交替使用，以免产生药害或抗药性。②根施3%克百威颗粒剂，根灌22.4%螺虫乙酯悬浮剂1 500~2 000倍液。

(3) 保护和利用天敌 沟卵蜂等。

二十七、柿 树

1. 柿树角斑病

【寄主】 柿树、君迁子等。

【发病规律】 病菌以菌丝体在病蒂及病叶中越冬。5—8月降雨早、雨日多、雨量大，有利于分生孢子的产生和侵入，发病早而严重，老叶、树冠下部叶及内膛叶发病严重。

【病原菌】 *Cercosopra kaki* Ell . et Ev.，属半知菌亚门丛梗孢目。

【症状】 叶片受害，初期正面出现不规则形黄绿色病斑，以后颜色逐渐加深，变成褐色或黑褐色，病斑上密生黑色绒状小粒点；柿蒂染病，蒂的四角呈淡黄色至深褐色病斑，其上着生绒状小粒点，但以背面较多。

【防治方法】

（1）**人工防治** 秋末冬初剪除病枝，清扫落叶，集中烧毁，减少侵染源。

（2）**药剂防治** 发病期喷洒70%甲基硫菌灵可湿性粉剂800~1 000倍液，或75%百菌清可湿性粉剂800倍液，或80%代森锌可湿性粉剂600~800倍液，或30%苯醚甲环唑·嘧菌酯（18.5%苯醚甲环唑+11.5%嘧菌酯）1 500倍液进行均匀喷雾。连续喷施2~3次，每次间隔7~10天。

2. 柿树绵粉蚧

【学名】 *Phenacoccus pergandei* Cockerell

【寄主】 柿树、无花果树、常春藤、李树、梨树、枇杷、白蜡、悬铃木、朴树、柳树等。

【为害症状】 若虫和成虫聚集在柿树嫩枝、幼叶和果实上吸食汁液为害。枝、叶被害后，失绿而枯焦变褐；果实受害部位初呈黄色，逐渐凹陷变成黑色，受害重的果实，最后脱落；受害树轻则造成树体衰弱，落叶落果；重则引起枝梢枯死，甚至整株死亡，严重影响柿树产量和果实品质。

【形态特征】

成虫 雌成虫体长约4mm，扁椭圆形，全体浓褐色，触角丝状，9节；足3对；无翅；体表被覆白色蜡粉，体缘具圆锥形蜡突十多对，有的多达18对。雄成虫体长约

2mm，翅展约 3.5mm，体色灰黄，触角似念珠状，上生绒毛；3 对足；前翅白色透明较发达，翅脉 1 条分 2 叉，后翅特化为平衡棒；腹部末端两侧各具细长白色蜡丝 1 对。

卵 卵圆形，橙黄色。

若虫 与雌成虫相似，仅体形小，触角、足均发达；1 龄时为淡黄色，后变为淡褐色。

蛹 裸蛹，长约 2mm，形似大米粒。

【发生规律】一年发生 1~2 代，以 3 龄若虫在枝条上和树干皮缝中结大米粒状的白茧越冬。翌年春柿树萌芽时，越冬若虫开始出蛰，转移到嫩枝、幼叶上吸食汁液；长成的 3 龄雄若虫蜕皮变成前蛹，再次蜕皮而进入蛹期；雌虫不断吸食发育，在 4 月上旬变为成虫；雄成虫羽化后寻找雌成虫交尾后死亡，雌成虫则继续取食，在 4 月下旬开始爬到叶背面分泌白色绵状物，形成白色带状卵囊，长达 20~70mm，宽约 5mm，卵产于其中；每雌成虫可产卵 500~1 500 粒，橙黄色；卵期约 20 天；5 月上旬开始孵化，5 月中旬为孵化盛期；初孵若虫为黄色，成群爬至嫩叶上，数日后固着在叶背主侧脉附近及近叶柄处吸食为害；6 月下旬蜕第 1 次皮，8 月中旬蜕第 2 次皮，10 月下旬发育为 3 龄，陆续转移到枝干的老皮和裂缝处群集结茧越冬。

【防治方法】

（1）**人工防治** 冬季剪除有虫枝条和清扫落叶，或刮除枝条上越冬的虫体，并集中销毁。

（2）**药剂防治** ①冬季或早春在寄主植物发芽前，可用 5 波美度石硫合剂液喷雾防治。②若虫孵化初期，对药物敏感，可选用 22.4% 螺虫乙酯悬浮剂 1 000~1 500 倍液，或 40% 杀扑磷乳油 1 200~1 500 倍液，或 40% 啶虫·毒死蜱乳油 1 000~2 000 倍液等内吸性、渗透性强的药剂喷洒。

（3）**保护利用天敌** 瓢虫、草蛉、寄生蜂等。

3. 柿蒂虫

【学名】*Kakivoria flavofasciata* Nagano

【寄主】柿树、黑枣。

【形态特征】

成虫 雌成虫体长约 7mm，翅展 15~17mm；雄成虫较小，体长约 5.5mm，翅展 14~15mm；头黄褐色，有金属光泽；胸腹和前后翅紫褐色，胸中央黄褐色；前翅近顶端有一条由前缘斜向外缘的黄色带状纹；尾部及足黄褐色，后足胫节具长毛。

卵 乳白色，后变淡粉红色，椭圆形，表面有细微纵纹和白色短毛。

幼虫 老熟时体长约 10mm，头黄褐色，前胸背板及臀板暗褐色，背面淡暗褐紫色。中、后胸及腹部第 1 节色较淡。

蛹 长约 7mm，褐色；茧呈长椭圆形，污白色，外有虫粪、木屑等物。

【为害症状】幼虫蛀果为主，亦蛀嫩梢；幼虫先吐丝将果柄与柿蒂缠住，使柿果不脱落，后将果柄吃成环状，蛀果多从果梗或果蒂基部蛀入果心，食害果肉，蛀孔有虫粪和丝混合物；可导致幼果干枯，柿果大量脱落。

【发病规律】一年发生2代，以老熟幼虫在干枝老皮下，根颈部，土缝中，树上挂的干果、柿蒂中结茧越冬。越冬幼虫来年4月下旬化蛹，5月中下旬为成虫羽化盛期。初羽化的成虫飞翔力差，白天停留于叶背面，夜晚活动、交尾产卵；每雌虫产卵10~40粒，卵产于果柄与果蒂之间，卵期5~7天；第1代幼虫自5月下旬开始蛀果，先吐丝将果柄与柿蒂缠住，使柿果不脱落，后将果柄吃成环状，或从果柄蛀入果实；一头幼虫可为害5~6个果；6月下旬至7月下旬，幼虫老熟后一部分留在果内，另一部分在树皮下结茧化蛹。第2代幼虫于8月上旬至9月中旬为害，造成柿果大量脱落；8月中旬开始陆续老熟，越冬下树在8月底至9月上旬。

【防治方法】

（1）人工防治　人工树上摘虫果，地下捡落果；从6月中旬至7月中旬，8月中旬至9月上旬，每代都应集中处理2~3次，将虫果集中深埋；晚秋摘除树上残留的柿蒂。

（2）药剂防治　5月下旬至6月上旬、7月下旬至8月中旬，正值幼虫发生高峰期，可用20%菊马乳油1 500~2 500倍液，或20%氰戊菊酯乳油1 000~2 000倍液，或50%杀螟硫磷乳油1 000~1 500倍液，或90%晶体敌百虫1 000~1 200倍液，喷药着重果实、果梗和柿蒂。

（3）保护和利用天敌　姬蜂。

4. 柿星尺蠖

【学名】*Pecnia giraffata* Guenée

【寄主】柿树、梨树、枣、李树、杏树、杨树、柳树、榆树、槐等。

【为害症状】初孵幼虫啃食背面叶肉，并不把叶吃透形成孔洞；幼虫长大后分散为害树叶及幼茎，将叶片吃光，或吃成大缺口；造成植株枯萎；影响树势，造成严重减产。

【形态特征】

成虫　体长约25mm，翅展约75mm，体黄翅白色，复眼黑色，触角黑褐色，雌丝状，雄短羽状；胸部背面有4个黑斑呈梯形排列；前后翅分布有大小不等的灰黑色斑点，外缘较密，中室处各有1个近圆形较大斑点；腹部金黄色，各节背面两侧各有1灰褐色斑纹。

卵　椭圆形，初翠绿，孵化前黑褐色，数十粒成块状。

幼虫　体长约55mm，头黄褐色并有许多白色颗粒状凸起；背线呈暗褐色宽带，两侧为黄色宽带，上有不规则黑色曲线；胴部第3、第4节显著膨大，其背面有椭圆形黑色眼状斑2个，斑外各具1月牙形黑纹，腹足和臀足各1对黄色，趾钩双序纵带。

蛹　棕褐色至黑褐色，长约25mm，胸背两侧各有一耳状凸起，由一横脊线相连，与胸背纵隆线呈十字形，尾端有1刺状臀棘。

【发生规律】一年发生2代，以蛹在土中越冬，越冬场所不同羽化时期也不同，一般越冬代成虫羽化期为5月下旬至7月下旬，盛期6月下旬至7月上旬；第1代成虫羽化期为 7 月下旬至 9 月中旬，盛期 8 月中下旬；成虫昼伏夜出，有趋光性；成虫寿命 10 天左右，每雌产卵 200~600 粒，多者达千余粒，卵期 8 天左右；第 1 代幼虫盛期于 7 月中下旬；第 2 代幼虫为害盛期在 9 月上中旬；刚孵幼虫群集为害稍大分散为害；幼虫期 28 天左右，多在寄主附近潮湿疏松土中化蛹，非越冬蛹期约 15 天；第 2 代幼虫 9 月上旬开始陆续老熟入土化蛹越冬。

【防治方法】

（1）**人工防治**　秋、冬季或早春季节进行人工挖蛹，以消灭虫源。

（2）**物理防治**　可利用成虫的趋光性，设置黑光灯诱杀成虫。

（3）**药剂防治**　发生期可喷洒 20% 氰戊菊酯乳油 1 000~2 000 倍液，或 50% 辛硫磷乳油 1 000~1 200 倍液，或 40% 氧化乐果乳油 800~1 000 倍液，或 45% 丙溴·辛硫磷乳油 1 000~1 500 倍液，或 90% 晶体敌百虫 1 000~1 200 倍液。

5. 咖啡木蠹蛾

【学名】　*Zeuzera leuconolum* Butler

【寄主】　枣、桃树、柿树、山楂树、柳等多种园林植物。

【为害症状】　被害枝基部木质部与韧皮部之间有 1 个蛀食环，幼虫沿髓部向上蛀食，枝上有数个排粪孔，有大量的长椭圆形粪便排出，受害枝上部变黄枯萎，遇风易折断。

【形态特征】

成虫　雌蛾体长 20~38mm，雄蛾体长 17~30mm；前胸背面有 6 个蓝黑色斑点；前翅散生大小不等的青蓝色斑点；腹部各节背面有 3 条蓝黑色纵带，两侧各有 1 个圆斑。

卵　长圆形，初为黄白色，后变棕褐色。

幼虫　体长 20~35mm，赤褐色；前胸背板前缘有 1 个近长方形的黑褐色斑，后缘具有黑色小刺。

蛹　体长约 30mm，赤褐色，腹部第 2 节至第 7 节背面各有短刺 2 排，第 8 腹节有 1 排；尾端有短刺。

【发生规律】　一年发生 1 代。以幼虫在枝条内越冬；翌年春季枝梢萌发后，再转移到新梢为害；被害枝梢枯萎后，会再转移甚至多次转移为害；5 月上旬幼虫开始成熟，于虫道内吐丝连缀木屑堵塞两端，并向外咬一羽化孔，即行化蛹；5 月中旬成虫开始羽化，羽化后蛹壳的一半露在羽化孔外，长时间不掉；成虫昼伏夜出，有趋光性；于嫩梢上部叶片或芽腋处产卵，散产或数粒在一起；7 月幼虫孵化，多从新梢上部腋芽蛀入，并在不远处开一排粪孔，被害新梢 3~5 天内即枯萎，此时幼虫从枯梢中爬出，再向下移不远处重新蛀入为害；一头幼虫可为害枝梢 2~3 个；幼虫至 10 月中下旬在枝内越冬。

【防治方法】

（1）**人工防治**　结合冬、夏剪枝，剪除虫枝，集中烧毁。

（2）**物理防治**　设置黑光灯诱杀成虫。

（3）**药剂防治**　①幼虫期：用细铁丝从蛀孔或排粪孔插入向上反复穿刺可将幼虫刺死。也可用棉花球蘸80%敌敌畏乳油50倍液堵塞坑道口，再用胶泥封严，毒杀幼虫。②成虫羽化期：喷洒50%杀螟硫磷乳油1 000~1 500倍液，或90%晶体敌百虫1 000~1 200倍液，或20%氰戊菊酯乳油1 000~2 000倍液，或40%氧化乐果乳油800~1 000倍液，有效杀死成虫。

6. 柿广翅蜡蝉

【学名】*Euricania sublimbata*

【寄主】柿树、栀子、山楂树、梨树、桃树、杏树、枣树、葡萄、柑橘树、石榴树、喜树、柳树、刺槐、女贞、樟树等。

【为害症状】以成虫、若虫刺吸为害寄主嫩枝、幼叶、花蕾。若虫群集于叶背、果柄、枝梢上刺吸汁液，叶片被害后反卷、扭曲或失去光泽，严重时使叶片脱落；雌成虫除刺吸为害外，在产卵时用产卵器将寄主组织划破，伤口处常流胶，枝条的水分和营养物质输送带被它截断，新生的树叶、枝梢生长就很困难，由于树体内水分由此大量流失，导致枝梢枯萎。同时在成虫、若虫为害时可分泌大量的蜜露，诱发煤烟病。

【形态特征】

成虫　体长约8mm，翅展28~30mm，雌大雄小；淡褐色略显紫红色，被覆稀薄淡紫红色蜡粉；前翅宽大，底色暗褐至黑褐色，被稀薄淡紫红蜡粉，而呈暗红褐色，有的杂有白色蜡粉而呈暗灰褐色；前缘外1/3处有1纵向狭长半透明斑，斑内缘呈弧形；外缘后半部脉间各有一近半圆形淡黄色小点，翅反面比正面的斑点大且明显；后翅淡黑褐色，半透明，前缘基部略呈黄褐色，后缘色淡。

卵　长椭圆形，微弯，长径约1.25mm，短径约0.5mm，初产乳白色，渐变淡黄色。

若虫　体长6.5~7mm，宽4~4.5mm，体近卵圆形，翅芽外宽。头短宽，额大，有3条纵脊。近似成虫。初龄若虫，体被白色蜡粉，腹末有4束蜡丝呈扇状，尾端多向上前弯。

【发生规律】一年发生1~2代，以卵在嫩枝条、叶柄或叶背主脉上越冬，翌年4月上旬第1代若虫开始孵化，4月中旬进入孵化高峰期；6月上旬始见第1代成虫，6月中下旬进入羽化盛期；第2代卵始见于6月中旬，7月上旬为产卵高峰期；7月中旬始见第2代若虫孵化，7月下旬进入孵化盛期；第2代成虫始见于8月中旬，8月下旬为羽化高峰期，9月上旬开始产越冬卵，9月中旬为越冬卵发盛期；10月中下旬结束；成虫白天活动；善跳、具有趋光性，飞行迅速，喜于嫩枝、芽、叶上刺吸汁液；多选直径4~5mm枝条光滑部产卵于木质部内，外覆白色蜡丝状分泌物，每雌可产卵150粒左右；若虫全天以上午孵化最多，孵化率可达90%；初孵若虫常群集于卵块周围的叶背或枝梢，3龄后分散到嫩叶、枝梢、花蕾上吸食为害，4龄时进入为害高峰期；若虫有一定群集性，活泼善跳。

【防治方法】

（1）**人工防治**　冬春结合修剪剪除带卵枝梢，集中深埋或烧毁，以减少虫源；增施基肥，增强树势。

（2）**物理防治**　柿广翅蜡蝉成虫趋色性强，可用黄色色板诱杀。

（3）**药剂防治**　各代若虫孵化盛期，喷洒50%啶虫脒水分散粒剂2 000~3 000倍液，或10%吡虫啉可湿性粉剂1 500~2 000倍液，或40%杀扑磷乳油1 000倍液，或1%阿维菌素乳油2 000倍液，因该虫被有蜡粉，在上述药剂中加0.3%~0.5%柴油乳剂，可提高防效。

（4）**保护和利用天敌**　晋草蛉、中华草蛉、大草蛉、小花蝽、猎蝽、步甲、异色瓢虫及蜘蛛等。

7. 褐边绿刺蛾

【学名】 *Latoia sinica* Moore

【寄主】 柿树、大叶黄杨、月季、海棠、牡丹、芍药、梨树、桃树、李树、杏树、梅树、樱桃、杨树、柳树、悬铃木等多种植物。

【为害症状】 幼虫取食叶片，低龄幼虫取食叶肉，仅留表皮，老龄时将叶片吃成孔洞或缺刻，有时仅留叶柄，严重影响树势。

【形态特征】

成虫　体长15~18mm，翅展36~42mm；触角棕色，雄虫栉齿状，雌虫丝状；头和胸部绿色，复眼黑色，雌虫触角褐色，丝状，雄虫触角基部2/3为短羽毛状；胸部中央有1条暗褐色背线；前翅大部分绿色，基部暗褐色，外缘部灰黄色，其上散布暗紫色鳞片，内缘线和翅脉暗紫色，外缘线暗褐色；腹部和后翅灰黄色。

卵　扁椭圆形，长约1.5mm，初产时乳白色，渐变为黄绿至淡黄色，数粒排列成块状。

幼虫　末龄体长25~28mm；略呈长方形；初孵化时黄色，长大后变为绿色；头黄色，甚小，常缩在前胸内；前胸盾上有2个横列黑斑，腹部背线蓝色。胴部第2至末节每节有4个毛瘤，其上生一丛刚毛，第4节背面的1对毛瘤上各有3~6根红色刺毛，腹部末端的4个毛瘤上生蓝黑色刚毛丛，呈球状；背线绿色，两侧有深蓝色点；腹面浅绿色，胸足小，无腹足，第1~7节腹面中部各有1个扁圆形吸盘。

蛹　长约15mm，椭圆形，短粗肥大，初产淡黄，后变黄褐色；茧体表面有棕色毒毛。

【发生规律】 一年发生2~3代；以老熟幼虫在树干、枝叶间或表土层的土缝中结茧越冬；翌年4—5月化蛹和羽化为成虫；褐边绿蛾第1代幼虫出现于6月中旬至7月中旬，第2代于8月中旬至9月下旬；由于各地气温不同，有些地区在第2代老熟幼虫结茧较早，当年还可化蛹和羽化，并产生第3代幼虫。成虫夜间活动，有趋光性；白天隐伏在枝叶间或其他荫蔽物下。除褐边绿蛾产卵排成块状外，其余两种的卵，多散产在叶背面；幼虫孵化后，低龄期有群集性，并只咬食叶肉，残留膜状的表皮；大龄幼虫逐渐分散为害，从叶片边缘咬食成缺刻甚至吃光全叶；老熟幼虫迁移到树干基部、树杈处和地面的杂草间或土缝中结茧化蛹。

【防治方法】

（1）**人工防治**　秋、冬季剪除虫茧或敲碎树、枝干上的虫茧，集中处理，以减少虫源。

（2）**物理防治**　利用成虫有趋光性的习性，设黑光灯诱杀成虫。

（3）**药剂防治**　幼虫 3 龄前，可施用生物药剂 1.2%苦参碱乳油 1 000~2 000 倍液，也可喷洒 90%晶体敌百虫或 1 000~1 200 倍液，或 20%氰戊菊酯乳油 800~1 200 倍液，或 45%丙溴·辛硫磷乳油 1 000~1 500 倍液等化学药剂，可轮换用药，以延缓抗性的产生。

（4）**保护和利用天敌**　寄生蜂、寄生蝇、白僵菌等。

二十八、梅 花

1. 梅花炭疽病

【寄主】梅花、蜡梅。

【症状】梅花炭疽病主要发生在梅花的叶片和嫩梢上；叶片病斑为圆形或椭圆形褐色小斑，发生在叶片边缘的病斑呈半圆形或不规则形，后期病斑逐渐扩大，呈灰褐色或灰白色，边缘为红褐色或暗紫色，上生黑色小点，呈轮纹状排列；病斑直径 3~7mm，嫩梢被侵染后形成枯死斑；病斑后期中间易碎，梅树严重发生时，叶片早落，枝梢枯死。

【病原】梅刺盘孢 *Colletotrichun mume*；分生孢子盘有刚毛，分生孢子单胞，无色，圆筒形。

【发生规律】病菌在被害植株嫩梢的组织内及病落叶上越冬。翌年气温升高时，借风雨传播。在梅花生长季节，只要环境条件适宜，可以不断发病，一般自5月初开始发病，7—8月为害最严重，至10月病害基本停止发展；气温高、多雨、湿度大，发病严重；管理粗放、土壤贫瘠，以及栽植于风口树荫处的梅花，一般发病早，为害也较严重；不同品种的梅花，发病程度也有差异；以红梅和游龙梅类较易染病，而绿梅抗病力较强。

【防治方法】参见香樟炭疽病防治方法。

2. 梅花细菌性穿孔病

【寄主】梅花。

【症状】梅花细菌性穿孔病主要为害梅花叶片。最初，在叶上近叶脉处产生淡褐色水渍状小斑点，病斑周围有水渍状黄色晕环。最后，病健交界处产生裂纹，病斑脱落而形成穿孔，孔的边缘不整齐。

【病原】甘蓝黑腐黄单胞菌 *Xanthomona campestris*（Smith）Dovosen，属黄单胞菌属细菌。

【发生规律】病菌在被害枝条组织中越冬；翌春病组织内细菌开始活动，梅花开花前后，病菌从病组织中溢出，借风雨或昆虫传播，从叶片的气孔、枝条的芽痕侵入；该病潜育期的长短与温度有关；在25℃温度条件下，其潜育期只要 4~5 天，发病迅速。

湿度大，叶片有水滴或结露等条件，有利于发病。管理不良，树势衰弱时，发病严重。该病一般于5月出现，7—8月发病严重。

【防治方法】

（1）**人工防治** ①加强养护管理，注意排水，增施有机肥，合理修剪，以增强树势，提高树体抗病力。②清除越冬菌源。结合冬季修剪，剪除病枝，清除落叶，集中烧毁。

（2）**药剂防治** ①发芽前，喷施5波美度石硫合剂，或45%晶体石硫合剂30倍液，或1∶1∶100倍式波尔多液。②发芽后，喷72%农用链霉素可溶性粉剂3 000倍液，或硫酸链霉素4 000倍液，用2%春雷霉素水剂1 000倍液喷雾，或20%龙克菌悬浮剂600倍液，或70%代森锌可湿性粉剂500倍液。

3. 桃红颈天牛（附图2-65）

【学名】 *Aromia bungii* Faldermann

【寄主】 梅树、桃树、樱花、红叶李、杏树、郁李、垂柳等多种植物。

【为害症状】 桃红颈天牛是为害木质部的主要蛀干类害虫，幼虫蛀食枝干，孔道弯曲，并向外咬出排粪孔，排出红褐色锯木屑状粪便；粪渣是粗锯末状，部分外排，被害处容易流胶；为害严重时，树干被蛀空，树势衰弱导致枯死。

【形态特征】

成虫 体长24~37mm，除前胸背部棕红色外，其余部分均为黑色；头、鞘翅及腹面有黑色光泽，触角及足有蓝色光泽；基部两侧各有一叶状凸起；前胸两侧各有刺突一个，背面有4个瘤突；鞘翅表面光滑，基部较前胸宽，后端较狭；雄虫身体比雌虫小，前胸腹面密布刻点，触角超过虫体5节；雄虫触角约为体长的1.5倍；雌虫前胸腹面有许多横皱，触角超过虫体2节。

卵 长椭圆形，乳白色，长径6~7mm。

幼虫 老熟时体长42~50mm，黄白色，头部小，黑褐色，上颚发达，前胸较宽广；身体前半部各节略呈扁长方形，后半部稍呈圆筒形，体两侧密生黄棕色细毛；前胸背板前半部横列4个黄褐色斑块，背面的两个各呈横长方形，前缘中央有凹缺，后半部背面淡色，有纵皱纹；位于两侧的黄褐色斑块略呈三角形；胸足3对，不发达。

蛹 体长约35mm，初为乳白色，后渐变为黄褐色，腹部各节背面均有刺毛1对，前胸背板上有刺毛2排，两侧各有1个刺状凸起。

【发生规律】 2年或者3年发生1代，以各龄幼虫在蛀食的虫道内越冬。卵多产于树势衰弱枝干树皮缝隙中，幼虫孵出后向下蛀食韧皮部；翌年春天幼虫恢复活动后，继续向下由皮层逐渐蛀食至木质部表层，初期形成短浅的椭圆形蛀道，中部凹陷；6月以后由蛀道中部蛀入木质部，蛀道不规则；随后幼虫由上向下蛀食，在树干中蛀成弯曲无规则的孔道，有的孔道长达50cm；在树干蛀孔外和地面上常有大量排出的红褐色粪屑；6—7月羽化为成虫，羽出的成虫攀附在枝叶上取食，作为补充营养。成虫交配后卵多产于主干、主枝的树皮缝隙中，幼虫孵化后先在树皮下蛀食，经滞育过冬，翌春继续向下蛀食皮层，至7—8月，幼虫头向上往木质部蛀食，在蛀道内蛀食2~3年后，老熟幼虫在虫道内作茧化蛹，入冬后，幼虫休眠。次春开始活动，年年循环。

【防治方法】

（1）**人工防治**　6—7月，成虫发生盛期，可进行人工捕捉。　4—5月，即在成虫羽化之前，可在树干和主枝上涂刷涂白剂（按生石灰：硫黄：水＝10：1：40的比例进行配制）；春季检查枝干，一旦发现枝干有红褐色锯末状虫粪，即用锋利的小刀刺杀在木质部中的幼虫。

（2）**药剂防治**　①幼虫孵化期：在树干上喷洒40%氧化乐果乳油1 000~1 500倍液，或50%杀螟硫磷乳油1 000~1 200倍液毒杀卵和孵化幼虫。②幼虫为害期：找新鲜虫孔，清理木屑，用注射器注入80%敌敌畏乳油80倍液，或50%杀螟硫磷乳油100倍液，或塞入磷化铝片剂，使药剂进入孔道，施药后可用胶泥封住虫孔，或3.2%甲维·啶虫脒乳剂插瓶，可毒杀其中幼虫。③成虫为害期：在成虫补充营养，啃食枝条上的树皮，可往树干、树冠上喷洒40%氧化乐果乳油或50%马拉硫磷乳油或80%敌敌畏乳油1 000倍液。

（3）**保护和利用天敌**　肿腿蜂、红头茧蜂、白腹茧蜂、柄腹茧蜂、跳小蜂等。

4. 黄褐天幕毛虫（附图2-66）

【学名】 *Malacosoma neustria testacea* Motschulsky

【寄主】 梅树、蜡梅、榆叶梅、樱花、碧桃、贴梗海棠、樟树、杨树、柳树等。

【为害症状】 初孵幼虫群集在卵块附近小枝上取食嫩叶和嫩芽；2龄幼虫开始向树杈移动，吐丝结网，夜晚取食，白天群集潜伏于网幕内，呈天幕状，以此得名；3龄幼虫食量大增，白天也取食，易暴发成灾；5龄幼虫开始分散活动；严重时全树叶片吃光。

【形态特征】

成虫　雌蛾体暗黄褐色，腹部色较深，体长20~30mm，翅展29~39mm；前翅红褐色，中央具2条深红褐色宽带，宽带两侧色较浅；触角锯齿状。雄蛾体黄褐色，体长13~14mm，翅展24~32mm；前翅淡黄色，前翅中央有两条深褐色的细横线，两线间的部分色较深，呈褐色宽带，缘毛褐灰色相间；触角双栉齿状。

卵　灰白色，椭圆形，高约1.3mm；顶部中央凹下。卵壳非常坚硬，常数百粒卵围绕枝条排成圆桶状，非常整齐，形似顶针状或指环状；越冬时为深灰色。

幼虫　老熟幼虫体长50~55mm，头部蓝灰色，体两侧有鲜艳的蓝灰色、黄色或黑色带。体背具明显白色带，两边有橙黄色横线，气门黑色；体背各节具黑色长毛；腹面灰白色，毛短。

蛹　体长13~25mm，黄褐色或黑褐色，体表有金黄色细毛其外具双层茧，灰白色。

【发生规律】 一年发生1代，以卵越冬；翌年5月上旬当梅花发芽的时候便开始钻出卵壳，为害嫩叶；以后又转移到枝杈处吐丝张网；1~4龄幼虫白天群集在网幕中，晚间出来取食叶片；幼虫近老熟时分散活动，此时幼虫食量大增，容易暴发成灾；即在

5月下旬6月上旬是为害盛期，同期开始陆续老熟后于叶间杂草丛中结茧化蛹；7月为成虫盛发期，成虫具趋光性，羽化成虫晚间活动，成虫羽化后即可交尾产卵，产卵于当年生小枝上；每一雌蛾一般产1个卵块，每个卵块150~500粒，也有部分雌蛾产2个卵块；幼虫胚胎发育完成后不出卵壳即越冬。

【防治方法】

（1）**人工防治**　卵期摘除卵块，卵块在树枝的枝头上非常明显，采集起来也较容易；刮除老树皮，结合冬季修剪，剪除枝梢上越冬卵块。

（2）**物理防治**　用黑光灯、频振灯进行诱杀成虫。

（3）**药剂防治**　要掌握在幼虫3龄前进行，可喷施25%灭幼脲3号悬浮剂2 000~2 500倍液，或45%丙溴·辛硫磷乳油1 000~1 500倍液，或20%氰戊菊酯乳油800~1 200倍液。可连续喷施1~2次，间隔7~10天。可轮换用药，以延缓抗性的产生。

（4）**保护和利用天敌**　赤眼蜂、姬蜂、绒茧蜂等。

5. 红腹缢管蚜

【学名】 *Rhopalosiphum rufiabdominalis* Sasaki

【寄主】 梅树、碧桃、桃树、李树、榆叶梅、樱桃、樱花、海棠、紫叶李等。

【为害症状】 翌年春季卵孵化，若蚜刺吸新梢和嫩芽汁液，严重时，新梢幼叶上布满虫体，影响花木的光合作用和正常生长。

【形态特征】

有翅蚜　体长约1.8mm；卵圆形，头和胸部黑色，腹部黄绿色，有黑斑；腹管端部收缩，有瓦纹；尾片圆锥形，上有刺突，有尾4根。

无翅蚜　绿色或黄绿色，体表有白色蜡粉，胸腹部有明显不规则形状的网纹。翌年春季卵孵化。

若蚜　刺吸新梢和嫩芽汁液，严重时，新梢幼叶上布满虫体，影响花木的光合作用和正常生长。体表有白色蜡粉，胸腹部有明显不规则形状的网纹。

【发生规律】 一年发生20代左右，以卵在梅花枝条上越冬。翌年春季卵孵化，若蚜刺吸新梢和嫩芽汁液，新梢幼叶上布满虫体，影响花木的光合作用和正常生长。5—6月产生有翅胎生雌蚜，又迁回蔷薇科植物上为害；有性雌雄蚜交尾后，雌蚜在越冬寄主上产卵，以卵越冬。

【防治方法】

（1）**物理防治**　采用黄色粘虫板诱杀有翅蚜。

（2）**药剂防治**　可喷洒50%啶虫脒水分散粒剂2 000~3 000倍液，或20%甲氰菊酯乳油2 500~3 000倍液，或50%抗蚜威可湿性粉剂2 000~4 000倍液，或10%吡虫啉可湿性粉剂1 000~1 500倍液，或40%氧化乐果乳油800~1 000倍液，掌握在蚜虫高峰期前选择晴天喷洒均匀。

（3）**保护和利用天敌**　蚜茧蜂、草蛉、食蚜蝇、瓢虫等。

6. 黄片盾蚧

【学名】*Parlatoria proteus*（Curtis）

【寄主】梅树、石斛、柿树、杏树、桃树、葡萄、松、苏铁、竹子等多种植物。

【为害症状】以成蚧、若蚧在寄主植物的主干、枝条及叶上进行刺吸为害，不但为害植物的嫩枝和幼叶；还将排泄物滴落到枝条、树干、叶片上并诱发煤污病，以初夏和秋季发生较重；发生严重时，导致叶片枯黄，早期落叶和枝枯。也可导致树势衰弱，影响正常生长。

【形态特征】

雌成虫 介壳长椭圆形，长约1.5mm；棕黄或黄褐色，近边缘白色而略透明，微凸起，质地薄而脆弱；壳点2个，椭圆形，位于前方，第1壳点暗色，有1/3伸出在第2壳点外，第2壳点黄或褐色，占全壳之半；虫体卵形或椭圆形，长约0.8mm，紫色；臀叶3对发达，形状均相似，端部均有内外侧凹缺；第1叶至第3叶渐次减小，第4叶似臀栉状；臀栉刷状，排列正常，背腺小，存在于头部至第8腹节的亚缘及缘部，不成列，第5~7腹节亚中群每侧每节各有1列，每列1~3腺；缘腺大于背腺，存在于中叶间及中叶至第3叶间。

雄成虫 介壳狭长，长约0.8mm；白或淡褐色，壳点1个，位于前端；卵形，黄、黑绿、褐或黑色；虫体淡黄色，触角、足发达，翅1对。

若虫 初孵化时橙色，触角和足均发达。

【发生规律】1年可发生2代（南方终年可见到此虫），以卵或雌成虫越冬；寄生在叶和果实上。以初夏和秋季发生较重，严重时可诱发煤污病，导致叶片枯黄，早期落叶和枝枯。

【防治方法】

（1）**人工防治** 结合修剪，剪去虫枝、虫叶，集中烧毁。

（2）**药剂防治** 在若虫孵化期，可用40%杀扑磷乳油1 000~1 200倍液，或22.4%螺虫乙酯悬浮剂1 000~1 500倍液，或40%啶虫·毒死蜱乳油1 000~2 000倍液，或25%噻嗪酮可湿性粉剂1 000倍液，喷雾防治。

（3）**保护和利用天敌** 瓢虫、大草蛉、寄生蜂等。

7. 八点广翅蜡蝉

【学名】*Ricania speculum*（Walker）

【寄主】梨树、桃树、杏树、李树、梅树、樱桃、枣、桂花、迎春花、玫瑰、柳树等。

【为害症状】成虫、若虫喜于嫩枝和芽、叶上刺吸汁液；产卵于当年生枝条内，影响枝条生长，重者产卵部以上枝条枯死，削弱树势。

【形态特征】

成虫　体长 11.5～13.5mm，翅展 23.5～26mm，黑褐色；疏被白蜡，触角刚毛状，短小；单眼 2 个，红色；翅革质密布纵横脉呈网状，前翅宽大，略呈三角形，翅面被稀薄白色蜡粉，翅上有 6～7 个白色透明斑，其分布：1 个在前缘近端部 2/5 处，近半圆形；其外下方 1 个较大不规则形；内下方 1 个较小，长圆形；近前缘顶角处 1 个很小，狭长；外缘有 2 个较大，前斑形状不规则，后斑长圆形，有的后斑被一褐斑分为 2 个。后翅半透明，翅脉黑色，中室端有 1 小白透明斑，外缘前半部有 1 列半圆形小白色透明斑，分布于脉间。腹部和足褐色。

卵　长椭圆形，长径约 1.2mm，短径约 0.5mm；卵顶具一圆形小凸起，卵壳软、光滑；初产乳白，渐变浅黄，孵化前可见红色眼点。

若虫　体长 5～6mm，宽 3.5～4mm，略似成虫，头尾钝圆，尾端具长蜡丝；头淡黄白，前胸、中胸腹侧板黑褐，后胸侧板白色；足浅黄褐色，后足明显长于前中足，爪黑色；体略呈钝菱形，翅芽处最宽，暗黄褐色，分布有深浅不同的斑纹；体疏被白色蜡粉，体呈灰白色，腹部末端有 4 束白色棉毛状蜡丝，呈扇状伸出，中间 1 对长约 7mm，两侧长约 6mm；平时腹端上弯，蜡丝覆于体背以保护身体，常呈孔雀开屏状，向上直立或伸向后方。

【发生规律】　一年发生 1 代，以卵于枝条内越冬。5 月陆续孵化，为害至 7 月下旬开始老熟羽化，8 月中旬前后为羽化盛期，成虫经 20 余天取食后开始交配，8 月下旬至 10 月下旬为产卵期，9 月中旬至 10 月上旬为盛期；白天活动为害，若虫有群集性，常数头在一起排列枝上，爬行迅速善于跳跃；成虫飞行力较强且迅速，产卵于当年生枝木质部内；以直径 4～5mm 粗的枝背面光滑处落卵较多，每处成块产卵 5～22 粒，产卵孔排成 1 纵列，孔外带出部分木丝，覆有白色棉毛状蜡丝，极易发现与识别。每雌可产卵 120～150 粒，产卵期 30～40 天。成虫寿命 50～70 天，至秋后陆续死亡。

【防治方法】

（1）**人工防治**　冬、春季节结合修剪剪除有卵块的枝条，集中深埋或烧毁，以减少虫源。

（2）**药剂防治**　发生期，喷洒 50%啶虫脒水分散粒剂 2 000～3 000 倍液，或 10%吡虫啉可湿性粉剂 1 000～1 500 倍液，或 40%氧化乐果乳油 800～1 000 倍液，因该虫被有蜡粉，在上述药剂中加 0.3%～0.5%柴油乳剂，可提高防效。

二十九、水 杉

1. 水杉赤枯病

【寄主】水杉、柳杉、柏树等。

【症状】赤枯病一般从病株下部枝叶开始发病，逐渐向上发展蔓延，严重发生时导致全株枯死；感病枝叶，初生褐色小斑点，后变深褐色，小枝和枯枝变褐枯死；病害可引起绿色小枝形成下陷的褐色溃疡斑，包围主茎，导致上部干枯，或不包围主茎，但长期不能愈合，随着主茎生长，溃疡斑深陷主干，形成沟腐，幼树基干部产生不规则凹沟，成为畸形。在潮湿条件下，病斑产生黑色小点，为病原菌子实体。

【病原】针枯尾孢菌 *Cercospora sequoiae* Ell. et Ev. 属半知菌亚门丝孢纲丝胞目暗色孢科尾孢属。

【发病规律】病菌以菌丝体在寄主组织中越冬。翌年 4—5 月产生分生孢子，借风雨传播，萌发后从气孔侵入，形成初侵染。大约 20 天出现症状，进行再侵染；一个生长季内，分生孢子可多次重复侵染。高温多雨有利于病害大发生，梅雨季节常形成发病高峰；每年 5 月气温回升时，水杉赤枯病开始发生，后逐渐加重，7—8 月达到全年的最高气温，此期间降水量增加，为此病菌侵染的高峰期；秋季 9 月形成第 2 次高峰。但 9 月以后，气温下降，此病菌逐渐停止发展。

【防治方法】

（1）**人工防治** 冬季清除枯枝、落叶和枯树，并及时烧毁，减少侵染源。

（2）**药剂防治** 发病期，可喷洒 1∶1∶200 的波尔多液，或 50%多·锰锌可湿性粉剂 400~600 倍液，或 75%百菌清可湿性粉剂 600~1 000 倍液，或 50%扑海因可湿性粉剂 1 000~1 500 倍液，或 50%腐霉·福美双（40%福美双+10%腐霉利）可湿性粉剂 600~800 倍液，或 25%咪鲜胺乳油 500~600 倍液进行叶面喷洒，连喷 2~3 次，间隔 10 天喷 1 次。病害较重时要适当加大用药量，为防止产生抗药性，可交替使用。

2. 大蓑蛾

【学名】*Cryptothelea vaiegata* Snellen

【寄主】水杉、枫香、枫杨、樟树、梨树、蜡梅、梅花、月季、蔷薇、牡丹等。

【为害症状】大蓑蛾喜集中为害；主要是以幼虫取食叶片、叶肉、嫩枝，使叶片产生透明斑点，长大后食叶成孔洞或缺口，虫口密度较大时能将整个叶片吃光，只剩下叶柄、叶脉，还能剥食枝条、嚼食茎干表皮，吐丝缀叶成囊，躲藏其中，头伸出囊外取食。

【形态特征】

雌成虫 纺锤形，蛆状，乳白色至乳黄色。头极小。雌成虫体肥大，淡黄色或乳白色，无翅，足、触角、口器、复眼均有退化，头部小，淡赤褐色，胸部背中央有1条褐色隆脊，胸部和第1腹节侧面有黄色毛，第7腹节后缘有黄色短毛带，第8腹节以下急骤收缩，外生殖器发达。

雄成虫 翅展35~44mm，体翅暗褐色，有淡色纵纹；密被绒毛，触角羽状；前翅红褐色，有黑色和棕色斑纹，后翅黑褐色，略带红褐色；前翅、后翅中室内中脉叉状分支明显，前翅外缘有4~5个透明斑。

卵 近圆球形，直径0.8~1.0mm；初为乳白色，后变为淡黄棕色；有光泽；虫囊内卵堆圆锥形，上端呈凹陷的球面状。

幼虫 体扁圆形，老熟幼虫，雌虫黑色；雌囊则较大；幼虫雄虫体长18~25mm，黄褐色，较小；蓑囊长50~60mm；虫囊纺锤形，雄囊的下部较细，取食时囊的上端有1条柔软的颈圈；雌虫体长28~38mm，黑色，体粗大；蓑囊长70~90mm；头部黑褐色，各缝线白色；胸部褐色有乳白色斑；腹部淡黄褐色；胸足发达，腹足退化呈盘状，趾钩15~24个。

蛹 雄蛹长18~24mm，黑褐色，有光泽；雌蛹长25~30mm，红褐色。

【发生规律】一年发生1代，少数发生有2代，以老熟幼虫在虫囊内越冬。5月上旬化蛹，5月中下旬羽化，成虫有趋光性，昼伏夜出，雌成虫经交配后在囊内产卵，6月中下旬幼虫孵化，随风吐丝扩散，取食叶肉。该虫喜高温、干旱的环境，所以在高温干旱的年份里，该虫为害猖獗，幼虫耐饥性较强。

【防治方法】

（1）**人工防治** 摘除虫囊，消灭越冬幼虫。

（2）**物理防治** 利用成虫有趋光性，设置黑光灯诱杀。

（3）**药剂防治** 幼虫孵化初期，可用40%氧化乐果乳油800~1 000倍液，或20%氰戊菊酯乳油1 000~1 200倍液，或45%丙溴·辛硫磷乳油1 000~1 500倍液，或5%甲维·高氯悬浮剂800~1 200倍液等药剂喷雾防治。

（4）**保护和利用天敌** 寄生蜂、伞裙追寄蝇等。

3. 木橑尺蠖（附图2-67）

【学名】*Culcula panterinaria* Bremer et Grey

【寄主】榆树、刺槐、黄栋、杨树、桑树、水杉、合欢等多种植物。

【为害症状】是一种暴食性和杂食性害虫，其低龄幼虫啃食叶肉，残留表皮呈白膜状，幼虫稍大食叶成孔洞和缺刻，严重时将叶吃光。

【形态特征】

成虫 体长 18~22mm，翅展 45~72mm；复眼深褐色，雌蛾触角丝状，雄蛾触角羽状；翅白色，散布灰色或棕褐色斑纹，外横线呈一串断续的棕褐色或灰色圆斑；前翅基部有一深褐色大圆斑；雌蛾体末有黄色绒毛；足灰白色，胫节和跗节具有浅灰色的斑纹。

卵 长约 0.9mm，扁圆形，绿色；卵块上覆有一层黄棕色绒毛，孵化前变为黑色。

幼虫 体长 70~78mm，通常幼虫的体色与寄主的颜色相近似，体绿色、茶褐色、灰色不一，并散生有灰白色斑点；头顶具黑纹，呈倒"V"形凹陷，头顶及前胸背板两侧有褐色凸起，全表多灰色斑点。

蛹 长 24~32mm，棕褐或棕黑色，有刻点，臀棘分叉；雌蛹较大；翠绿色至黑褐色，体表光滑，布满小刻点。

【发生规律】 一年发生 1 代，以蛹在根际松土中越冬。越冬蛹在 5 月上旬羽化，7 月中下旬为羽化盛期，成虫于 6 月下旬产卵，7 月中下旬为盛期；幼虫于 7 月上旬孵化，孵化适宜温度为 26℃，相对湿度为 50%~70%；盛期为 7 月下旬至 8 月上旬；初孵幼虫一般在叶尖取食叶肉，留下叶脉，将叶食成网状；2 龄幼虫则逐渐开始在叶缘为害，静止时，多在叶尖端或叶缘用臀足攀住叶的边缘，身体向外直立伸出，如小枯枝，不易发现；3 龄以后的幼虫行动迟缓；幼虫共 6 龄，幼虫期约 40 天；成虫趋光性强，白天静伏在树干、树叶等处，易发现，尤其在早晨，翅受潮后不易飞翔，容易捕捉；在晚间活动，羽化后即行交尾，交尾后 1~2 天内产卵；卵多产于寄主植物的皮缝里或石块上，块产，排列不规则，并覆盖一层厚厚的棕黄色绒毛。成虫寿命 4~12 天。

【防治方法】

（1）**人工防治** 秋、冬季或早春季节进行人工挖蛹，消灭虫源。

（2）**物理防治** 可利用成虫的趋光性，设置黑光灯诱杀成虫。

（3）**药剂防治** 发生期，可用 20%氰戊菊酯乳油 800~1 200 倍液，或 90%晶体敌百虫 1 000 倍液，或 50%杀螟硫磷乳油 800~1 000 倍液，或 50%辛硫磷乳油 1 000~1 200 倍液，或 40%氧化乐果乳油 800~1 000 倍液等药剂喷雾防治。

4. 针叶小爪螨

【学名】 *Oligonychus ununguis*（Jacobi）

【寄主】 水杉、雪松、黑松、落叶松、侧柏、龙柏、圆柏等多种针叶植物。

【为害症状】 以成螨、若螨刺吸叶片汁液，杉木被害后针叶初现褪绿斑点，后变黄褐色或紫褐色，状如炭疽病斑。

【形态特征】

成螨 雌成螨体长 0.42~0.55mm，宽 0.26~0.32mm，椭圆形；褐红色；背部隆起，背毛 26 根，具绒毛，各足爪间突呈爪状；腹基侧具 5 对针状毛；须肢跗节上的端感器略呈长方形，其长约为宽的 1.5 倍；背感器小枝状，短于端感器。口针鞘端部中央略呈凹陷，气门沟无端膝，末端膨大；夏型成螨前足体浅绿褐色，后足体深绿褐色，产冬卵的雌成螨红褐色。雄成螨体长 0.32~0.35mm，宽 0.16~0.20mm，雄螨体菱形状，体瘦小，绿褐色；后足体及体末端逐渐尖瘦，第 1、第 4 对足超过体长；跗节和股节上刚毛数也有变化；阳茎较粗短，钩部弯曲成钩角或直角，无端锤，须部钝。

幼螨 足 3 对；冬卵初孵幼螨红色；夏卵初孵幼螨乳白色，取食后渐变为褐色至绿褐色。

若螨 足 4 对；体绿褐色，形似成螨。

卵 扁圆形；直径约 0.10mm；初产卵为淡黄色，后变紫红色；半透明，有光泽；冬卵暗红色，夏卵乳黄色；卵顶有一根白色丝毛，并以毛基部为中心向四周形成放射刻纹。

【发生规律】一年发生 5~22 代，以紫红色越冬卵在寄主的针叶、叶柄、叶痕、小枝条及粗皮缝隙等处越冬；极少数以雌螨在树缝或土块内越冬；翌年气温达 10℃ 以上越冬卵开始孵化，爬上嫩叶吸食为害直至成螨产卵繁殖；在 6—7 月，是针叶小爪螨每年发生的高峰期；一般情况针叶小爪螨喜欢在叶面取食、繁殖，螨量大时，也能在叶背为害和产卵；每头雌螨的产卵量为 19~72 粒；繁殖方式主要是两性生殖，其次为孤雌生殖；刚孵化的雄螨就行交尾，经 1~2 天开始产卵；若螨和成螨均具吐丝习性；温暖、干燥是针叶小爪螨生长发育和繁殖的有利环境条件；适宜温度为 25~30℃，久雨或暴雨能使螨量下降；螨量的多少和为害程度还与被向、树龄、郁闭度、海拔、品种密切相关。

【防治方法】

（1）**人工防治** 及时清除残枝虫叶，集中烧毁。

（2）**药剂防治** 使用 40% 氧化乐果乳油 1 000 倍液，或 10% 苯丁·哒螨灵乳油 1 000 倍液 + 5.7% 甲维盐乳油 3 000 倍液混合后喷雾防治，或 6.8% 阿维·哒螨灵（6.7% 哒螨灵 + 0.1% 阿维菌素）500~600 倍液，或 35% 阿维·螺螨酯 3 000~4 000 倍液，喷雾防治。

（3）**保护和利用天敌** 草蛉、小花蝽、捕食性蜘蛛等。

三十、海　棠

1. 海棠毛毡病

【寄主】海棠、木瓜。

【症状】初期叶片背面产生白色不规则状病斑，之后发病部位隆起，病斑上密生毛毡状物，灰白色，最后毛毡状物变为暗褐色，病斑主要分布于叶脉附近，有的相互连结覆盖整个叶片，叶片的正面看上去凹凸不平，严重的叶片上发生皱缩卷曲，质地变硬，引起早期落叶，影响正常生长。

【病原】引起毛毡病的病原是四足螨，叶片的表皮细胞受病原物四足螨的刺激后伸长和变形成为毛毡状物。

【发生规律】引起毛毡病的病原是四足螨，叶片的表皮细胞受病原物四足螨的刺激后伸长和变形成为毛毡状物；四足螨以成虫在植物芽的鳞片内或病叶内以及枝条的皮孔内越冬，翌年春天，叶片抽出时爬到叶片背面进行为害、繁殖。高温干燥情况下繁殖速度较快，在气温30℃左右仅需7天就可完成1代，所以夏秋两季为毛毡病高发期。

【防治方法】

（1）人工防治　发现个别叶片有螨虫时，及时摘除，将螨杀死。及时清除杂草、残枝落叶，减少越冬虫源。

（2）药剂防治　1.8%阿维菌素乳油2 000~3 000倍液，或75%炔螨特乳油1 000倍液，或10%苯丁·哒螨灵乳油1 000倍液+5.7%甲维盐乳油3 000倍液混合后喷雾防治，或6.8%阿维·哒螨灵（6.7%哒螨灵+0.1%阿维菌素）500~600倍液，或35%阿维·螺螨酯3 000~4 000倍液，喷雾防治。药剂要呈雾状均匀的喷施到虫体上，尤其注意要喷施叶片背面。

2. 海棠锈病　（附图2-68）

【寄主】贴梗海棠、垂丝海棠、西府海棠、梨树、木瓜、桧柏、侧柏、龙柏、铺地柏等。

【症状】主要为害海棠叶片，也能为害叶柄、嫩枝和果实。叶面最初出现黄绿色小点，扩展后呈橙黄色或橙红色有光泽的圆形小病斑，边缘有黄绿色晕圈；病斑上着生针头大小橙黄色的小颗粒，后期变为黑色；病组织肥厚，略向叶背隆起，其上有许多黄白色毛状物，最后病斑变成黑褐色，枯死；叶柄、果实上的病斑明显隆起，果实畸形，多呈纺锤形。嫩梢感病时病斑凹陷，易从病部折断；桧柏等植物被侵染后，针叶和小枝上形成大小不等的褐黄色瘤状物，雨后瘤状物（菌瘿）吸水变为黄色胶状物，远视犹如小黄花，受害的针叶和小枝一般生长衰弱，严重时可枯死。

【病原】梨胶锈菌 *Gymnosporangium asiaticum* Miyabe ex Yamada（异名 *G. haraeanum* Syd.），山田胶锈菌 *Gymnosporangium yamadai*，属担子菌亚门冬孢菌纲锈菌目胶锈菌属。2 种病原菌都是转主寄生，为害海棠类及桧柏类植物。

【发病规律】病原菌以菌丝体在针叶树寄主体内越冬，可存活多年。翌年 3—4 月冬孢子成熟，菌瘿吸水涨大，开裂，借风雨传播，侵染海棠，冬孢子形成的物候期是柳树发芽、山桃开花的时候。7 月产生锈孢子，借风雨传播到松柏上，侵入嫩梢越冬；该病的发生、流行和气候条件密切相关。春季多雨而气温低，或早春干旱少雨发病则轻；春季多雨，气温偏高则发病重。该病的发生与寄主物候期的关系表现为，若冬孢子飞散高峰期与寄主大量展叶期相吻合，病害发生则重。

【防治方法】

（1）**园林植物配植**　注意海棠种植区周围，尽量避免种植桧柏等转寄主植物，减少海棠锈病的发病率。

（2）**人工防治**　结合修剪，在 2—3 月适当剪除并烧毁桧柏等寄主上的重病枝，减少侵染来源。

（3）**药剂防治**　春季当针叶树上的菌瘿开裂，即柳树发芽、桃树开花时，降水量为 4~10mm 时，应立即往针叶树上喷洒以下药剂：1：2：100 的波尔多液，或 0.5~0.8 波美度的石硫合剂。在冬孢子飞散高峰，降水量为 10mm 以上时，向海棠等阔叶树上喷洒 1%石灰倍量式波尔多液，或 15%三唑酮可湿性粉剂 1 000 倍液，或 30%苯醚甲环唑·嘧菌酯（18.5%苯醚甲环唑+11.5%嘧菌酯）1 500 倍液，或 50%腐霉·福美双（40%福美双+10%腐霉利）600~800 倍液，喷雾防治。秋季 8—9 月锈孢子成熟时，往海棠上喷洒 65%代森锌可湿性粉剂 500 倍液，或 20%三唑酮乳油 1 500~2 000 倍液。

3. 贴梗海棠褐斑病

【寄主】贴梗海棠、垂丝海棠、西府海棠等。

【为害症状】发生在海棠叶片上；病斑初为褐色斑点，边缘不清晰，扩展后灰褐色，内暗褐色，边缘细微放射状，后期干枯，出现黑色粒状物（病菌子实体）。

【病原】半知菌类叶点菌 *Phyllosticta* sp. 。

【发病规律】病菌在寄主植物病残体上越冬；借风雨和灌溉水传播。春季即发病，8—10 月严重，常使叶片枯黄脱落。

【防治方法】

（1）**人工防治**　秋末冬初剪除病枝，清扫落叶，集中烧毁，减少侵染源。排涝忌积水。

（2）**药剂防治**　①发病前，喷洒 1：2：200 波尔多液，或 0.3~0.5 波美度石硫合剂。②发病期，喷洒80%代森锌可湿性粉剂600~800倍液，或50%多菌灵可湿性粉剂1 000倍液，或70%甲基硫菌灵可湿性粉剂800~1 000倍液，或25%咪鲜胺乳油500~600倍液，每隔10~15天喷1次，连喷2~3次。

4. 绣线菊蚜

【学名】*Aphis ciricola* Van der Goot

【寄主】海棠、木瓜等。

【为害症状】以若蚜、成蚜群集于寄主嫩梢、嫩叶背面及幼果表面刺吸为害，受害叶片常呈现褪绿斑点，后向背面卷曲或卷缩。群体密度大时，常有蚂蚁与其共生。

【形态特征】

有翅胎生雌蚜 头、胸部和腹管、尾片均为黑色，腹部呈黄绿色或绿色，两侧有黑斑；无翅胎生雌蚜：体长1.4~1.8mm，纺锤形，黄绿色，复眼、腹管及尾片均为漆黑色。

若蚜 鲜黄色，触角、腹管及足均为黑色。

卵 椭圆形，漆黑色。

【发生规律】一年发生10余代，以卵在寄主枝梢的皮缝、芽旁越冬。翌年树木芽萌动时开始孵化，在5月上旬孵化结束；初孵若蚜先在芽缝或芽侧为害10余天后，产生无翅和少量有翅胎生雌蚜；5—6月继续以孤雌生殖的方式产生有翅和无翅胎生雌蚜；6—7月繁殖最快，产生大量有翅蚜扩散蔓延造成严重为害；7—8月气候不适，发生量逐渐减少，秋后又有迁回；10月出现性母，产生性蚜，雌雄交尾产卵，以卵越冬。

【防治方法】

（1）**物理防治** 采用黄色粘虫板诱杀有翅蚜。

（2）**药剂防治** 蚜虫大量发生期，可喷洒50%啶虫脒水分散粒剂2 000~3 000倍液，或10%吡虫啉可湿性粉剂1 000~1 500倍液，22%噻虫·高氯氟水剂3 500~4 500倍液，或40%氧化乐果乳油1 000倍液，掌握在蚜虫高峰期前选择晴天喷洒均匀。

（3）**保护和利用天敌** 蚜茧蜂、草蛉、食蚜蝇、瓢虫等。

5. 梨冠网蝽（附图2-69）

【学名】*Stephanitis nashi* Esaki et Takeya

【寄主】贴梗海棠、西府海棠、垂丝海棠、樱花、毛杜鹃、桃树、梨树、苹果树等观赏植物。

【为害症状】以成虫、若虫刺吸为害海棠叶片，叶片正面出现小白色斑点，所排泄的粪便，使叶背呈现锈黄色斑。严重时，影响海棠正常生长，导致提早落叶和不能开花。

【形态特征】

成虫 体长约3.5mm；体形扁平，黑褐色；前胸两侧与前翅均布有网状花纹，静止时两翅重叠，中间黑褐色斑纹呈"X"形。

卵 椭圆形，黄绿色；长约 0.6mm，一端弯曲，产于叶肉组织内。

若虫 形似成虫，腹部有锥形刺；初孵时白色，以后渐成深褐色；若虫共 5 龄，3 龄后长出翅芽。

【发生规律】一年发生 3~5 代，世代重叠。以成虫潜伏在落叶间、杂草、灌木丛中、枯老裂皮缝及根际土块中越冬，管理比较粗放的绿地中以及干旱的年份发生为害严重。3 龄以后逐渐扩大为害范围。若虫期为 13~16 天，成虫多在夜间羽化，6 月中旬为成虫羽化盛期。全年为害最重时期为 7—8 月，即第 2、第 3 代发生期，9 月下旬至 10 月上旬开始飞向越冬场所。

【防治方法】

（1）**人工防治** 清除病虫叶，集中烧毁，减少虫源。

（2）**药剂防治** 成虫、若虫发生期可用 40%氧化乐果乳油 800~1 000 倍液，或 10%吡虫啉可湿性粉剂 1 000~1 500 倍液，或 50%杀螟硫磷乳油 1 000~1 500 倍液，或 80%烯啶·吡蚜酮（20%烯啶虫胺+60%吡蚜酮）水分散粒剂 3 000~4 000 倍液，或 50%啶虫脒水分散粒剂 2 000~3 000 倍液喷雾毒杀。请注意轮换用药。

（3）**保护和利用天敌** 如瓢虫、草蛉、食蚜蝇等。

6. 双齿绿刺蛾（附图 2-70）

【学名】*Latoia hilarata* Staudinger

【寄主】海棠、紫叶李、桃树、山杏、柿树、白蜡等多种植物。

【为害症状】双齿绿刺蛾低龄幼虫多群集叶背取食叶肉，3 龄后分散食叶成缺刻或孔洞，白天静伏于叶背，夜间和清晨活动取食，严重时常将叶片吃光。

【形态特征】

成虫 体长 7~12mm，翅展 21~28mm，头部、触角、下唇须褐色，头顶和胸背绿色，腹背苍黄色；前翅绿色，基斑和外缘带暗灰褐色，其边缘色浅，基斑在中室下缘呈角状外突，略呈五角形；外缘带较宽与外缘平行内弯；后翅苍黄色；外缘略带灰褐色，臀色暗褐色，缘毛黄色；足密被鳞毛。雄触角栉齿状，雌触角丝状。

卵 长 0.9~1.0mm，宽 0.6~0.7mm，椭圆形扁平、光滑；初产乳白色，近孵化时淡黄色。

幼虫 体长约 17mm，蛞蝓型，头小，大部缩在前胸内，头顶有 2 个黑点，胸足退化，腹足小；体黄绿至粉绿色，背线天蓝色，两侧有蓝色线，亚背线宽杏黄色，各体节有 4 个枝刺丛，以后胸和第 1、第 7 腹节背面的 1 对较大且端部呈黑色，腹末有 4 个黑色绒球状毛丛。

蛹 长约 10mm，椭圆形，肥大，初乳白至淡黄色，渐变淡褐色，复眼黑色，羽化前胸背淡绿，前翅芽暗绿，外缘暗褐，触角、足和腹部黄褐色。

茧 扁椭圆形，长 11~13mm，宽 6.3~6.7mm，钙质较硬，色多同寄主树皮色，一般为灰褐色至暗褐色。

【发生规律】 一年发生 2 代，以前蛹在树体上茧内越冬。4 月下旬开始化蛹，5 月中旬开始羽化，越冬代成虫发生期 5 月中旬至 6 月下旬；成虫昼伏夜出，有趋光性，对糖醋液无明显趋性；卵多产于叶背中部、主脉附近，块生，形状不规则，多为长圆形，每块有卵数十粒，单雌卵量百余粒；成虫寿命 10 天左右。卵期 7 ~ 10 天。第 1 代幼虫发生期 8 月上旬至 9 月上旬，第 2 代幼虫发生期 8 月中旬至 10 月下旬，10 月上旬陆续老熟，爬到枝干上结茧越冬，以树干基部和粗大枝杈处较多，常数头至数十头群集在一起。

【防治方法】

（1）**人工防治** ①秋冬季剪除虫茧或敲碎树干上的虫茧，集中烧毁，减少虫源。②初孵幼虫群集为害时，摘除虫叶，人工捕杀幼虫，捕杀时注意幼虫毒毛。

（2）**物理防治** 在成虫发生期，利用杀虫灯诱杀成虫。

（3）**药剂防治** 幼虫发生期，喷施 40% 氧化乐果乳油 800 ~ 1 000 倍液，或 90% 晶体敌百虫 1 000 ~ 1 200 倍液，或 48% 毒死蜱乳油 1 000 倍液，或 20% 氰戊菊酯乳油 800 ~ 1 200 倍液，或 45% 丙溴·辛硫磷乳油 1 000 ~ 1 500 倍液进行喷雾防治。

（4）**保护和利用天敌** 刺蛾紫姬蜂、螳螂、蟾等。

7. 美国白蛾（附图 2-71）

【学名】 *Hyphantria cunea*

【寄主】 白蜡、法桐、桑树、海棠、金银木、悬铃木、樱花、杏树、紫叶李、桃树、榆树、柳树、臭椿等 200 多种植物。

【为害症状】 其幼虫食性很杂，初孵幼虫吐丝结网，群居在内为害，随着虫龄增长，网幕也不断扩大，可达 0.6 ~ 1m 或更大，稀松不规则，可把枝叶甚至小枝条一起包进（杂有虫粪、蜕皮），形如天幕状，严重时整个树木枝叶被吃光，影响树木生长。

【形态特征】

成虫 白色中型蛾子，体长 13 ~ 15mm；复眼黑褐色，口器短而纤细；胸部背面密布白色，多数个体腹部白色，无斑点，少数个体腹部黄色，上有黑点。雄成虫触角黑色，栉齿状；翅展 23 ~ 34mm，前翅散生黑褐色小斑点。雌成虫触角褐色，锯齿状；翅展 33 ~ 44mm，前翅纯白色，后翅通常为纯白色。

卵 圆球形，直径约 0.5mm，初产卵浅黄绿色或浅绿色，后变灰绿色，孵化前变灰褐色，有较强的光泽；卵单层排列成块，覆盖白色鳞毛。

幼虫 老熟幼虫体长 28 ~ 35mm，头黑，具光泽。体黄绿色至灰黑色，背线、气门上线、气门下线浅黄色；背部毛瘤黑色，体侧毛瘤多为橙黄色，毛瘤上着生白色长毛丛；腹足外侧黑色；气门白色，椭圆形，具黑边；根据幼虫的形态，可分为黑头型和红头型，其在低龄时就明显可以分辨；3 龄后，从体色、色斑、毛瘤及其上的刚毛颜色上更易区别。

蛹 体长 8 ~ 15mm，暗红褐色，腹部各节除节间外，布满凹陷刻点，臀刺 8 ~ 17 根，每根钩刺的末端呈喇叭口状，中凹陷。

【发生规律】 一年发生3代，以蛹越冬。每年的4月下旬至5月下旬，是越冬代成虫羽化期，并产卵；幼虫5月上旬开始为害，一直延续至6月下旬；7月上旬，当年第1代成虫出现，成虫期延至7月下旬；第2代幼虫7月中旬开始发生，8月中旬为其为害盛期，经常发生整株树叶被吃光的现象；8月出现世代重叠现象，可以同时发现卵、初龄幼虫、老龄幼虫、蛹及成虫；8月中旬，当年第2代成虫开始羽化；第3代幼虫从9月上旬开始为害，直至11月中旬；10月中旬，第3代幼虫陆续化蛹越冬；成虫喜夜间活动和交尾，交尾后即产卵于叶背，卵单层排列成块状，一块卵有数百粒，多者可达千粒，卵期15天左右；幼虫孵出几个小时后即吐丝结网，开始吐丝缀叶1~3片；随着幼虫生长，食量增加，更多的新叶被包进网幕内，网幕也随之增大，最后犹如一层白纱包裹整个树冠；幼虫共7龄，5龄以后进入暴食期，把树叶蚕食一光后，转移为害；大龄幼虫可耐饥饿15天。这有利于幼虫随运输工具传播扩散；幼虫蚕食叶片，只留叶脉，使树木生长不良，甚至全株死亡。

【防治方法】

（1）**人工防治** ①加强检疫，疫区苗木不经检疫或处理严禁外运，疫区内积极进行有效防治，有效地控制疫情的扩散。②结合冬季修剪，清除地面枯枝落叶，集中烧毁。发现幼虫群集结网幕及时剪除并集中处理。

（2）**物理防治** ①利用美国白蛾性诱剂或环保型昆虫趋光性诱杀器诱杀成虫。在成虫发生期，把诱芯放入诱捕器内，将诱捕器挂设在林间，直接诱杀雄成虫，阻断害虫交尾，降低繁殖率，达到消灭害虫的目的。②黑光灯诱杀成虫。

（3）**药剂防治** 掌握在幼虫3龄前，喷洒45%丙溴·辛硫磷乳油1 000~1 500倍液，或20%氰戊菊酯乳油800~1 200倍液，或20%甲维·茚虫威（16%茚虫威+4%甲氨基阿维菌素苯甲酸盐）悬浮剂2 000倍液，或40%氧化乐果乳油1 000倍液等药剂进行喷雾防治，或5%甲维·高氯悬浮剂800~1 200倍液可连用1~3次，间隔7~10天；可轮换用药，以延缓抗性的产生。

（4）**生物防治** 可将美国白蛾核型多角体病毒（NPV）187.5g/hm²、苏云金杆菌（Bt）油悬浮剂600g/hm²生物制剂相结合对幼虫展开防治。

（5）**保护与利用天敌** 周氏啮小蜂。

8. 舟形毛虫（附图2-72）

【学名】 *Phalera flavescens*（Bremer et Grey）
【寄主】 海棠、樱花、榆叶梅、紫叶李、梅树、柳树等多种植物。
【为害症状】 初孵幼虫常群集为害，小幼虫啃食叶肉，仅留下表皮和叶脉呈网状，幼虫长大后多分散为害，但往往是一个枝的叶片被吃光，老幼虫吃光叶片和叶脉而仅留下叶柄。

【形态特征】
成虫 体长约25cm，翅展约25mm；体黄白色；前翅不明显波浪纹，外缘有黑色圆斑6个，近基部中央有银灰色和褐色各半的斑纹；后翅淡黄色，外缘杂有黑褐色斑。

卵 圆球形，直径约 1mm，初产时淡绿色近孵化时变灰色或黄白色；卵粒排列整齐而成块。

幼虫 老熟幼虫体长约 50mm；头黄色，有光泽，胸部背面紫黑色，腹面紫红色，体上有黄白色；静止时头、胸和尾部上举如舟，故称"舟形毛虫"。

蛹 体长 20~23mm，暗红褐色。蛹体密布刻点，臀棘 4~6 个，中间 2 个大，侧面 2 个不明显或消失。

【发生规律】 一年发生 1 代；以蛹生树冠下 1~18cm 土中越冬；翌年 7 月上旬至 8 月上旬羽化；7 月中下旬为羽化盛期；成虫昼伏夜出，趋光性较强，常产卵于叶背，单层排列，密集成块；卵期约 7 天；8 月上旬幼虫孵化，初孵幼虫群集叶背，啃食叶肉呈灰白色透明网状，长大后分散为害，白天不活动，早晚取食，常把整枝、整树的叶子蚕食光，仅留叶柄；幼虫受惊有吐丝下垂的习性；8 月中旬至 9 月中旬为幼虫期；幼虫 5 龄，幼虫期平均 40 天，老熟后，陆续入土化蛹越冬。

【防治方法】

（1）人工防治 ①冬、春季结合树穴深翻松土挖蛹，集中收集处理，减少虫源。②利用初孵幼虫的群集性和受惊吐丝下垂的习性，少量树木且虫量不多，可摘除虫叶、虫枝和振动树冠杀死落地幼虫。

（2）物理防治 成虫羽化期设置黑光灯，诱杀成虫。

（3）药剂防治 幼虫初发期，可用 45%丙溴·辛硫磷乳油 1 000~1 500 倍液，或 20%甲维·茚虫威（16%茚虫威+4%甲氨基阿维菌素苯甲酸盐）悬浮剂 2 000 倍液，或 20%氰戊菊酯乳油 800~1 200 倍液，或 40%氧化乐果乳油 800~1 000 倍液等药剂进行喷雾防治。

9. 刘氏短须螨

【学名】 *Brevipalpus lewisi* McGregor

【寄主】 水杉、白玉兰、紫丁香、海棠、南天竹、月季、紫藤、爬山虎、葡萄、石榴等。

【为害症状】 成螨、幼螨、若螨多在叶背沿主脉和侧脉处吸汁为害，随植物的生长可逐渐转移为害部位。叶受害后卷曲、枯萎，叶背出现黄褐色油渍状斑块，严重的叶片枯焦脱落，极大地降低了观赏价值。

【形态特征】

雌成螨 体卵圆形较扁平，体长约 0.30mm，赭褐色；腹部背面中央鲜红色；体背中央略呈纵向隆起，且有不规则条纹，两侧还有网状格；有的网状格相互融合；生殖前板有融合的网状格，生殖板有不规则的横纹；前足体背毛狭披针形。后足体有小孔 1 对；受精囊椭圆形，高约 6mm；顶部有微刺丛生。

雄成螨 体长约 0.27mm，背面表皮纹路与雌螨相似；后足体与末体之间有收窄的横缝相隔，末体较雌体狭窄。

卵 为卵圆形，鲜红色，有光泽；幼螨体鲜红色，足 3 对，白色，足末端有 1 条长刚毛；体侧的前、后足间有 2 条叶片状刚毛，腹末周缘有 4 对刚毛，其中第 3 对为针状，余为叶状。

若螨 体淡红色或灰白色，足 4 对；背毛全部呈披针形。前足体第一对背毛微小，第 2、第 3 对背毛较长，宽阔具锯齿；后半体背中毛和第 1、第 2 对背侧毛微小，第 3 至第 6 对背侧毛宽阔，具锯齿。

【发生规律】一年发生 6 代。以雌成螨在树皮裂缝、叶腋等处越冬。翌年 4 月中下旬开始为害；4 月底 5 月初开始产卵；卵散产，每雌螨产卵 21～30 粒，产卵 29 天后死亡。6 月发生较多，7—8 月大量发生为害，幼螨有群集蜕皮习性；前期多在叶背叶脉两侧，至 10 月则转移到叶柄基部或叶腋间；11 月进入越冬。

【防治方法】

（1）**人工防治** 及时清除残枝虫叶，集中烧毁。

（2）**药剂防治** 使用 40%氧化乐果乳油 800～1 000 倍液，或 10%苯丁哒螨灵乳油 1 000 倍液 + 5.7%甲维盐乳油 3 000 倍液混合后喷雾防治，或 6.8%阿维·哒螨灵（6.7%哒螨灵 + 0.1%阿维菌素）乳油 500～600 倍液，或 35%阿维·螺螨酯悬浮剂 3 000～4 000 倍液，喷雾防治。

（3）**保护和利用天敌** 草蛉、小花蝽、捕食性蜘蛛等。

10. 梨眼天牛

【学名】*Bacchisa fortunei*（Thomson）

【寄主】梨树、梅树、杏树、桃树、李树、海棠、石榴树、苹果树、野山楂、槟沙果、山里红等植物。

【为害症状】以成虫、若虫为害，成虫活动力不强，常栖息叶背或小枝上，咬食叶背的主脉和中脉基部的侧脉，呈褐色伤疤，也可咬食叶柄、叶缘和嫩枝表皮。幼虫蛀食枝条木质部，在被害处有很细的木质纤维和粪便排出，树下堆有虫粪，枝干上冒出虫粪；受害枝条易被风折断。

【形态特征】

成虫 体长 8～10mm，体较小，略呈圆筒形，橙黄色，全体密被长竖毛和短毛，鞘翅蓝绿色或紫蓝色，有金属光泽；雄虫触角与体长相等或稍长，雌虫稍短。

卵 长圆形，初乳白色后变黄白色，略弯曲，尾端稍细，长约 2mm。

幼虫 老熟幼虫体长 18～21mm，体呈长筒形，略扁平；初孵幼虫乳白色，随龄期增长体色渐深，呈淡黄色或黄色。

蛹 体长 8～11mm，初期黄白色，渐变为黄色，羽化前翅鞘逐渐呈蓝黑色。

【发生规律】两年发生 1 代，以 4 龄以上的梨眼天牛幼虫于所蛀的蛀道内越冬。翌年 3 月下旬开始活动为害，4 月中旬老熟幼虫开始化蛹，蛹期 15～20 天；成虫最早出现在 5 月上旬，成虫羽化后，在枝内停留 2～5 天才从坑道顶端一侧咬洞钻出；羽化盛期在 5 月中下旬，末期在 6 月中旬。梨眼天牛成虫活动力不强，常栖息于叶背或小枝上，咬食叶背的主脉基部的侧脉，也可咬食叶柄、叶缘、细嫩枝表皮。

【防治方法】

(1) **人工防治** ①利用幼虫蛀食枝条木质部,有木质纤维和粪便排出的习性,在早晨或傍晚,检查新鲜虫粪的坑道口,掏出木屑捕杀幼虫。②在成虫发生期,成虫白天不易飞动,特别在阴雨天,用棍敲打树干,即惊落地面,然后捕杀。

(2) **药剂防治** ①幼虫孵化期:在树干上喷洒10%高效氯氰菊酯乳油1 000~2 000倍液;40%氧化乐果乳油1 000倍液,或50%杀螟硫磷乳油1 000~1 500倍液,毒杀卵和孵化幼虫。②幼虫为害期:找新鲜虫孔,清理木屑,用注射器注入80%敌敌畏乳油50倍液,或50%杀螟硫磷乳油100倍液,使药剂进入孔道,施药后可用胶泥封住虫孔;或3.2%甲维·啶虫脒乳剂插瓶,可毒杀其中幼虫。③成虫为害期:在成虫补充营养,啃食枝条上的树皮,可往树干、树冠上喷洒50%杀螟硫磷乳油800~1 000倍液,或40%氧化乐果乳油800~1 000倍液,或80%敌敌畏乳油1 000~1 500倍液。

(3) **保护和利用天敌** 肿腿蜂、红头茧蜂、柄腹茧蜂、跳小蜂等。

参考文献

迟德富，严善春. 2001. 城市绿地植物虫害及其防治［M］. 北京：中国林业出版社.

郭书普，何金柱，李成，等. 2003. 木本花卉病虫害防治原色图鉴［M］. 合肥：安徽科学技术出版社.

黄少彬. 2006. 园林植物病虫害防治［M］. 北京：高等教育出版社.

林焕章，张能唐. 1999. 花卉病虫害防治手册［M］. 北京：中国林业出版社.

河南省森林病虫害防治检疫站. 2005. 河南林业有害生物防治技术［M］. 郑州：黄河水利出版社.

刘开律，耿继光，张萍，等. 2003. 草本花卉病虫害防治原色图鉴［M］. 合肥：安徽科学技术出版社.

刘开律，耿继光，张萍，等. 2003. 观叶植物病虫害防治原色图鉴［M］. 合肥：安徽科学技术出版社.

吕佩珂，苏慧兰，段半锁，等. 2001. 中国花卉病虫原色图鉴［M］. 北京：蓝天出版社.

萧刚柔. 1992. 中国森林昆虫：第2版［M］. 北京：中国林业出版社.

杨子琦，曹华国. 2002. 园林植物病虫害防治图鉴［M］. 北京：中国林业出版社.

袁嗣令. 1997. 中国乔灌木病害［M］. 北京：科学出版社.

中国科学院动物研究所，浙江农业大学，等. 1978. 天敌昆虫图册［M］. 北京：科学出版社.

祝长清，朱东明，尹新明. 1999. 河南昆虫志　鞘翅目（一）［M］. 郑州：河南科技出版社.

附录1　园林植物常用农药类型与使用

农药种类繁多，一般分为杀虫剂、杀菌剂、调节植物生长剂等多种类型。每一种类型的农药对不同种类的植物以及不同的病害、虫害都有其独特的性质与功效。对植物中的有害病虫通过使用农药来进行防治，也是农业和林业生产者最常用的方法。

目前，我国由于气候变化以及植物栽培结构不合理等原因，导致各种植物病虫害不断发生，逐年防治，逐年严重。通过使用农药可保护园林绿化成果不受或少受损失，大大提高园林植物的出圃率、成活率、植物的观赏性。但过量的使用农药会对土壤、水源和大气造成严重的污染及破坏，对生态环境造成严重的负面影响。不规范的使用农药，也对生物多样性造成一定的威胁，影响生物的正常结构和功能，不能有正常的分布，破坏其原有的特性。随着科学水平的不断提升，一些化学农药已经不再以杀死害虫为目的，而是更加侧重对有害生物的调节与控制，研发出一系列的新型农药，如抑虫剂、生物调节剂、抗虫剂、环境和谐剂等。

以下详细介绍生产中常见杀虫剂、杀菌剂的药剂特性、防治对象、常见剂量与剂型、使用方法和注意事项。

一、杀虫剂

1. 高效氯氟氰菊酯

【药剂特性】纯品为白色固体，黄色至棕色黏稠油状液体（工业品）。本品是杀虫谱广、活性较高、药效迅速的拟除虫菊酯类杀虫、杀螨剂，以触杀和胃毒作用为主，无内吸作用。可抑制昆虫神经轴突部位的传导，对昆虫具有趋避、击倒及毒杀的作用，喷洒后耐雨水冲刷，但长期使用易使防治对象产生抗性，对刺吸式口器的害虫、害螨有一定防效，作用机理与20%氰戊菊酯乳油、氟氰菊酯相同，不同的是本品对螨虫有较好的抑制作用。在螨类发生初期使用本品，可抑制螨类繁殖；当螨类已大量发生时，就控制不住其繁殖。因此只能虫螨兼治，不能作为专用杀螨剂。

【防治对象】本品可防治鳞翅目、鞘翅目和半翅目等多种害虫和螨类，在虫、螨并发时可以兼治，如可防治茶尺蠖、茶毛虫、茶橙瘿螨、叶瘿螨、柑橘叶蛾、橘蚜、桃小食心虫、梨小食心虫，以及柑橘叶螨、锈螨等，还可防治多种地表和公共卫生害虫。

【常见剂量与剂型】2.5%乳油、2.5%水乳剂、2.5%微胶囊剂、5%微乳剂、0.6%增效乳油、10%可湿性粉剂等。

【使用方法】

（1）**蚜虫** 用2.5%乳油2 000~3 000倍液喷雾。

（2）**螟类** 用10%可湿性粉剂2 500~3 000倍液喷雾。

（3）**地下害虫** 最好选择高含量产品以达到理想防效，如可用5%微乳剂。①蛴螬和金针虫：害虫发生时，用1 500~2 000倍液喷雾、灌根均可。②地老虎：由于本品含有特殊引诱成分，对地老虎防效更加突出，可以达到地面死虫的效果，用2 000~2 500倍液喷雾。③跳甲幼虫：在苗期灌根处理；用800~1 000倍液喷雾；土壤干旱时不宜使用。

（4）**桃小食心虫** 在卵孵盛期，用2.5%乳油3 000~4 000倍液喷雾。

（5）**潜叶蛾** 在卵盛期施药，用2.5%乳油4 000~8 000倍液喷雾。

（6）**矢尖蚧、吹绵蚧** 若虫发生期施药，用2.5%乳油1 000~3 000倍液喷雾。

（7）**尺蠖** 在2~3龄幼虫发生期，用2.5%乳油4 000~6 000倍液喷雾。

【注意事项】

A. 本品为杀虫剂兼有抑制害螨作用，但不要作为杀螨剂专用于防治害螨。

B. 在碱性及土壤中易分解，不要与碱性物质混用以及做土壤处理使用。

C. 对鱼、虾、蜜蜂、家蚕高毒，使用时不要污染鱼塘、河流、蜂场、桑园。

D. 现配现用，加水稀释后不可久置。

2. 毒死蜱

【药剂特性】 原药为白色颗粒状结晶，室温下稳定，有硫醇臭味，溶于大多数有机溶剂。本品是乙酰胆碱酯酶抑制剂，属硫代磷酸酯类杀虫剂，能抑制各种害虫体内神经中的乙酰胆碱酯酶AChE或胆碱酯酶ChE的活性而破坏正常的神经冲动传导，可引起异常兴奋、痉挛、麻痹、死亡一系列中毒症状。杀虫谱广，无内吸作用，具有胃毒、触杀、熏蒸三重作用。对多种园林植物及花卉上多种咀嚼式和刺吸式口器害虫均具有较好防效。在土壤中持效期长，对地下害虫也有很好的防治作用。

【防治对象】 对多种植物上多种咀嚼式和刺吸式口器害虫均具有较好防效。对蛾类、卷叶螟、叶蝉、蚜虫、螨类及地下害虫均有显著作用。

【常见剂型与剂量】 30%微乳剂、40%乳油、45%乳油、15%颗粒剂、25%微乳剂、36%微囊悬浮剂等。

【使用方法】

（1）**地下害虫** 如地老虎、蛴螬、金针虫等多种地下害虫，用40%乳油800~1 000倍液浇灌植株基部；或用3%颗粒剂3g/m²沟施、穴施或撒施到土层中。

（2）**飞虱类** 用40%乳油800~1 000倍液喷雾。

（3）**卷叶螟类** 用48%毒死蜱乳油1 500~1 800倍液喷雾。

（4）**介壳虫类** 用40%乳油1 000~1 500倍液喷雾。

（5）**蛾类** 用40%乳油1 500~2 000倍液喷雾。

（6）**蚜虫类** 用48%乳油1 500~2 000倍液喷雾。

（7）**螨类** 用40%乳油1 500~2 000倍液喷雾。

【注意事项】

A. 毒死蜱严禁在蔬菜上使用。

B. 不能与碱性农药混用，为保护蜜蜂、瓢虫等天敌，应避免在植物开花期间使用。

C. 建议与不同作用机制杀虫剂轮换使用。

D. 在傍晚施药，喷雾细致、均匀周到，可提高药效。

3. 吡虫啉

【药剂特性】纯品为无色晶体，原药为浅橘黄色结晶。本品是有微弱气味的烟碱类超高效杀虫剂，是烟碱乙酰胆碱受体的作用体，能干扰害虫运动神经系统，使化学信号传递失灵，无交互抗性问题；也是硝基亚甲基类、新一代氯代尼古丁、内吸低毒的杀虫剂，具有广谱、高效、低毒、低残留的特性，害虫不易产生抗性；具有对人、畜、植物和天敌安全等特点，并有触杀、胃毒和内吸多重药效。本品主要用于防治刺吸式口器害虫，害虫接触药剂后，中枢神经正常传导受阻，使其麻痹死亡。速效性好，药后 1 天即有较高的防效，残留期长达 25 天左右。药效和温度呈正相关，温度高，杀虫效果好。

【防治对象】本品可防治刺吸式口器害虫，如蚜虫、飞虱、粉虱、叶蝉、蓟马等；也可防治鞘翅目、双翅目和鳞翅目的某些害虫，如象甲负泥虫、螟虫、潜叶蛾等；但对线虫和红蜘蛛无效。

【常见剂量与剂型】1.1% 胶饵、2.5% 与 10% 可湿性粉剂、5% 乳油、5% 片剂、25% 可湿性粉剂、50% 可湿性粉剂、70% 可湿性粉剂、70% 水分散粒剂、200g/L 可溶液剂、350g/L 悬浮剂、600g/L 悬浮种衣剂、70% 湿拌种剂等。

【使用方法】

（1）喷雾或拌种　植物育苗前，10kg 种子可用 25% 可湿性粉剂 12~15g、5% 片剂 60~100g、350g/L 悬浮剂 8~15mL 喷雾均匀，晾干后播种。

（2）绣线菊蚜、苹果瘤蚜、桃蚜、卷叶蛾、粉虱、斑潜蝇等害虫　可用 10% 吡虫啉可湿性粉剂 1 000~1 500 倍液、200g/L 可溶液剂 1 500~2 000 倍液、25% 吡虫啉乳油 2 000~3 000 倍液喷雾。

（3）梨木虱、小绿叶蝉　可用 50% 可湿性粉剂 6 000~8 000 倍液喷雾，或 70% 可湿性粉剂、70% 水分散粒剂 8 000~10 000 倍液喷雾。

【注意事项】

A. 本品不可与碱性农药或物质混用。不宜在强阳光下喷雾，以免降低药效。

B. 使用过程中不可污染养蜂、养蚕场所及相关水源。

C. 适期用药，果实收获前两周禁止用药。

D. 施药时注意防护，防止接触皮肤和吸入药粉、药液，用药后要及时用清水洗暴露部位。如不慎食用，立即催吐并及时送医院治疗。

4. 灭幼脲

【药剂特性】原药为白色结晶。本品是低毒具有胃毒兼触杀作用的杀虫剂，属苯甲酰脲类昆虫几丁质合成抑制剂，为昆虫激素类农药。本品可通过抑制昆虫表皮几丁质合成酶和尿核苷辅酶的活性，来抑制昆虫几丁质合成从而导致昆虫不能正常蜕皮而死亡；

可影响卵的呼吸代谢及胚胎发育过程中的 DNA 和蛋白质代谢，使卵内幼虫缺乏几丁质而不能孵化或孵化后随即死亡。在幼虫期施用，使害虫新表皮形成受阻，延缓发育，或缺乏硬度，不能正常蜕皮而导致死亡或形成畸形蛹死亡；幼虫接触后，并不立即死亡，表现拒食、身体缩小，待发育到蜕皮阶段才致死，一般 2 天后开始死亡，3~4 天达到死亡高峰；对变态昆虫，成虫接触药液后，产卵减少，或不产卵，或所产卵不能孵化。本品残效期长达 1~20 天，主要是对鳞翅目幼虫表现为很好的杀虫活性，对益虫和蜜蜂等膜翅目昆虫和森林鸟类几乎无害，但对赤眼蜂有影响。

【防治对象】对鳞翅目和双翅目昆虫幼虫有特效，可用于防治桃树潜叶蛾、茶黑毒蛾、茶尺蠖、甘蓝夜蛾、毒蛾类、夜蛾类等害虫。

【常见剂量与剂型】25%灭幼脲悬浮剂、15%烟雾剂、25%可湿性粉剂、20%悬浮剂、25%悬浮剂、50%悬浮剂等。

【使用方法】

（1）**松毛虫、舞毒蛾、舟蛾、天幕毛虫等食叶类害虫**　用25%悬浮剂 1 500~2 000 倍液，或 20%悬浮剂 1 200~1 500 倍液喷雾。

（2）**甘蓝夜蛾**　用25%悬浮剂 1 500~2 000 倍液，或 20%悬浮剂 1 200~1 500 倍液喷雾。

（3）**桃小食心虫、茶尺蠖**　用25%悬浮剂 1 500~2 000 倍液喷雾。

（4）**舞毒蛾、刺蛾、苹果舟蛾、卷叶蛾**　可在害虫卵孵化盛期和低龄幼虫期，喷布 25%胶悬剂 1 200~1 500 倍液。

（5）**桃小食心虫、梨小食心虫**　可在成虫产卵初期，幼虫蛀果前，喷布 25%胶悬剂 800~1 000 倍液。

（6）**梨木虱、柑橘木虱**　可在春、夏、秋新梢抽发季节或若虫发生盛期，喷 25%胶悬剂 1 200~1 500 倍液喷雾。

【注意事项】

A. 本品在 2 龄前幼虫期进行防治效果最好，虫龄越大，防效越差。

B. 本品于施药 3~5 天后药效才明显，7 天左右出现死亡高峰；忌与速效性杀虫剂混配。

C. 悬浮剂有沉淀现象，使用时要先摇匀后加少量水稀释，再加水至合适的浓度，搅匀后再使用，要求喷雾均匀。

D. 灭幼脲类药剂不能与碱性物质混用，以免降低药效；和一般酸性或中性的药剂混用，药效不会降低。

5. 辛硫磷

【药剂特性】本品为胆碱酯酶抑制剂，是一种持效期较长的、缓释型、低毒、低残留的有机磷杀虫剂；杀虫谱广，击倒力强，以触杀和胃毒作用为主，无内吸作用，对鳞翅目害虫的幼虫有效，对虫卵也有一定的杀伤作用；遇光易分解，所以残留期短，残留危险小，但施入土中残留期很长，适合防治地下害虫。

【防治对象】可有效防治地下害虫，如蛴螬、蝼蛄、地老虎、金针虫，也可防治刺吸式口器的蚜虫、介壳虫类、螨类、粉虱，咀嚼式口器的蛾类、尺蠖类及多种蛀干类害虫。

【常见剂型与剂量】50%乳油、40%乳油、45%辛硫磷乳油、5%颗粒剂、3%颗粒剂、1.5%辛硫磷颗粒剂等。

【使用方法】

（1）**蚜虫、鳞翅目幼虫** 用40%乳油1 000~1 200倍液喷雾。

（2）**小绿叶蝉、黄刺蛾、桑刺蛾、舞毒蛾、斜纹夜蛾等蛾类** 用50%乳油1 000~1 200倍液喷雾。

（3）**介壳类、螨类、粉虱类** 用40%乳油800~1 000倍液喷雾。

（4）**尺蠖类** 用45%乳油1 000~1 200倍液喷雾。

（5）**蛀干类害虫（如天牛、蠹虫）** 用40%乳油20倍液注入蛀孔内，黄泥封口。

（6）**地下害虫（如蝼蛄、地老虎、蟋蟀、金针虫等）** 用5%颗粒剂，随播种撒入，或在作物培土前撒在作物行间；也可以提前拌入细沙或者干土，均匀撒到植物根际周围，然后翻耕；或者沿沟撒入即可。还可用50%辛硫磷乳油1 000倍液进行灌溉。

【注意事项】

A. 本品不能与呈碱性的农药等物质混用，以免分解或失效。

B. 本品见光易分解，在运输、保存和使用中均需注意，应在傍晚、阴天或夜间时施药。

C. 建议与其他作用机制不同的杀虫剂轮换使用，以延缓抗性产生。

D. 本品虽然为低毒杀虫剂，使用时应注意个人防护，穿戴防护服和手套，用药后要用肥皂洗手、脸及可能被污染的部位并更换衣物。

E. 本品对鸟有毒，鸟类保护区禁用，对蜜蜂、鱼类、家蚕有毒，施药期间应避免对它们的影响。

6. 噻虫·高氯氟

【药剂特性】本品是由噻虫嗪与高效氯氟氰菊酯复配而成的杀虫剂，可抑制昆虫神经轴突部位的传导，对昆虫具有趋避、击倒及毒杀的作用，同时可选择性抑制昆虫中枢神经系统烟酸乙酰胆碱酯酶受体，进而阻断昆虫中枢神经系统的正常传导，造成害虫出现麻痹时死亡。噻虫嗪是具有内吸作用的新烟碱类杀虫剂，具有胃毒和触杀活性。高效氯氟氰菊酯是拟除虫菊酯类杀虫剂，具有触杀和胃毒作用。两者混配可防治刺吸式和咀嚼式口器害虫，且利于延缓抗性发展。药效期较长。

【防治对象】防治园林植物上各种刺吸式口器害虫，如蚜虫、叶蝉、粉虱、介壳类、网蝽、螨类等。对地下害虫击倒速度快、持效期长可达到45天。

【常见剂型与剂量】22%微囊悬浮剂、水剂、可湿性粉剂（12.6%噻虫嗪+9.4%高效氯氟氰菊酯）、10%悬浮剂（6%噻虫嗪+4%高效氯氟氰菊酯）、30%悬浮剂（20%噻虫嗪+10%高效氯氟氰菊酯）等。

【使用方法】

（1）**叶蝉、蚜虫** 用22%悬浮剂3 500~4 000倍液喷雾。

（2）**白粉虱** 用10%悬浮剂1 500~2 000倍液喷雾。

（3）**介壳类** 用22%可湿性粉剂3 000~3 500倍液喷雾。

（4）**网蝽类**　用30%悬浮剂5 000~6 000倍液喷雾。

（5）**螨类**　用10%悬浮剂1 800~2 000倍液喷雾。

（6）**地下害虫**　用2%水剂5 000倍液灌根。

【注意事项】

A. 药量和方法严格按规定使用，药液及其废液不得污染各类水域、土壤等。

B. 本品不可与碱性农药等物质混用。

C. 建议与其他作用机制不同的杀虫剂轮换使用，以延缓抗性产生。

D. 本品对鱼类、水蚤、蜜蜂、家蚕、赤眼蜂等有毒，禁止在鱼塘、河流、赤眼蜂等天敌昆虫放飞区、桑园、蚕室等场所及植物花期使用。

E. 使用本品应采取相应的安全防护措施，穿防护服，戴防护手套、口罩等，避免皮肤接触及口鼻吸入。使用期间，不可吸烟、饮水及吃东西，使用后及时清洗手、脸等暴露部位皮肤并更换衣物。

F. 用药后包装物及用过的容器应妥善处理，不可他用，也不可随意丢弃。

7. 联苯菊酯

【药剂特性】纯品为白色固体。本品是拟除虫菊酯类杀虫、杀螨剂，具有击倒作用强、广谱、高效、快速、长残效等特点，以触杀作用和胃毒作用为主，无内吸作用熏蒸活性；在土壤中具有很高的亲和作用，水溶性低，故实际影响较小；对蜜蜂毒性中等，对家蚕高毒。

【防治对象】可防治园林植物中常见的食叶类害虫和刺吸式口器害虫；对鞘翅目、双翅目、半翅目、同翅目、鳞翅目和直翅目的害虫，如尺蠖、红蜘蛛、蚜虫、梨小食心虫、网蝽、叶蝉类、粉虱类均有良好的防治效果。

【常见剂型与剂量】257.849mg/L悬浮剂、277.699mg/L悬浮剂、125mg/L乳油、1 000mg/L悬浮剂、1 000mg/L水乳剂、250mg/L乳油、500mg/L悬浮剂、500mg/L水乳剂、100mg/L乳油等。

【使用方法】

（1）**蚜虫**　成虫、若虫发生期，用125mg/L乳油2 500~3 000倍液喷雾。

（2）**尺蠖、小绿叶蝉、毛虫**　在2~3龄幼虫、若虫发生期，用100mg/L乳油3 000~4 000倍液喷雾。

（3）**桃小食心虫、梨小食心虫**　用250mg/L乳油3 000~3 500倍液喷雾。

（4）**黑毒蛾、潜叶蛾等**　在卵孵或盛孵期，用100mg/L乳油3 000~3 500倍液喷雾。

（5）**红蜘蛛**　于成螨、若螨发生期，用100mg/L乳油2 000~2 500倍液喷雾。

（6）**粉虱**　在发生盛期，虫口密度大时，用125mg/L乳油3 500~4 000倍液喷雾。

【注意事项】

A. 本品对鱼、虾、蜜蜂有较大毒性。使用时，要远离养蜂区，不要将残留药液倒入河塘、鱼池。

B. 鉴于菊酯类农药频繁使用会使害虫产生抗药，因此要同其他农药交替使用，以延缓抗药产生。

8. 啶虫脒

【药剂特性】本品属氯化烟碱类化合物，是一种新型杀虫剂，作用于昆虫神经系统突触部位的烟碱乙酰胆碱受体，干扰昆虫神经系统的刺激传导，引起神经系统通路阻塞，造成神经递质乙酰胆碱在突触部位的积累，从而导致昆虫麻痹，最终死亡；有触杀、胃毒和较强的渗透作用，具有杀虫速效、用量少、活性高、杀虫谱广、持效期长、对环境相容性好等特性。由于其作用机理与常规杀虫剂不同，所以对有机磷、氨基甲酸酯类及拟除虫菊酯类产生抗性的害虫有特效。对人畜低毒，对天敌杀伤力小，对鱼毒性较低，对蜜蜂影响小，适用于防治果树、多种园林植物作物上的半翅目害虫；用颗粒剂做土壤处理，可防治地下害虫。

【防治对象】对蚜虫、叶蝉、粉虱、介壳虫等半翅目刺吸式口器的害虫高效；对小菜蛾、潜叶蛾、小食心虫、纵卷叶螟等鳞翅目害虫高效；对鞘翅目害虫（天牛）、缨翅目害虫（蓟马）害虫均有效。

【常见剂型与剂量】3%、5%、10%乳油，1.8%、2%高渗乳油，3%、5%、10%、20%可湿性粉剂，20%、21%可溶性液剂，2%颗粒剂，3%微乳剂等。

【使用方法】

（1）**蚜虫** 用3%啶虫脒乳油1 000~1 500倍液、10%乳油3 500~4 000倍液喷雾。

（2）**木虱** 抓住各次新梢抽出嫩芽期展开防治，尤其是在5—6月抽出的夏梢时，可用3%乳油1 000倍液、20%可湿性粉剂6 000~7 000倍液喷施树冠。

（3）**白粉虱** 由于该虫世代重叠，一次用药不能兼杀所有虫态，需连续防治若干次，于种群发生初期，虫口密度尚低时，用3%乳油1 000~1 500倍液、5%乳油1 500~2 000倍液喷雾。

（4）**潜叶蛾** 抓住新芽展叶期间展开防治，用40%水分散粒剂12 000~15 000倍液、50%水分散粒剂18 000~20 000倍液喷雾，连续喷施2~3次。

（5）**叶蝉、木虱等** 用3%乳油1 000~1 500倍液、10%乳油3 000~4 000倍液、20%可溶性粉剂8 000~10 000倍液喷雾。

（6）**光肩星天牛、桃红颈天牛等蛀干害虫** 可按每胸径1cm注0.8~1mL的3%乳油5倍液。

（7）**蓟马** 常在嫩叶及幼果上取食为害，在谢花后至幼果直径约4cm以下期间为害最为严重，在晴天中午最活跃，一般在清明节前后的谢花期及5—6月各用药一次。用3%乳油1 000倍液、70%水分散粒剂25 000~30 000倍液喷雾。

（8）**地老虎、蝼蛄等地下害虫** 用2%颗粒剂。

【注意事项】

A. 不可与强碱性药液混用，以免分解失效。

B. 本品为低毒杀虫剂，但对人、畜、桑蚕有毒性应加以注意；避免污染桑园蚕室和鱼塘。

C. 使用本品时，应避免直接接触药液，佩戴相应的防护用品，防止药液从口鼻吸入。

D. 施药时，喷洒要均匀，不可随意加大使用浓度，保护天敌。

E. 本品应贮存在阴凉干燥的地方，禁止与食品混贮。

9. 烯啶·吡蚜酮

【药剂特性】本品由烯啶虫胺和吡蚜酮两种作用机理不同的杀虫剂复配而成。烯啶虫胺属烟酰亚胺类杀虫剂，具有内吸和渗透作用，可抑制昆虫乙酰胆碱酯酶活性，作用于胆碱能受体，对昆虫的神经轴突触受体具有神经阻断作用。吡蚜酮是一种专门作用于刺吸式口器害虫的吡啶杂环类杀虫剂，具有强烈的内吸性和传导性，能穿透植物的薄皮组织进入植物体，可通过韧皮部和木质部同时上下传导，向上传导至顶端、向下传导至根部，从而对植物产生保护作用；还可以快速阻断害虫神经的传导，刺吸式口器害虫接触药剂即产生口针阻塞效应，停止取食，丧失对植物的为害能力，并最终饥饿致死。烯啶虫胺对害虫击倒速度快，持效期较短；吡蚜酮杀虫速度慢，持效期长。本品将二者结合，是目前防治飞虱类、蚜虫类等刺吸式口器害虫的常用药剂。

【防治对象】可防治刺吸式口器害虫，对有机磷和氨基甲酸酯类、普通烟碱类杀虫剂已产生抗性的飞虱类、蚧类、蚜虫类、网蝽类、粉虱类、叶蝉等多种害虫均有效。

【常见剂型与剂量】80%水分散粒剂、可湿性粉剂（20%烯啶虫胺+60%吡蚜酮），60%烯啶·吡蚜酮可湿性粉剂（24%烯啶虫胺+36%吡蚜酮），80%烯啶·吡蚜酮水分散粒剂（50%烯啶虫胺+30%吡蚜酮），60%烯啶·吡蚜酮水分散粒剂（15%烯啶虫胺+45%吡蚜酮），80%烯啶·吡蚜酮水分散粒剂（30%烯啶虫胺+50%吡蚜酮）等。

【使用方法】

（1）**蚜虫**　在蚜虫发生盛期，用80%水分散粒剂（20%烯啶虫胺+60%吡蚜酮）3 000~4 000倍液喷雾，掌握在蚜虫高峰期前选择晴天喷洒均匀。

（2）**叶蝉**　在叶蝉若虫期，用80%可湿性粉剂（20%烯啶虫胺+60%吡蚜酮）3 000~3 500倍液喷雾。

（3）**木虱**　若虫初孵期、成虫出蛰盛期，用60%水分散粒剂（15%烯啶虫胺+45%吡蚜酮）2 000~2 500倍液喷雾。

（4）**网蝽**　成虫、若虫发生期，用80%烯啶·吡蚜酮水分散粒剂（30%烯啶虫胺+50%吡蚜酮）2 500~3 000倍液喷雾。

（5）**介壳虫**　用80%水分散粒剂（20%烯啶虫胺+60%吡蚜酮）2 500~3 000倍液，或60%水分散粒剂（15%烯啶虫胺+45%吡蚜酮）2 000~2 500倍液，对叶面及枝干进行喷雾防治。

【注意事项】

A. 建议与其他作用机制不同的杀虫剂轮换使用。

B. 不得与碱性农药等物质混用。

C. 本品对桑蚕、蜜蜂高毒，禁止在养蜂地区及开花植物花期使用。

D. 施药后12小时内，请勿在施药区域逗留。

E. 使用本品时应戴防护手套、口罩，穿干净防护服等；不得吸烟、进食等。

10. 螺虫乙酯

【药剂特性】本品属脂质生物合成抑制剂，是一种低毒、高效、持效期长、广谱、内吸且双向传导的全新化合物；能通过抑制害虫体内脂肪合成过程中乙酰辅酶A羧化酶的活性，破坏脂质的合成，阻断害虫正常的能量代谢，导致其死亡。本品可以在整个植物体内向上向下移动，抵达叶面和树皮，害虫取食后起效，且药物沾染害虫卵壳，抑制卵不能正常发育，这种独特的内吸性能可以保护新生茎、叶和根部，防止害虫卵孵化和幼虫生长。

【防治对象】可防治各种刺吸式口器害虫，并对一些害螨有抑制作用，如蚜虫、蓟马、木虱、叶螨、粉虱和介壳虫等。主要防治蚜虫（如棉蚜、绣线菊蚜、紫薇长斑蚜、月季长管蚜、桃蚜）、粉虱（如温室粉虱、柑橘粉虱、黑刺粉虱等）、木虱（如梨木虱、梧桐裂木虱等）、介壳虫（如粉蚧、吹绵蚧、红蜡蚧、紫薇绒蚧等）、蝉、叶螨（如二斑叶螨、朱砂叶螨、山楂叶螨和刺皮瘿螨等）等。

【常见剂型与剂量】22.4%悬浮剂。

【使用方法】

（1）介壳虫　在若虫分散转移期，分泌蜡粉，未形成介壳之前，用22.4%悬浮剂2 500~4 000倍液喷雾。如混用含油量0.3%~0.5%柴油乳剂或黏土柴油乳剂，对已开始分泌蜡粉的若虫也有很好的杀伤作用，可延缓防治适期，提高防效。

（2）红蜘蛛　用22.4%悬浮剂4 000~5 000倍液喷雾。每季不超过2次，对若螨、卵触杀效果好，可使雌成螨绝育，但对雌成螨杀死速度慢。

（3）粉虱类　粉虱若虫发生始盛期，用22.4%悬浮剂4 000~5 000倍液喷雾。

（4）木虱类　用22.4%悬浮剂3 500~4 000倍液喷雾。

（5）蚜虫　蚜虫刚发生时，用22.4%悬浮剂4 000倍液喷雾；蚜虫发生盛期可用22.4% 3 000倍液喷雾。

【注意事项】

A. 可与碱性或者强酸性物质混用。

B. 本品需要被害虫很好地吸收，才能成为提高防治效果的前提，故施用时应使植物叶片和树干、枝条等充分着药，施用的药物在植株上应分布均匀。

C. 为了避免和延缓抗性的产生，建议与其他不同作用机制的杀虫剂轮用，同时应确保无不良影响。

D. 在配制和施用本品时，仍应穿防护服，戴手套和口罩，严禁吸烟和饮食。

E. 植物花期禁用，桑园蚕室禁用；对鱼有毒，因此在使用时应防止污染鱼塘、河流。

11. 苏云金杆菌

【药剂特性】苏云金杆菌可产生两大类毒素，即内毒素（伴胞晶体）和外毒素。内毒素使害虫取食后，在肠道碱性消化液作用下，菌体释放毒素，害虫中毒并停止取食，最后害虫因饥饿和血液及神经中毒死亡，因此该杆菌可做微生物源低毒杀虫剂，以胃毒作用为主；而外毒素作用缓慢，在蜕皮和变态时作用明显，这两个时期是RNA合成的高峰期，外毒素能抑制依赖于DNA的RNA聚合酶。本品作用缓慢，害虫取食后2天左右才能见效，持效期约1天，在害虫低龄期使用效果较好。

【防治对象】本品杀虫谱较广泛，可用于防治直翅目、鞘翅目、双翅目、膜翅目害虫，特别是鳞翅目的多种害虫，如松毛虫、茶毛虫、国槐尺蠖、斜纹夜蛾、甘蓝夜蛾等。

【常见剂量与剂型】2 000IU/μL 悬浮剂、4 000IU/μL 悬浮剂、6 000IU/μL 悬浮剂、8 000IU/μL 悬浮剂、16 000IU/mg 粉剂、8 000IU/mg 可湿性粉剂、16 000IU/mg 可湿性粉剂、32 000IU/mg 可湿性粉剂、0.2%颗粒剂、15 000IU/mg 水分散剂、16 000IU/mg 水分散剂等。

【使用方法】

(1) **茶毛虫** 用 8 000IU/μL 悬浮剂 100～200 倍液喷雾。

(2) **松毛虫、黄刺蛾** 用 8 000IU/μL 悬浮剂 150～200 倍液喷雾。

(3) **尺蠖** 用 8 000IU/μL 悬浮剂 100～200 倍液喷雾。

(4) **草坪害虫** 用 16 000IU/mg 可湿性粉剂 2 000 倍液喷洒，或用 0.2%颗粒剂撒入草坪草根部，防治为害根部的害虫。

(5) **蚜虫** 用 15 000IU/mg 水分散剂 400～600 倍液喷雾。

【注意事项】

A. 施用期一般比使用化学农药提前 2～3 天，对害虫的低龄幼虫效果好，30℃以上施药效果最好。

B. 不能与内吸性有机磷杀虫剂或杀菌剂混合使用。

C. 苏云金杆菌可湿性粉剂应保存在低于 25℃ 的干燥阴凉仓库中，防止暴晒和受潮，以免变质。

D. 不能与碱性药物混用。

E. 对鱼类、蜜蜂相对安全、家蚕高毒；应避免在其周围使用。

F. 其他作用机制不同的杀虫剂轮换使用，以延缓抗性产生。

12. 苦参碱

【药剂特性】纯品外观为白色粉末。本品是一种低毒的天然植物杀虫剂；害虫一旦触及本品，即麻痹神经中枢，继而使虫体蛋白质凝固，堵死虫体气孔，使害虫窒息而死；对害虫具有触杀和胃毒作用，是广谱杀虫剂；对人畜低毒。

【防治对象】对园林植物上刺吸式口器昆虫、鳞翅目昆虫、小绿叶蝉、白粉虱、红蜘蛛等防治效果较好；另外，对霜霉、疫病、炭疽病也有很好的防效。

【常见剂型与剂量】0.3%水剂、0.5%水剂、0.8%水剂、0.2%水剂、0.38%可溶性液剂、1% 可溶性液剂、1%醇溶液、1.1%粉剂、0.3%乳油、0.38%乳油、2.5%乳油等。

【使用方法】

(1) **松毛虫、杨树舟蛾、美国白蛾等** 在 2～3 龄幼虫发生期，用 1%可溶性液剂 1 200～1 500 倍液喷雾。

(2) **梨星毛虫、蛾类** 用 1%可溶性液剂 1 000～1 200 倍液喷雾。

(3) **螨类** 在叶螨越冬卵开始孵化至孵化结束期间防治，用 0.2%水剂 100～300 倍液喷雾，以整株树叶喷湿为宜。

(4) **蚜虫** 在蚜虫发生期施药，用 1%醇溶液 1 500～1 600 倍液，叶背、叶面均匀喷雾，着重喷叶背。

（5）**尺蠖**　在 3 龄以前的幼虫期，用 1.1% 粉剂 1 000~1 500 倍液喷雾。

（6）**地下害虫（地老虎、蛴螬、金针虫等）**　每亩用 1.1% 粉剂 2~2.5kg 撒施、条施或拌种。拌种先用少量水将种子润湿，每 10kg 种子用 1.1% 粉剂 0.4~0.5kg 搅拌均匀，堆放 2~4 小时后播种。

【注意事项】

A. 不能与碱性农药混用。

B. 本品速效性差，应搞好虫情测报，在害虫低龄期施药防治。由于药效缓慢，可适当提早 1~2 天施药。

C. 不能作为单一杀菌剂使用。

D. 喷洒处水质偏碱则加入适量食醋为宜。

E. 使用本品前请务必用力摇匀再加水喷洒。

F. 喷药后 6 小时内不能遇雨或浇水，否则降低药效。

二、杀菌剂

1. 三唑酮

【药剂特性】 本品是一种高效、低毒、低残留、持效期长、内吸性强的三唑类杀菌剂；可抑制菌体麦角甾醇的生物合成，抑制或干扰菌体附着孢及吸器的发育、菌丝的生长和孢子的形成；对某些病菌在活体中活性很强，但离体效果很差；对菌丝的活性比对孢子强。本品被植物的各部分吸收后，能在植物体内传导，对锈病和白粉病具有预防、铲除、熏蒸、治疗等作用，在酸、碱介质中较稳定，对人黏膜和皮肤均无刺激性。

【防治对象】 本品对多种园林植物由真菌引起的病害，如锈病、白粉病、根腐、叶枯、枯梢等均有一定的治疗作用。

【常见剂型与剂量】 5%、10%、15%、25% 可湿性粉剂，10%、15%、20%、25% 乳油，20% 糊剂，25% 胶悬剂，0.5%、1%、10% 粉剂，15% 烟雾剂等。

【使用方法】

（1）**白粉病、炭疽病，锈病**　用 15% 可湿性粉剂 1 200~1 500 倍液喷雾，间隔 15 天 1 次，连喷 3~4 次。

（2）**白绢病**　用 25% 可湿性粉剂 2 200 倍液浇灌根部，每隔 10~15 天灌 1 次，连灌 2 次。

（3）**根腐病**　先用消过毒的小刀切除病患部位，涂波尔多液保护伤口，再用 25% 胶悬剂 2 000~2 300 倍液灌根，连灌 2~3 次。

（4）**叶枯、枯梢病**　用 25% 可湿性 2 000~2 500 倍液喷雾。

【注意事项】

A. 持效期长，在果树果实收获前 15~20 天停止使用。

B. 不能与强碱性药剂混用；可与酸性和微碱性药剂混用，以增强防治效果。

C. 使用浓度不能随意增大，以免发生药害；出现药害后常表现植株生长缓慢、叶片变小、颜色深绿或生长停滞等，遇到药害要停止用药，并加强肥水管理。

D. 可以与许多杀菌剂、杀虫剂、除草剂等现混现用。

2. 多菌灵

【药剂特性】纯品为白色结晶固体，原药为棕色粉末。本品属有机杂环类（苯并咪唑）内吸性杀菌剂，具有广谱性、高效低毒的特性，对许多真菌（子囊菌和半知菌）引起的园林植物病害都有效，且分散性、黏着性和渗透性都比较好；对卵菌和细菌引起的病害无效，具有保护和内吸治疗作用；能被作物吸收到体内而不失效，能对植物体内的病原菌发生作用，干扰菌的有丝分裂中纺锤体的形成，从而影响细胞分裂，起到杀菌作用。

【防治对象】可防治温室花卉病害且效果较好；在园林植物上可以用于褐斑病、煤污病、黑斑病、炭疽病、白粉病、锈病、赤霉病、轮纹斑、苹果斑点落叶病等多种病害的预防和治疗，可叶面喷雾、种子处理和土壤处理等多种施用方法。

【常见剂型与剂量】25%、50%、80%可湿性粉剂，40%、43%、50%悬浮剂，80%水分散粒剂等。

【使用方法】

（1）**褐斑病** 用50%可湿性粉剂800~1 000倍液，从发病初期开始喷雾防治，7~10天喷1次，连续2~3次。

（2）**锈病** 在锈病发生初期，用50%可湿性粉剂500~600倍液喷雾，每隔7~10天喷1次，连续2~3次。

（3）**烂皮病** 杨树、国槐、油松等发病时，先用消毒后的小刀将发病部位刮除，刮至病斑与健康树皮交界处，然后用50%可湿性粉剂50倍液进行涂抹。

（4）**赤枯病** 柳杉等发病时，用50%可湿性粉剂600~800倍液、25%可湿性粉剂400~500倍液喷雾。

（5）**白粉病、黑斑病、炭疽病、灰霉病等** 用25%可湿性粉剂350~400倍液、80%水分散粒剂1 200~1 500倍液喷雾，每隔7~10天喷1次，连续2~3次。

（6）**干腐病** 香樟发病时，先用消毒后的小刀将发病部位刮除，刮至病斑与健康树皮交界处，再涂抹25%可湿性粉剂250倍液，用塑料薄膜进行包裹，10天后进行第二次涂抹。

（7）**流胶病** 红叶李、桃树等植物发病时，刮除胶体后，对发病初期部位喷涂50%可湿性粉剂500~600倍液或25%可湿性粉剂50~100倍液。

【注意事项】

A. 本品可与一般杀菌剂混用，但与杀虫剂、杀螨剂混用时要随混随用。

B. 不宜与碱性药剂混用，所以不能与石硫合剂、波尔多液以及其他铜制剂混用，以免降低药效或产生药害。

C. 长期单一使用易使病菌产生抗药性，为延缓病菌抗药性，应与其他杀菌剂轮换使用或混合使用。

D. 稀释的药液静置后会出现分层现象，需摇匀后使用。

E. 使用时须遵守农药使用防护规程，配药和施药人员需注意防护，以免药液污染手、脸和皮肤，如有污染应及时清洗。

F. 土壤处理时，有时会被土壤微生物分解，降低药效。

G. 安全间隔期15天；在果树上使用时，应在果实采摘前20天停止使用本品。

3. 百菌清

【药剂特性】纯品为白色无味粉末。本品为芳烃类保护性杀真菌剂，是具有广谱、保护性、低毒的内吸性杀菌剂；对热稳定，对酸、碱不稳定，兼有保护和治疗作用。本品能与真菌细胞中的三磷酸甘油醛脱氢酶发生作用，与该酶中含有半胱氨酸的蛋白质相结合，从而破坏该酶活性，使真菌细胞的新陈代谢受破坏而失去生命力；没有内吸传导作用，沉积在植物表面上与病原菌发生接触时杀灭或抑制病菌，不能被植物吸收或者被植物吸收后立即分解失效，在土壤中也易分解失效，对植物体内的病菌不发生作用，但喷到植物体上之后，能在体表上有良好的黏着性，不易被雨水冲刷掉，因此药效期较长；对人、畜、鱼、蜜蜂低毒。

【防治对象】可防治园林植物锈病、炭疽病、白粉病、霜霉病、叶斑病等。

【常见剂型与剂量】40%悬浮剂，50%、75%可湿性粉剂，10%油剂，5%、25%颗粒剂，2.5%、10%、30%、45%烟剂，5%粉剂等。

【使用方法】

（1）**锈病**　如梨树、松柏等在发病初期，用75%可湿性粉剂800倍液喷雾，间隔10~15天防治1次，连用2~3次。

（2）**炭疽病**　桂花、石楠、广玉兰、香樟等发病时，用75%可湿性粉剂800~1 000倍液喷雾，间隔7~10天防治1次，连用2~3次。

（3）**叶斑病类**　对桂花、玉兰、紫荆、枇杷、木瓜、金丝桃、石楠等各种植物的黑斑、褐斑、灰斑、圆斑、红斑、角斑、赤枯、落针、轮纹、枯梢、叶枯、黑痘、白星等病害，可用75%可湿性粉剂600~800倍液喷雾，每隔7~10天防治1次，与其他杀菌剂交替使用，避免发生抗性。

（4）**白粉病**　用50%可湿性粉剂500~600倍液喷雾。

【注意事项】

A. 本品对皮肤和眼睛有刺激作用，配药人员要戴胶皮手套、口罩，喷药时也要注意保护。

B. 不能与石硫合剂、波尔多液或碱性的农药等物质混用，最好在叶面有结露的条件下使用，有利发挥药效。

C. 建议与其他作用机制不同的杀菌剂轮换使用，以延缓抗性产生。

D. 苹果树、桃树等多种果树，在花蕾期和谢花后可以使用，幼果期慎用，浓度高时会产生药害。

E. 柿、梅对本品敏感，不能使用。

F. 本品对家蚕、柞蚕、鱼、蜜蜂有毒害作用。

4. 波尔多液

【药剂特性】本品是硫酸铜、生石灰和水根据一定的比例配制而成的蓝色悬浮液，是一种无机铜保护性杀菌剂，有效成分为碱式硫酸铜。本品本身并没有杀菌作用，当它喷洒在植物表面时，由于其具有黏着性而被吸附在作物表面；而植物在新陈代谢过程中会分泌出酸性液体，加上细菌在入侵植物细胞时分泌的酸性物质，使波尔多液中少量的碱式硫酸铜转化为可溶的硫酸铜，从而产生少量铜离子，铜离子进入病菌细胞后，使细胞中的蛋白质凝固；同时铜离子还能破坏病菌细胞中某种酶，使病菌体中代谢作用不能正常进行。在这两种作用的影响下，本品能使病菌中毒死亡而起杀菌作用。喷洒波尔多液后在植物体和病菌表面形成一层很薄的药膜，该膜不溶于水，可有效地阻止孢子发芽，防止病菌侵染，并能促使叶色浓绿、生长健壮，提高树体抗病能力。本品具有杀菌谱广、持效期长、病菌不易产生抗性、对人和畜低毒等特点。

【防治对象】可预防苹果、梨、李等多种果树的早期落叶病、苹果霉心病、梨锈病、炭疽病、霜霉病等，还可防治多种园林植物的炭疽病、轮纹病、穿孔病、叶枯病、锈病等多种真菌、细菌性病害。

【常见剂型与剂量】自配时，硫酸铜与生石灰可以按 4 种比例进行配制，如等量式 1∶1、倍量式 1∶2、半量式 1∶0.5 和多量式 1∶（3～5）。目前成品药为 80% 可湿性粉剂。

【使用方法】

（1）**叶枯病、炭疽病、轮纹病** 桂花、香樟等发病时，可用倍量式 200～250 倍液，或 80% 可湿性粉剂 400～500 倍液喷雾，间隔 15 天喷 1 次，可喷 3～4 次。

（2）**黑斑病、褐斑病、赤枯病、轮纹病** 桂花、玉兰、木瓜等发病时，可用倍量式 200 倍液，或 80% 可湿性粉剂 600～800 倍液喷雾。

（3）**细菌性穿孔病** 红叶李、碧桃发病时，在早春芽萌动时喷等量式 200 倍液，发病盛期喷 1 次等量式 200 倍液进行预防，或在发病盛期用 80% 可湿性粉剂 600～800 倍液喷雾，间隔 10～15 天喷 1 次，共喷 2～4 次。

（4）**防治苹果早期落叶病、炭疽病、轮纹病** 可于苹果落花后开始喷石灰倍量式波尔多液 200～240 倍液，或 80% 波尔多液可湿性粉剂 400～500 倍液喷雾，间隔 12～15 天喷 1 次，连续喷 2～3 次，采果前 25 天停用。

（5）**苹果霉心病** 应在苹果显蕾期开始喷倍量式 200 倍液。

（6）**锈病** 可在苹果、梨园周围的桧柏上，喷洒等量式 160 倍液。

（7）**腐烂病** 枣树、梨等果树发病时，用 1∶3∶15 倍液涂抹刮后的病部。

（8）**桃、李、梅等核果类果树对波尔多液过于敏感** 一般生长季节不使用，若必须使用时，应配制 300 倍以上的多量式溶液。

【注意事项】

A. 原料选择应选用纯净、优质、白色生石灰块和纯蓝色的硫酸铜。因配制波尔多液必须在碱性条件下进行反应，倒药液时，不可搞错顺序，必须把硫酸铜水溶液倒入石灰水溶液中，不能把石灰水溶液倒入硫酸铜水溶液中，否则配制的药液会随即沉淀，药剂失效。

B. 波尔多液要随配随用，当天配的药液宜当天用完，不能先配成浓缩的波尔多液再加水稀释。一次配成的波尔多液是胶悬体，相对比较稳定，若再加水则会形成沉淀或结晶而影响质量，易造成药害。配制波尔多液不宜用金属器具，尤其不能用铁器，以防发生化学反应降低药效。

C. 波尔多液呈碱性，有效成分有钙和铜，不能与石硫合剂、多菌灵、甲基硫菌灵、代森锰锌等杀菌剂、杀虫剂混用。波尔多液与杀菌剂、杀虫剂分别使用时，必须间隔10~15天。

D. 波尔多液是植物保护剂，在各种病害发病前或发病初期喷施，效果均较好。使用波尔多液应避开高温、高湿天气，如在炎热的中午或有露水的早晨喷波尔多液，易引起石灰和铜离子迅速骤增，致使叶片、果粒灼伤。一般应在上午或下午傍晚喷药效果较好。

E. 不同作物对波尔多液的反应不同，使用时要注意硫酸铜和石灰对园林植物尤其是果树的安全性。如桃、李、杏、樱桃等核果类果树等长期使用波尔多液易发生药害而导致落叶，要特别注意使用时间和浓度，应通过小面积试验后，再大面积推广使用。

F. 波尔多液的残效期为10~15天，喷过波尔多液后20~30天内不宜喷石硫合剂，7~10天内不宜喷代森锰锌，15~20天内不宜喷松脂合剂，但可与多种杀虫剂随混随用。

5. 石硫合剂

【药剂特性】本品是一种具有杀虫、杀螨和杀菌作用的无机硫制剂农药，有效成分为多硫化钙；由生石灰、硫黄加水熬制而成的，三者最佳的比例是1：2：10。本品能渗透和侵蚀病菌和害虫体壁，可在作物表面遇空气发生一系列化学反应，形成微细的单体硫和少量硫化氢而发挥药效；呈碱性，具有腐蚀昆虫表皮蜡质层的作用，对具有较厚蜡质层的介壳虫和一些螨类的卵具有很好的杀灭效果。在冬、春两季节使用石硫合剂，不仅能有效杀灭各种真菌、细菌、病毒、越冬害虫和虫卵，减少翌年或全年病虫基数，而且还能提高树体抗病性，喷洒本品要周到均匀，使树体表面形成一定保护膜，增强树体对冻害、霜害和病菌侵染的抗性，保护果树、花卉、园林植物的安全越冬，对人、畜毒性中等。

【防治对象】可防治园林植物及花卉的白粉病、炭疽病、锈病、褐腐病、褐斑病、流胶病、轮纹病等病害，也可防治叶螨类、介壳虫、蚜虫、梨小食心虫、小绿叶蝉、尺蠖、木虱、蛊蛾等害虫，是一种既能杀菌，又能杀虫、杀螨的无机硫制剂。

【常见剂型与剂量】50%悬浮剂、45%结晶粉、29%水剂。

【使用方法】

(1) 介壳虫　可使用涂干法，在植物休眠期进行修剪后，用29%水剂200~400倍液，均匀涂刷园林植物的树干或主枝枝条，可以封杀或减少介壳虫的虫卵。对发生草履蚧的植物，可以使用灌根法，如红叶李、桂花、白蜡等，可在根部土壤灌50%悬浮剂300~400倍液，间隔10天灌1次，连续防治2~3次。

(2) 红蜘蛛、锈病、溃疡病　可使用喷雾法，在温度适宜时（5~20℃），对园林植物喷洒50%悬浮剂400~600倍液，间隔10天喷1次，冬春两季连续防治2~3次，可预防红蜘蛛、锈病、溃疡病等；可对有创伤的园林植株的伤口进行涂抹，可用29%水剂原液涂抹伤口，可最大程度的减少有害病菌的侵染，防止腐烂病、溃疡病的发生。

(3) 白粉病　针对白粉病严重的片区栽植，如紫薇、十大功劳、大叶黄杨等，先修剪保持通风，再用50%悬浮剂300~400倍液喷雾。

（4）**虫卵、冻伤、日灼**　可以配制涂白剂，如石硫合剂 0.4kg、生石灰 5kg、食盐 0.5kg（可不加）、水 40kg，在冬春两季对树干进行涂白，封杀虫卵、防冻、防日灼。

【注意事项】

A. 要随配随用，水温应低于 30℃，热水会降低效力。气温高于 38℃ 或低于 4℃ 均不能使用。气温适宜，药效好，安全使用间隔期为 7 天。

B. 忌与波尔多液、铜制剂、机械乳油剂、松脂合剂及在碱性条件下易分解的农药混用。与波尔多液前后间隔使用时，必须有充足的间隔期。先喷石硫合剂的，间隔 10~15 天后才能喷波尔多液。先喷波尔多液的，则要间隔 20 天后才可喷用石硫合剂。

C. 忌盲目施用。桃、李、梅花、梨等蔷薇科植物以及紫荆、合欢等豆科植物对石硫合剂敏感，在生长季、开花时应慎用。可采用降低浓度或在休眠期用药以免产生药害，掌握好使用时机。树木休眠期和早春萌芽前，是使用石硫合剂的最佳时期。在发生红蜘蛛的植株中，当叶片受害已很严重时，不宜再喷石硫合剂，以免叶片加速干枯、脱落。

D. 石硫合剂的使用浓度随气候条件及防治时期确定。冬季气温低，植株处于休眠状态，使用浓度可高些；夏季气温高，植株处于旺盛生长时期，使用浓度宜低。浓度过大或温度过高易产生药害。树木、花卉休眠期（早春或冬季）喷施浓度高，生长季节浓度低。一般情况下，石硫合剂的使用浓度，在落叶果树休眠期为 3~5 波美度，在旺盛生长期以 0.1~0.2 波美度为宜。

E. 配药及施药时应穿防护服，佩戴护目镜，喷药后应清洗全身。清洗喷雾器时，勿让废水污染水源。药液溅到皮肤上，可用大量清水冲洗，以防皮肤灼伤。施用石硫合剂后的喷雾器，必须充分洗涤，以免腐蚀损坏。

F. 药剂使用前要充分搅匀，长期连续使用易产生药害，应当与其他农药交替使用。

G. 已经开封使用的石硫合剂，尽量要在短期内用完，剩余部分应密封保存，以免与空气接触，不能用铜、铝容器，可用铁质或瓷容器。贮存不当，表面会硬壳，底部则产生沉淀，杀菌力降低。

6. 精甲·嘧菌酯

【药剂特性】本品是一种含有高效精甲霜灵与嘧菌酯的杀菌组合物，能有效干扰 RNA 的合成，达到防治病原菌的目的。精甲霜灵属苯基酰胺类内吸杀菌剂，具有高效、广谱、低毒、低残留、持效期长、施药方式多样化、保护与治疗效果均优异的特点，可以茎叶处理、种子处理和土壤处理，对霜霉菌、疫霉菌、腐霉菌等引起的病害有显著的防治效果。嘧菌酯是丙烯酸酯类杀菌剂，作用于病原菌的线粒体呼吸，破坏能量的形成从而抑制病原菌的生长或杀死病原菌。二者结合后，对草坪、花卉病害的杀菌谱很广，如腐霉枯萎病、霜霉病等，兼具保护和治疗作用，具有很好的安全性和环境相容性。

【防治对象】对园林植物、草坪、花卉的猝倒病、根腐病、霜霉病、灰霉病、白粉病、锈病等病害均可预防和治疗。

【常见剂型与剂量】39%悬浮剂（10.6%精甲霜灵+28.4%嘧菌酯）、30% 悬浮剂（20%精甲霜灵+10%嘧菌酯）、0.8%颗粒剂（0.5%精甲霜灵+0.3%嘧菌酯）等。

【使用方法】灌根、淋根、喷雾、拌种、包衣、涂抹都可防治各种真菌病害。

（1）**草坪腐霉枯萎病**　预防时，用39%悬浮剂1 500~2 000倍液喷雾；治疗时，用39%悬浮剂1 000~1 500倍液喷雾。

（2）**根腐病**　杨树、香樟、柳树、大叶女贞、国槐、法桐等发病时，用30%悬浮剂600~800倍液灌根。

（3）**干腐病**　柳树、合欢、法桐等发病时，用30%悬浮剂300倍液涂干。

【注意事项】

A. 严格按照农药安全使用准则使用本品。

B. 配药和施药时，应戴防渗手套，戴面罩和眼罩，穿长袖上衣、长裤和靴子。避免药液接触皮肤、眼睛和污染衣物，避免吸入药液或雾滴。切勿在施药期间饮水、进食、抽烟。

C. 施药后，彻底清洗防护用具，洗澡，并更换和清洗工作服。

D. 土施颗粒剂防治土传病害时，不能连续使用，需要间隔2~3年。

7. 腐霉·福美双

【药剂特性】本品为保护性和治疗性杀菌剂，具有外部保护和内吸治疗活性，能向新叶传导，可抑制菌体内丙酮酸的氧化，破坏病菌的细胞酶质，切断病菌生物链、阻断裂殖生长过程、激活植物多种酶的活性，使病菌在植物体内无法存活，从而达到杀菌目的，对灰霉病菌具有铲除和杀灭作用。对侵入植株体内的病菌有控制效果，耐雨水冲刷，持效期长。

【防治对象】对由真菌引起的病害（如白粉病、锈病、炭疽病、叶斑病、灰霉病等）有特效。

【常见剂型与剂量】50%腐霉·福美双（10%腐霉利+40%福美双）可湿性粉剂、25%腐霉·福美双（5%腐霉利+20%福美双）可湿性粉剂。

【使用方法】

（1）**炭疽病**　石楠、桂花、广玉兰、马褂木、香樟等园林植物在发病前或发病初期，用50%可湿性粉剂600~800倍液喷雾，间隔10天防治1次。病害较重时，可适当加大用药量。

（2）**白粉病**　枫杨、国槐、紫薇等园林植物在发病前或发病初期，用25%可湿性粉剂300~400倍液喷雾，间隔10天防治1次。

（3）**霜霉病**　月季、牡丹、芍药、美人蕉、菊花等宿根花卉或草本植物发病初期，用50%可湿性粉剂500~600倍液喷雾，间隔10天防治1次，连续喷施2~3次。

（4）**叶斑病**　桂花、枇杷等园林植物在发病前或发病初期，用25%腐霉·福美双可湿性粉剂250~350倍液喷雾。

【注意事项】

A. 本品不能与铜、汞性制剂及碱性农药混用，不宜与有机磷农药混配，可与其他不同作用机制的杀菌剂轮换使用，以延缓抗药性的发生。

B. 使用本品时应穿戴防护服和手套，避免吸入药液。施药期间不可吃东西和饮水，施药后应及时洗手和洗脸。

C. 对鱼有毒，远离水产养殖区施药，禁止在河塘等水体中清洗施药用具；避免药液污染水源。

D. 本品应贮存在干燥、阴凉、通风、防雨处，远离火源或热源。

8. 代森锰锌

【药剂特性】本品是将锌、锰离子以全络合态形式结合而成的化合物，是一种预防保护性、非内吸性杀菌剂；对病菌的作用点多，施药后能在作物表面形成药膜，可以抑制真菌代谢中多种酶的活性，能有效抑制病菌萌发和侵入，从而达到防病目的；粒径微小，分散性好，悬浮率高，黏着性强，耐雨水冲刷，能为植物提供锌元素，解决和缓解缺锌的症状，增强植株抵抗病虫害的能力。

【防治对象】可预防多种园林植物的霜霉病、锈病、炭疽病、褐斑病、黑斑病等真菌性病害。

【常见剂型与剂量】50%、65%、70%、80%可湿性粉剂，25%、30%、43%、70%悬浮剂，75%水分散粒剂等。

【使用方法】

（1）**黑斑病、褐斑病、赤枯病、叶枯病、轮纹病** 桂花、玉兰、木瓜等多种植物发病时，用80%可湿性粉剂600~800倍液喷雾。

（2）**干腐病** 香樟、柳树、大叶女贞、国槐、法桐等多种植物发病时，可在干腐部位涂抹65%可湿性粉剂300倍液。

（3）**叶斑病、锈病、黑星病、霜霉病** 枣树、苹果、梨等果树于发病初期，用80%可湿性粉剂800倍液喷雾，每10~15天喷1次，连续防治2~3次。注意与波尔多液交替使用。

【注意事项】

A. 本品不能与碱性农药及含铜等重金属化合物混用，如果混配会导致代森锰锌药效降低，代森锰锌与磷酸盐品种混合会出现絮状沉淀。在喷过铜、汞、碱性药剂后，要间隔1周后才能喷施本品。

B. 避免高温期使用，超过35℃的强光照的天气慎用，高温和强紫外光下活性成分的转化速率过快，容易发生药害。

C. 建议与其他不同作用机制的杀菌剂轮换用药，以延缓抗性的发生。

D. 尽量在发病前或发病初期使用本品，防治效果可达到最佳。

E. 本品对蜜蜂、家蚕有毒，施药时应注意避免对其的影响，蜜源作物花期、蚕室和桑园附近禁用。

9. 嘧菌酯

【药剂特性】纯品为白色晶体。本品是甲氧基丙烯酸酯类内吸性杀菌农药，通过抑制线粒体呼吸作用来破坏病菌的能量合成，由于缺乏能量供应，病菌孢子萌发、菌丝生长和孢子的形成都受到抑制，从而达到控制病害生长的目的，阻止病斑发展蔓延；低毒，药效持续期长，有保护、治疗和铲除病菌的功能。

【防治对象】嘧菌酯对几乎所有真菌病害（如白粉病、锈病、叶枯、根腐、炭疽病、叶斑病、霜霉病等）均有良好的活性，对草坪的枯萎病和褐斑病都很有效。可用于茎叶喷雾、种子处理，也可进行土壤处理。

【常见剂型与剂量】25%悬浮剂，25%乳油，50%水分散剂等。

【使用方法】

(1) **霜霉病** 月季、牡丹、菊花、美人蕉、仙客来等多种花卉发病时，可用50%水分散剂 1 800~2 200 倍液喷雾连续喷施 2~3 次，每次间隔 10~15 天。

(2) **叶斑病、白粉病** 紫薇、大叶黄杨、枫杨等多种园林植物发病时，用50%水分散剂 1 500~2 000 倍液喷雾。

(3) **锈病** 松柏、梨、海棠等多种植物发病时，用25%悬浮剂 800~1 000 倍液喷雾。

【注意事项】

A. 不能和有机磷混用，如毒死蜱；不能和有机硅混用；避免和乳油混用，也不要和微乳剂混用。

B. 本品使用时建议单独喷施，不宜在园林植物上的一个生长期连续使用，建议与其他杀菌剂轮换使用。

C. 本品对鱼类等水生生物有中等毒性。应远离水产养殖区施药；赤眼蜂等天敌放飞区域禁用。

D. 建议与其他作用机制不同的杀菌剂轮换使用，以延缓抗性产生。

10. 三唑酮

【药剂特性】本品是一种高效、低毒、低残留、持效期长、内吸性强的三唑类杀菌剂；杀菌机制极为复杂，主要是抑制菌体麦角甾醇的生物合成，因而抑制或干扰菌体附着孢及吸器的发育，菌丝的生长和孢子的形成。本品对某些病菌在活体中活性很强，但离体效果很差，对菌丝的活性比对孢子强，具有预防、治疗、铲除、熏蒸作用。

【防治对象】可预防紫薇、枫杨、黄栌、杨树、法桐等多种园林植物的白粉病，以及松柏、梨、苹果、海棠等的锈病。

【常见剂型与剂量】5%、15%、25%可湿性粉剂，25%、20%、10%乳油，20%糊剂，25%胶悬剂，0.5%、1%、10%粉剂，15%烟雾剂等。

【使用方法】本品可以茎叶喷雾、处理种子、处理土壤等多种方式施用。

(1) **白粉病、黑腐病等** 可预防治疗真菌病害，用25%可湿性粉剂 1 500 倍液喷雾，间隔 7 天左右再喷 1 次。

(2) **白粉病** 大叶黄杨、十大功劳、紫薇、石楠、月季、枫杨、黄栌、杨树、法桐等，均可能在5—6月和9—10月被侵染白粉病，此期间也是各种植物白粉病的发病高峰期，选用25%三唑酮乳油 1 500~2 000 倍液，或15%可湿性粉剂 800~1 000 倍液喷雾。

(3) **草坪白粉病** 用20%三唑酮乳油 1 500~2 000 倍液，或10%乳油 800~1 000 倍液喷雾。

(4) **锈病** 桧柏、海棠、毛白杨、圆柏、梨树、苹果等多种园林植物发病时，可用25%可湿性粉剂 1 300~1 500 倍液喷雾。

【注意事项】

A. 本品可与碱性以及铜制剂以外的许多杀菌剂、杀虫剂、除草剂混用。

B. 对幼苗及草坪一定要注意使用安全间隔期。不可加量和缩短间隔期使用，以免植株矮化。

C. 本品拌种可能使种子延迟 1～2 天出苗，但不影响出苗率及后期生长。

D. 本品在果树果实收获前的 20 天停止施用。

E. 对鱼类及鸟类较安全。对蜜蜂和天敌无害。

F. 注意轮换施用药剂，不能一直施用或者单一施用本品。

11. 烯肟菌酯

【药剂特性】本品是甲氧基丙烯酸酯类杀菌剂；杀菌谱广、活性高、毒性低，具有预防及治疗作用；为真菌线粒体的呼吸抑制剂，通过与细胞色素 bc1 复合体的结合，抑制线粒体的电子传递，从而破坏病菌能量合成，起到杀菌作用；对环境具有良好的相容性，与现有的杀菌剂无交互抗性。

【防治对象】本品对由鞭毛菌、结合菌、子囊菌、担子菌及半知菌引起的多种植物病害有良好的防治效果。对多种园林植物的霜霉病、白粉病、炭疽病、叶斑病等具有非常好的防治效果。

【常见剂型与剂量】20%乳剂。

【使用方法】

（1）**霜霉病** 在病害发生前或发生初期，用25%乳油 800～1 200 倍液喷雾，间隔 7～10 天喷 1 次，与不同类型的杀菌药剂交替使用。

（2）**白粉病** 用25%乳油 1 000 倍液喷雾。

【注意事项】

A. 不能与碱性药剂混合使用，喷药时均匀、周到，使叶片正反两面均匀着药。

B. 本品对鱼高毒，使用时应远离鱼塘、河流、湖泊等。对鸟、蜜蜂、蚕均为低毒。

C. 建议与其他作用机制不同的杀菌剂轮换使用，以延缓抗性产生。

D. 用过的容器应妥善处理，不可他用，也不可随意丢弃。

12. 咪鲜胺

【药剂特性】本品是咪唑类广谱杀菌剂，对多种作物由子囊菌和半知菌引起的病害具有明显的防效，它通过抑制甾醇的生物合成而起作用。本品不具有内吸作用，但有一定的传导性能，也可以与大多数杀菌剂、杀虫剂、除草剂混用，均有较好的防治效果；对草坪及多种观赏植物上的多种病害具有治疗和铲除作用。

【防治对象】防治各种园林植物的炭疽病、叶斑病、叶枯病、草坪枯萎病等多种病害。

【常见剂型与剂量】25%乳油、45%乳油、45%水乳剂，0.05%水剂等。

【使用方法】

（1）**炭疽病** 香樟、桂花、玉兰等发病时，用 25%乳油稀释 500～600 倍液喷雾，间隔 10～15 天喷 1 次，连续防治 2～3 次。

（2）**枯梢病、叶枯病** 雪松、桂花等发病时，用 45%水乳剂 1 000～1 200 倍液喷雾，间隔 10~15 天喷 1 次，连喷 3 次。

（3）斑病　对枇杷、香樟多种植物的褐斑病、黑斑病等多种斑病，用 45% 乳油 1 200~1 500 倍液叶面喷雾。

（4）草坪枯萎病　用 25% 乳油 500~600 倍液灌根或喷雾。

【注意事项】

A. 本品可与多种农药混用，但不宜与强酸、强碱性农药混用。

B. 本品对鱼有毒，施药时不可污染鱼塘、河道、水沟。

C. 药物置于阴凉干燥避光处保存。储藏库房通风低温干燥；与食品原料分开储运。

D. 配药和用药时，应戴防护镜、口罩和手套，穿防护服，操作时禁止饮食、吸烟和饮水。

E. 使用药剂后及时用肥皂和足量清水冲洗手部、面部和其他身体裸露部位，及时清洗受药剂污染的衣物等。

F. 本品属于易燃液体，注意贮运和使用安全。

G. 本品安全间隔期为 7 天，每季作物最多施药 2~3 次。

附录2 植物病虫标本的采集、制作、保存和寄送

一、昆虫标本的采集

1. 采集用具

（1）**捕虫网** 有3种类型。

空网：采集善飞的昆虫。网圈用粗铁丝弯成，直径约30cm，两端长出的末端弯成小钩，固定在网柄上（为携带方便也可作成对折形）。网柄用木棍或竹竿制成，长约1m。网袋用透气、坚韧、淡色的尼龙网、珠罗纱或纱布制成，袋长约60cm，袋底略圆，袋口用布镶边，内穿网圈。

扫网：用来扫扑植物丛中的昆虫。同空网相似，但网袋要求比空网更结实，为取虫方便，袋底也可用活动的开口。

水网：用来捕捉水生昆虫。性状和大小以适用水生昆虫栖息环境为宜，网袋要求透水良好，常用铜纱、铁纱、尼龙纱等制成。

（2）**吸虫管** 用来采集微小的昆虫。由玻璃管1个，细玻管2根，胶皮管1根和软木塞1个制成。在吸气管的瓶内开口处包一层纱布，避免小虫吸入口内。

（3）**毒瓶** 用来杀死成虫。一般用严密封盖的广口瓶，最下层防毒剂为氰化钾或氰化钠，压实；上铺一层细木屑，压实，两层各约5~10mm；最上面再用一层较薄的石灰粉，压平实后，用毛笔均匀地洒上些水封固制成。毒瓶要注意清洁、防潮，要妥善保存，以免中毒。

（4）**活虫采集盒** 用来采装活虫。由铁片做成，盖上一层透气的金属纱和一个带活盖的孔。可大小几个做成一套，便于携带。

（5）**采集箱** 用来放置防压的三角包标本和必须及时针插的标本，系木制。

（6）**采集袋** 用来装玻璃用具（指形管、毒瓶等）和工具（镊子、剪刀等），及记载本、采集盒等。具体式样可根据需要自行设计。

（7）**三角纸包** 用来包装暂时保存的标本。以裁成3∶2的长方形纸片折叠。根据虫体大小，长方形纸片可多备几种。

（8）**诱虫灯** 用来采集趋光性的昆虫。可用黑光灯、电灯。

（9）**指形管** 用来保存幼虫或小成虫。一般使用平底指形管，一般规格为（10~20）mm×（50~100）mm。

（10）**其他**　刀、剪、铲、镊子、放大镜、记载本等。

2. 采集方法

（1）**网捕**　飞行迅速的昆虫，可用空网迎头捕捉。如捕到大型蛾蝶，可于网外用手捏压其胸部，使失去活动能力，然后放入毒瓶；如捕到中小型昆虫，且数量很多，可将网袋抖动，使虫集中在底部后，放入毒瓶收集，待虫毒死后取出分装、保存。

栖息于草丛或灌木丛的昆虫，可用扫网边走边扫，如在扫网下边开口处，套一个塑料管，便可直接将虫集于管中。

（2）**吸虫管捕虫**　将吸虫管有胶皮管的一端含入口中（或按吸气球），利用吸气形成的气流，将采集的昆虫吸入管中。

（3）**振落**　有假死性的昆虫，经振动树干就会坠地或吐丝下垂；有拟态的昆虫经振动就会起飞，易被发现。

（4）**诱集**　蛾类、蝼蛄、金龟子等有趋光性的昆虫，可用灯光诱集；夜蛾类、蝇类等有趋光性的昆虫，可用糖醋液及其他代用品诱集；地老虎幼虫和多种在树干越冬的害虫，可用堆草和束草把创造栖息场所诱集；利用雌虫的性外激素诱集雄虫。

（5）**搜索和观察**　从昆虫的栖息场所寻找昆虫，如地下害虫生活在土中，干部害虫钻蛀在基干中，叶部害虫生活在树冠叶幕内，不少昆虫在枯枝落叶层、土石缝、树洞等处越冬，只要仔细观察、搜索，就可采获多种昆虫。

根据某些昆虫的共栖寻找昆虫，如一些同翅目昆虫与蚂蚁共栖，在树木上见到很多蚂蚁，就可能找到蚜虫、木虱等。

根据植物被害状来寻找昆虫，如被害状新鲜，害虫可能还未远离；如叶子发黄或有黄斑，可能找到红蜘蛛、叶蝉、蜡类等刺吸式口器的害虫；如林木生长衰弱、树干下有新鲜虫粪或木屑，可能找到食叶和蛀干害虫。

3. 采集时间和地点

因昆虫的种类和习性不同，采集时间也不同。一般一年四季都可采集，但每年晚春到秋末昆虫的活动频繁，是采集的有利时期；一天之内的采集时间，一般日出性昆虫白天采集，夜出性昆虫在黄昏和夜间采集；对于某一种昆虫的采集，可根据它们的发生虫期，适时采集。

采集地点，应根据采集目标来选定，按昆虫的生态环境去寻找。一般凡植物种类丰富的地方，昆虫种类也丰富。

4. 采集注意事项

采集时，遇到的成虫、卵、幼虫、蛹和被害状，要全部采集。昆虫的足、翅和触角极易损坏，要小心保护。

二、病害标本的采集

1. 采集用具

（1）**标本夹**　同植物标本采集夹，用采集、翻晒、压制病害标本。由两块对称的木条栅状板和一条长 6~7m 的细绳组成。

（2）**标本纸**　一般用草纸、麻纸或旧报纸，用于吸收标本水分。

（3）**采集箱**　同植物标本采集箱，用来临时收存新采的果实、子实体等柔软多汁标本。由铁皮制成的扁圆柱形筒，箱门设在外侧，箱上没有背带。

（4）**其他**　放大镜、修枝剪、手锯、采集记载本、采集标签等。

2. 采集方法

采集时，要将有病部位连同一部分健康组织一起采下。采下的标本要求：①症状应具有典型性，有的病害还应有不同阶段的症状，才能正确诊断病害。②真菌病害标本，应采有子实体的，如果没有子实体，便无法鉴定病原。③每种标本上的病害种类应单一，如果种类很多，可能会影响正确鉴定和使用。④如遇不认识的寄主，应注意采枝、叶、花、果等部分，以便鉴定。

叶部病害标本，采后要放在有吸水纸的标本夹内；干部病害、易腐烂的果实或木质、草制、肉质的子实体，采后分别用纸包好，放在采集箱内，但不宜装过多，以免污染或挤坏标本。无论用哪种方法采集的病虫标本，都必须填写采集记载本，按采集顺序编号，在标本上挂有相应的编号小标签。

采集记载本记载内容：采集号、日期、采集地点、寄主、为害部位、被害状、病虫名称、病虫学名、病虫特点、采地环境、海拔、受害率、严重度、采集者等。

三、干制昆虫标本的制作

1. 制作用具

（1）**昆虫针**　用不锈钢制成，针的型号分0、00、1、2、3、4、5七种。0与00号昆虫针最短小，只有1cm长，顶端不膨大，专用来插体形细小的昆虫。1~5号昆虫针长4cm，号越大越粗，顶端用铜丝作成针头。

（2）**三级台**　由一整块木板做成，长7.5cm，宽3cm，高2.4cm，分为3级，每级高8cm，中间钻有插针小孔。

（3）**展翅板**　用来展开蛾蝶等昆虫的翅。展翅板底部是一块整木板，上面装两块可以活动的较软木板，以便调节板间缝隙的宽度，两板缝隙的底部装有软木条。展翅板长35cm，宽1cm。另有一种简单展翅台，用来展小蛾的翅，在一块方形小木块或塑料泡沫中间，挖一条槽，槽底嵌入软木条即成。

（4）**还软器**　用来软化已干燥的昆虫标本。在干燥器底部铺一层湿沙，为防止发霉，加少量苯酚。在瓷隔板上放置要还软的标本，几天之后即可软化，取出整姿展翅。

（5）**三角台纸**　用厚的道林纸，剪成一个小的等腰三角形纸片，用来粘放小型昆虫。

2. 制作方法

（1）**针插**　除幼虫、蛹和小昆虫外，都可以针插装盒保存。插针时，依标本的大小选用虫针，夜蛾类一般用3号针，天蛾用4号或5号针，小蛾类则用1号或2号针。虫体上插针位置随昆虫种类不同而异。鳞翅目、膜翅目、同翅目的昆虫是从中胸背面正中间插入，通过中足中央穿出来，如蛾、蝶、蜂、蝉等；直翅目的昆虫是从前胸背板的右后方插入，如蝗虫、蝼蛄等；鞘翅目的昆虫是从右翅鞘的基部附近插入，如各类甲虫；半翅目的昆虫从中胸小盾片的中央插入，如蝽；双翅目的昆虫从中胸的中间偏右插入，如蝇类。这种插针部位的规定，一方面为了插的牢固，另一方面为了不破坏虫体的鉴定特征。虫体在针上的高度，制作时可将针倒过来，放在三级台的一级小孔，使体背上部留针长8mm。

（2）**整姿**　针插后应对昆虫的足、触角加以整理，使前足向前、中足向两侧，后足向后；触角短的伸向前方，长的伸向背两侧。保持对称、整齐、不失自然姿态，整好后用大头针固定即可定型。

（3）**展翅**　蛾、蝶等昆虫，针插后还需要展翅。将针插好的标本，移到展翅板已调节好的槽内，保持虫体背与两侧面木板平。然后两手拿虫针，左、右同时拉动一对前翅，使两翅的后缘同在一直线上，用虫针或大头针固定，再展后翅，将后翅的前缘压在前翅下面，左右对称，充分展平。最后用光滑的玻璃纸条压住，以大头针固定，放置一周左右，干燥、定型后取下。

（4）**双插及载虫插**　适用于只能用1号针插或根本不能用针插的小型昆虫。能够用针插的小虫，虫针从虫的腹部插入，将虫针的末端插在软木片上，再照昆虫的插法，将软木片插在2号虫针上。不能用针插的小虫，用粘虫胶将小虫粘在三角台纸的尖端（纸尖粘在虫的前足与中足间），底边插在昆虫针上。三角台纸的尖端向左，虫的前端向前。

四、浸渍昆虫标本的制作

体柔软或微小的成虫、卵、蛹都可以浸泡在装保存液的指形管、标本瓶及其他玻璃瓶内，制成浸渍标本。体软或微小的成虫在毒瓶内杀死后再投入，卵、蛹可直接投入保存液内；采集来的活幼虫，浸泡前先饥饿几天，使其排出体内废渣，然后用开水烫死，待皮肤伸展后取出放入保存液内浸泡，但绿色幼虫不宜烫杀，否则迅速失色。

1. 常用的保存液

（1）**酒精液**　常用浓度为75%。小型或软体昆虫先用低浓度酒精浸泡，再用75%酒精保存，虫体就不会立即变硬。若在酒精中加入0.5%~1%的甘油，能使体壁保持柔软状态。酒精可酌情再更换1~2次，便可长期保存。

（2）**福尔马林液**　福尔马林1份，加水17~19份即成。此液配制简单，可用于保存大量标本。

（3）**醋酸、福尔马林、酒精混合液**　冰醋酸1份，福尔马林6份，酒精（95%）15份，蒸馏水30份配成。此种保存液，标本不收缩、不变黑、不发生沉淀，效果好，但对绿色幼虫不保色。

（4）**绿色幼虫标本保存液**　①注射液：95%酒精90mL，冰醋酸2.5mL，甘油2.5mL，氯化铜3g。②浸渍液：冰醋酸5g，福尔马林4mL，白糖5g，蒸馏水100mL。

将已饥饿几天的绿色幼虫，用注射器把注射剂注入体内，放在玻璃皿中约10小时，然后放入浸渍液中保存。20天后更换1次浸渍液。

（5）**黄色幼虫标本保存液**　①注射剂：苦味酸饱和溶液 75mL、福尔马林 25mL、冰醋酸 5mL。②浸渍液及操作方法同"绿色幼虫标本保存液"。

（6）**红色幼虫标本保存液**　硼砂 2g、50%酒精 100mL 配成。将饥饿后的幼虫直接投入保存液内。保存液在容器内的加入量，一般以容器高的 2/3 左右为宜。昆虫放入量，以标本不露出液面为限。然后加盖，用蜡、火漆或封口胶封口，便可长期保存。

五、病害标本的制作

1. 干制标本的制作

叶、茎、果等水分不多、较小的标本，可分层夹于标本夹内的吸水纸中压制，数天后即成。在压制的过程中，必须勤换纸、勤翻动，以防标本发霉变色，保证质量。通常前几天，每天换纸 1~2 次，此时由于标本变软，应注意整理使其既美观又便于观察，以后每 2~3 天换一次纸，直到全干为止。较大枝干和坚果类病害标本、高等担子菌的子实体，可直接晒干、烤干或风干。

肉质多水的病害标本，应迅速晒干、烤干或放在 30~45℃ 的烘箱中烘干。

2. 浸渍标本的制作

有些不适于干制的病害标本，如水果、伞菌子实体、幼苗和嫩枝叶等，为保存原有的色泽、形状、症状等，可放在装有浸渍液的标本瓶内，用酪胶及消石灰各 1 份混合，加水调成糊状物后即可封口，制成浸渍标本。

图1-1　香樟黄化病

图1-2　樟木蜂

图1-3　桂花叶枯病

图1-4　白蜡蚧

图1-5　女贞尺蠖

图1-6　枇杷腐烂病（干腐）

图1-7 春尺蠖幼虫

图1-8 石楠白粉病

图1-9 石楠红斑病

图1-10 绣线菊蚜

图2-1 悬铃木方翅网蝽

图2-2 星天牛幼虫

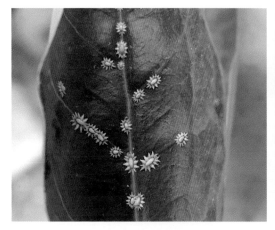

图2-3　日本龟蜡蚧

图2-4　桑天牛

图2-5　柳蓝叶甲

图2-6　褐边绿刺蛾幼虫

图2-7　角斑古毒蛾幼虫

图2-8　娇膜肩网蝽

图2-9　柳刺皮瘿螨

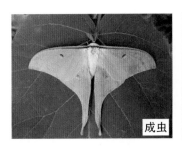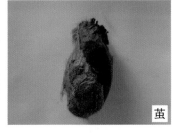

图2-10　绿尾大蚕蛾

图2-11　桑天牛幼虫

图2-12　合欢流胶病

图2-13　合欢枯萎病

图2-14　合欢吉丁虫为害状

图2-15　日本纽绵蚧

图2-16　合欢木虱

图2-17　国槐白粉病

图2-18　国槐尺蠖幼虫

图2-19　国槐小卷蛾蛹

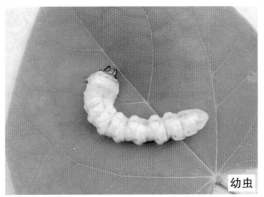

幼虫

图2-20　锈色粒肩天牛

为害状

图2-21　国槐截形叶螨

图2-22　国槐木虱若虫

图2-23　云斑天牛

图2-24　白蜡卷叶绵蚜

图2-25　草履蚧

图2-26　白蜡绵粉蚧

图2-27　栾多态毛蚜为害植株

图2-28　日本纽绵蚧为害黄山栾

图2-29 七叶树干腐病

图2-30 桑褐刺蛾幼虫

成虫

幼虫

茧

图2-31 褐边绿刺蛾

图2-32 蓝目天蛾

图2-33 梨冠网蝽

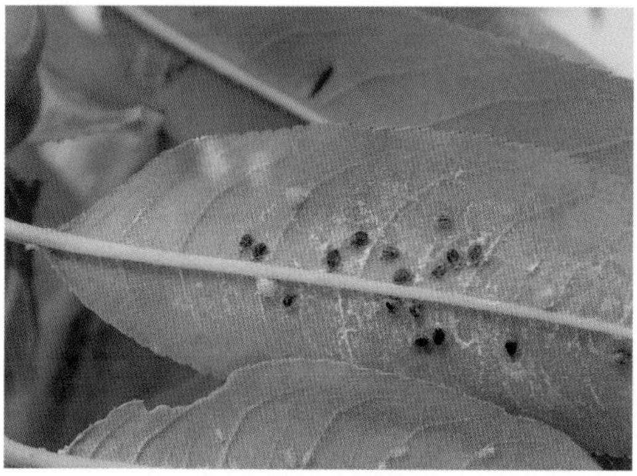

图2-34 桃粉蚜

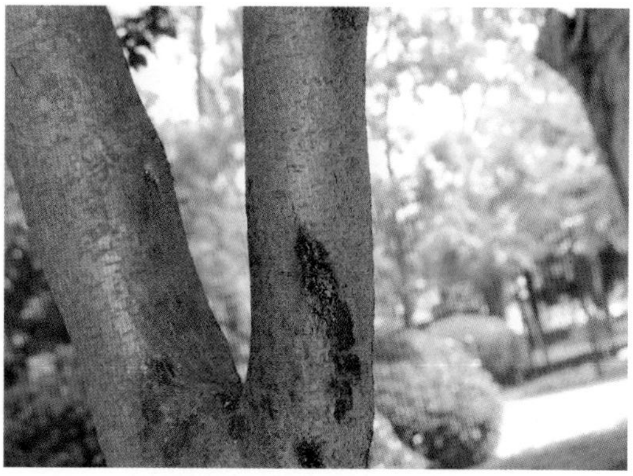

图2-35 红叶李流胶病

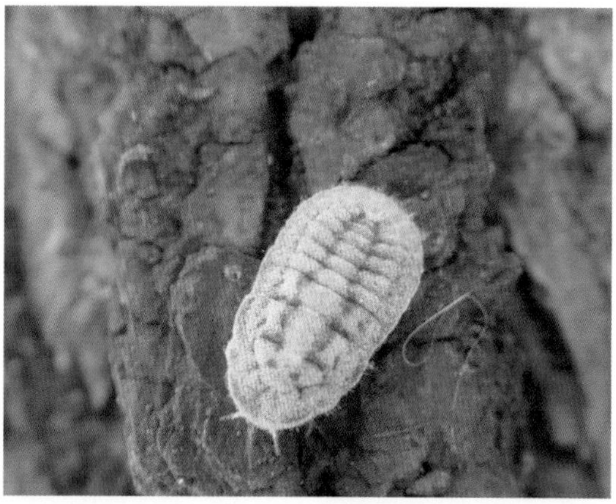

图2-36 草履蚧

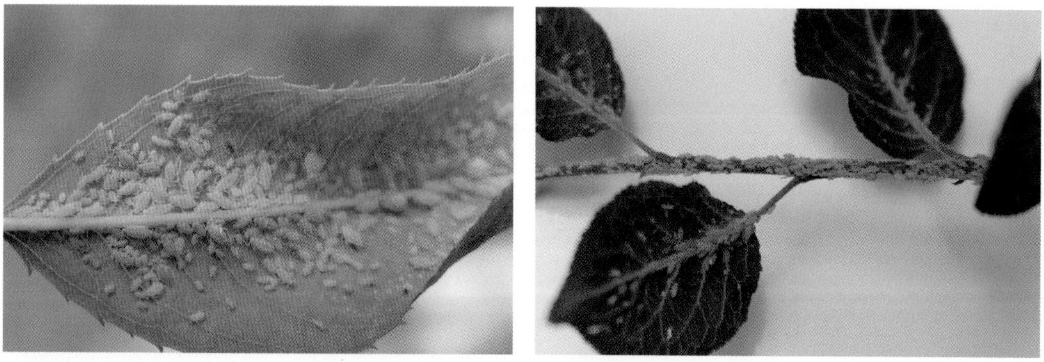

图2-37 桃粉蚜

图2-38　双齿绿刺蛾低龄幼虫

图2-39　朝鲜球坚蚧

图2-40　梧桐木虱

图2-41　皱大球坚蚧

图2-42　臭椿沟眶象

图2-43　斑衣蜡蝉

图2-44　樗蚕蛾

图2-45　黄栌白粉病

图2-46　乌桕黄毒蛾幼虫

图2-47　刺角天牛

图2-48　杨树黑斑病

图2-49　毛白杨锈病

图2-50 毛白杨破腹病

图2-51 杨树根癌病

图2-52 毛白杨蚜虫

图2-53 杨白潜叶蛾为害状

图2-54 黑蚱蝉及为害状

图2-55　小线角木蠹蛾幼虫

图2-56　梨冠网蝽若虫

图2-57　小绿叶蝉

图2-58　桃六点天蛾幼虫

图2-59　梨桧锈病

图2-60　梨小食心虫

图2-61　梨黄粉蚜

图2-62　梨剑纹夜蛾幼虫

成虫

幼虫

图2-63　梨星毛虫

成虫

幼虫

图2-64　茶翅蝽

图2-65　桃红颈天牛

图2-66　黄褐天幕毛虫

图2-67　木橑尺蠖

图2-68　海棠锈病

图2-69　梨冠网蝽

图2-70　双齿绿刺蛾

图2-71　美国白蛾成虫产卵

图2-72　舟形毛虫